# "碳中和多能融合发展"丛书编委会

**主　编：**

刘中民　　中国科学院大连化学物理研究所所长/院士

**编　委：**

包信和　　中国科学技术大学校长/院士
张锁江　　中国科学院过程工程研究所研究员/院士
陈海生　　中国科学院工程热物理研究所所长/研究员
李耀华　　中国科学院电工研究所所长/研究员
吕雪峰　　中国科学院青岛生物能源与过程研究所所长/研究员
蔡　睿　　中国科学院大连化学物理研究所研究员
李先锋　　中国科学院大连化学物理研究所副所长/研究员
孔　力　　中国科学院电工研究所研究员
王建国　　中国科学院大学化学工程学院副院长/研究员
吕清刚　　中国科学院工程热物理研究所研究员
魏　伟　　中国科学院上海高等研究院副院长/研究员
孙永明　　中国科学院广州能源研究所副所长/研究员
葛　蔚　　中国科学院过程工程研究所研究员
王建强　　中国科学院上海应用物理研究所研究员
何京东　　中国科学院重大科技任务局材料能源处处长

"十四五"国家重点出版物出版规划项目

碳中和多能融合发展丛书
刘中民　主编

国家出版基金项目
NATIONAL PUBLICATION FOUNDATION

# 核能综合利用

王建强　唐忠锋　肖国萍　袁晓凤　著

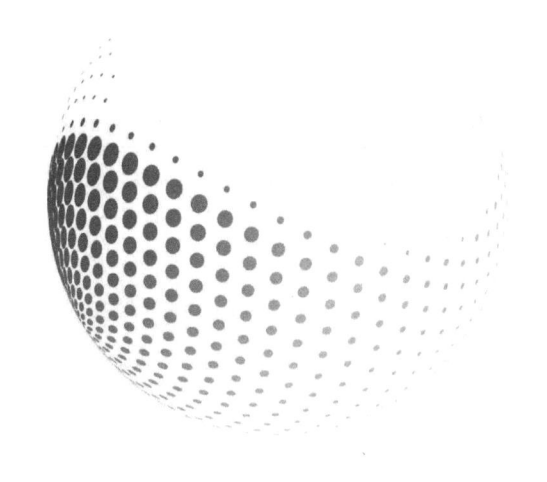

科学出版社
龙门书局
北京

## 内 容 简 介

核能是满足能源供应、保证国家安全的重要支柱之一。目前核能主要用于发电，只有少数反应堆应用于核能供热和海水淡化。随着技术的发展，尤其是第四代核反应堆系统技术逐渐成熟和应用，核能有望超脱出仅仅提供电力的角色。本书围绕核能及核能综合利用，对核能综合利用中的关键技术如先进核能系统、熔盐物理化学和熔盐储热、固体氧化物电解水制氢技术、高温热能存储进行了系统化的介绍，阐述了核能综合利用研究现状以及未来发展趋势，展望了核能在未来构建多能融合的综合能源系统中的重要作用。

本书可供核能综合利用行业及产业的政策制定者、研究人员和从业人员以及关心该领域的人们阅读。

---

图书在版编目(CIP)数据

核能综合利用 / 王建强等著. -- 北京：龙门书局，2024.12. -- （碳中和多能融合发展丛书 / 刘中民主编）. -- ISBN 978-7-5088-6515-7

Ⅰ.TL

中国国家版本馆 CIP 数据核字第 2024CJ6642 号

责任编辑：吴凡洁　崔元春 / 责任校对：郑金红
责任印制：师艳茹 / 封面设计：有道文化

科学出版社
龙门书局　出版
北京东黄城根北街 16 号
邮政编码：100717
http://www.sciencep.com
北京中科印刷有限公司印刷
科学出版社发行　各地新华书店经销

\*

2024 年 12 月第 一 版　开本：787×1092　1/16
2024 年 12 月第一次印刷　印张：13 1/4
字数：314 000
**定价：168.00 元**
（如有印装质量问题，我社负责调换）

# 丛书序

2020年9月22日，习近平主席在第七十五届联合国大会一般性辩论上发表重要讲话，提出"中国将提高国家自主贡献力度，采取更加有力的政策和措施，二氧化碳排放力争于2030年前达到峰值，努力争取2060年前实现碳中和"。"双碳"目标既是中国秉持人类命运共同体理念的体现，也符合全球可持续发展的时代潮流，更是我国推动高质量发展、建设美丽中国的内在需求，事关国家发展的全局和长远。

要实现"双碳"目标，能源无疑是主战场。党的二十大报告提出，立足我国能源资源禀赋，坚持先立后破，有计划分步骤实施碳达峰行动。我国现有的煤炭、石油、天然气、可再生能源及核能五大能源类型，在发展过程中形成了相对完善且独立的能源分系统，但系统间的不协调问题也逐渐显现，难以跨系统优化耦合，导致整体效率并不高。此外，新型能源体系的构建是传统化石能源与新型清洁能源此消彼长、互补融合的过程，是一项动态的复杂系统工程，而多能融合关键核心技术的突破是解决上述问题的必然路径。因此，在"双碳"目标愿景下，实现我国能源的融合发展意义重大。

中国科学院作为国家战略科技力量主力军，深入贯彻落实党中央、国务院关于碳达峰碳中和的重大决策部署，强化顶层设计，充分发挥多学科建制化优势，启动了"中国科学院科技支撑碳达峰碳中和战略行动计划"（以下简称行动计划）。行动计划以解决关键核心科技问题为抓手，在化石能源和可再生能源关键技术、先进核能系统、全球气候变化、污染防控与综合治理等方面取得了一批原创性重大成果。同时，中国科学院前瞻性地布局实施"变革性洁净能源关键技术与示范"战略性先导科技专项（以下简称专项），部署了合成气下游及耦合转化利用、甲醇下游及耦合转化利用、高效清洁燃烧、可再生能源多能互补示范、大规模高效储能、核能非电综合利用、可再生能源制氢/甲醇，以及我国能源战略研究等八个方面研究内容。专项提出的"化石能源清洁高效开发利用"、"可再生能源规模应用"、"低碳与零碳工业流程再造"、"低碳化、智能化多能融合"四主线"多能融合"科技路径，有望为实现"双碳"目标和推动能源革命提供科学、可行的技术路径。

"碳中和多能融合发展"丛书面向国家重大需求，响应中国科学院"双碳"战略行动计划号召，集中体现了国内，尤其是中国科学院在"双碳"背景下在能源领域取得的关键性技术突破和系列成果，主要涵盖化石能源、可再生能源、大规模储能、能源战略研究等方向。丛书不但充分展示了各领域的最新成果,而且整理和分析了各成果的国内国际发展情况、产业化情况、未来发展趋势等,具有很高的学习和参考价值。希望这套丛书可以为能源领域相关的学者、从业者提供指导和帮助,进一步推动我国"双碳"目标的实现。

中国科学院院士
2024 年 5 月

# 前言

核能是满足能源供应、保障国家安全的重要支柱之一。核能发电在技术成熟性、经济性、可持续性等方面具有很大的优势，同时相较于水电、光电、风电具有无间歇性、受自然条件约束少等优点，是可以大规模替代化石能源的清洁能源。

目前核能主要用于发电，只有少数反应堆用于核能供热和海水淡化。随着技术的发展，尤其是第四代核反应堆系统技术逐渐成熟和应用，核能有望超脱出仅仅提供电力的角色。核能通过非电应用，如氢气生产、海水淡化、区域供暖和各种工业应用，有潜力增强全球能源和水安全。核能驱动的非电应用可能为当前和未来世代面临的许多能源挑战提供可持续解决方案。全球范围内越来越多的人开始对利用核能进行氢气生产、海水淡化、区域供暖和各种工业应用感兴趣。

氢气在很多工业应用中起着关键作用，但没有自然资源储备。它被广泛认为是一种环保的能源载体，可以作为无碳排放的交通清洁燃料。核氢气生产技术显示出极大的潜力，并且与其他可能用于未来世界能源经济中增加氢气份额的来源相比具有许多优势。除了降低碳税外，高温核反应堆提供的更高温度还降低了氢气生产的电力输入。此外，在这种高温下发电效率明显更高，因此也更经济。

工业应用和核共生涉及核电站与其他系统和应用的整合。核电站产生的热能除了用于氢气生产和工业应用外，还可以用于生产大量其他产品，如海水淡化、冷却、供暖和工艺热。核海水淡化已被证明是满足全球可饮用水需求增长的可行选择，为面临严重水资源短缺的地区提供了希望。核海水淡化也可以用于高效的核电站水管理，在水资源稀缺地区尤其重要，以确保核电站建设、运营和维护各阶段都有充足的水供应。

本书主要聚焦核能综合利用研究现状及发展，系统梳理和介绍了先进核能系统，包含主流核能系统、小型模块化反应堆系统及第四代核反应堆系统，同时结合中国科学院上海应用物理研究所现有的研究基础和特色，对核能综合利用中的关键技术如熔盐物理化学和熔盐储热、固体氧化物电解水制氢技术、高温热能存储进行了系统化的介绍。以上技术储备在新型核能及核能综合利用中，尤其在新型核能、氢能、工业应用及热能管理等核能综合利用场景中有重要的研究价值和前瞻性。

本书在各方领导和专家的大力支持之下，经多次修改，终于得以出版。很多领导和专家，以及参与本书撰写的工作人员在策划编写工作中提出了宝贵的意见建议，在此一并表示感谢。也期待本书的出版可以让更多行业的从业人员对中国科学院上海应用物理研究所的技术储备有更全面系统的认知，共同努力推动核能及核能综合利用的行业发展，为未来能源结构的变革性发展添砖加瓦。同时鉴于核能综合利用的发展在世界范围内属于新兴技术，本书在撰写过程中难免存在疏漏，恳请各位读者批评指正。我们将借撰写本书的契机，持续深入跟踪核能综合利用产业和发展问题，力争将该系列打造成行业权威读物，也期待未来能为核能综合利用产业在我国高质量发展做出更多的贡献。

作 者

2024 年 10 月

# 目录

丛书序

前言

**第1章 核能综合利用研究现状与展望** ········································1
  1.1 核能综合利用国内外现状及优势 ········································1
    1.1.1 国内外现状 ········································1
    1.1.2 优势 ········································2
  1.2 第四代核反应堆系统 ········································3
    1.2.1 第四代核反应堆系统的特点及国际研究现状 ········································3
    1.2.2 钍基熔盐堆核能系统 ········································3
  1.3 核能综合利用研究现状 ········································4
    1.3.1 高效发电 ········································4
    1.3.2 核能制氢 ········································5
    1.3.3 海水淡化 ········································15
    1.3.4 核能供热 ········································15
    1.3.5 高温热利用 ········································16
  1.4 展望 ········································17
  参考文献 ········································18

**第2章 先进核能系统** ········································19
  2.1 先进核能系统简介 ········································19
    2.1.1 主流核能系统描述 ········································20
    2.1.2 先进核能系统的特点 ········································24
  2.2 小型模块化反应堆系统 ········································27
    2.2.1 小型模块化水冷反应堆 ········································27
    2.2.2 小型模块化气冷反应堆 ········································31
    2.2.3 小型模块化液态金属冷却反应堆 ········································34
    2.2.4 小型模块化熔盐冷却反应堆 ········································36
  2.3 第四代核反应堆系统 ········································39
    2.3.1 超高温堆 ········································39
    2.3.2 超临界水堆 ········································43
    2.3.3 气冷快堆 ········································46

|     |       | 2.3.4 | 铅冷快堆 | 48 |
| --- | --- | --- | --- | --- |
|     |       | 2.3.5 | 钠冷快堆 | 50 |
|     |       | 2.3.6 | 熔盐堆 | 53 |
|     | 参考文献 | | | 55 |

## 第3章　熔盐物理化学和熔盐储热 — 58
### 3.1　熔盐的种类 — 58
### 3.2　熔盐的物理化学性质 — 59
### 3.3　熔盐相图 — 62
  3.3.1　相平衡原理 — 62
  3.3.2　熔盐相图分类 — 63
  3.3.3　熔盐相图研究方法 — 67
### 3.4　熔盐结构研究和谱学分析 — 68
  3.4.1　液态熔盐的微观结构 — 68
  3.4.2　液态熔盐的结构模型 — 69
  3.4.3　液态熔盐的结构分析方法 — 72
### 3.5　熔盐储热 — 75
  3.5.1　熔盐储热原理 — 75
  3.5.2　常用的储热熔盐 — 77
### 3.6　熔盐腐蚀 — 79
  3.6.1　腐蚀类型 — 80
  3.6.2　不同熔盐的腐蚀性 — 81
  3.6.3　熔盐腐蚀的研究手段 — 83
  3.6.4　太阳能热发电中的熔盐化学 — 85
### 3.7　核能中的熔盐化学 — 85
### 3.8　熔盐的其他应用 — 86
  3.8.1　燃料电池中的熔盐化学 — 86
  3.8.2　生物质的熔盐化学 — 87
### 参考文献 — 88

## 第4章　固体氧化物电解水制氢技术 — 92
### 4.1　国内外的优势企业 — 93
  4.1.1　美国 BE 公司 — 93
  4.1.2　德国 Sunfire — 94
  4.1.3　美国 FuelCell Energy — 99
  4.1.4　美国康明斯公司 — 100
  4.1.5　丹麦 Haldor Topsoe — 100
  4.1.6　美国 Nexceris — 101
  4.1.7　日本三菱重工 — 101
  4.1.8　英国 Ceres Power — 102
  4.1.9　芬兰 Convion — 102

　　　　4.1.10　爱沙尼亚 Elcogen ·················································································· 103
　　　　4.1.11　日本新能源·产业技术综合开发机构 ······················································· 104
　　　　4.1.12　中国科学院上海应用物理研究所 ······························································ 105
　　　　4.1.13　清华大学 ·································································································· 107
　　　　4.1.14　中国科学院宁波材料技术与工程研究所 ··················································· 108
　　　　4.1.15　上海氢程科技有限公司 ············································································ 108
　　　　4.1.16　北京思伟特新能源科技有限公司 ······························································ 110
　　　　4.1.17　北京质子动力发电技术有限公司 ······························································ 110
　　　　4.1.18　浙江氢邦科技有限公司 ············································································ 111
　　4.2　SOEC 应用 ···································································································· 112
　　　　4.2.1　SOEC 用于合成氨 ···················································································· 112
　　　　4.2.2　SOEC 用于氢冶金 ···················································································· 114
　　　　4.2.3　SOEC 用于制备化工原料 ········································································· 114
　　4.3　存在的问题 ···································································································· 115

# 第 5 章　高温热能存储 ································································································ 117

　　5.1　热能资源 ········································································································ 119
　　　　5.1.1　燃料能源 ·································································································· 119
　　　　5.1.2　太阳能 ······································································································ 119
　　　　5.1.3　核能 ·········································································································· 121
　　　　5.1.4　地热能 ······································································································ 121
　　5.2　热能存储 ········································································································ 122
　　5.3　高温热能存储原理 ························································································ 123
　　　　5.3.1　热力学基础原理 ······················································································· 124
　　　　5.3.2　热力学第一定律 ······················································································· 130
　　　　5.3.3　热力学第二定律及热效率 ········································································· 132
　　　　5.3.4　传热学基础原理 ······················································································· 134
　　　　5.3.5　能量平衡原理 ··························································································· 142
　　5.4　高温热能存储方法及技术 ············································································ 147
　　　　5.4.1　引言 ·········································································································· 147
　　　　5.4.2　高温显热储热 ··························································································· 151
　　　　5.4.3　高温相变储热 ··························································································· 154
　　5.5　高温热能存储系统及应用 ············································································ 162
　　　　5.5.1　余热资源 ·································································································· 163
　　　　5.5.2　余热回收的换热设备 ················································································ 170
　　　　5.5.3　热泵 ·········································································································· 176
　　　　5.5.4　余热回收中的能量存储 ············································································ 180
　　　　5.5.5　太阳能热存储 ··························································································· 184
　　5.6　高温热能存储的发展机遇与挑战 ································································ 191
　　　　5.6.1　高温热能存储的发展机遇 ········································································· 191

  5.6.2 高温热能存储发展面临的挑战 ……………………………………………192
参考文献……………………………………………………………………………………194

# 第1章
# 核能综合利用研究现状与展望

核能是满足能源供应、保障国家安全的重要支柱之一。核电在技术成熟性、经济性、可持续性等方面具有很大的优势，同时相较于水电、光电、风电具有无间歇性、受自然条件约束少等优点，是可以大规模替代化石能源的清洁能源。目前核能主要用于发电，只有少数反应堆用于核能供热和海水淡化。随着技术的发展，尤其是第四代核反应堆系统技术逐渐成熟和应用，核能有望超脱出仅仅提供电力的角色。本章围绕核能的综合利用，从高效发电、核能制氢、海水淡化、核能供热和高温热利用的角度，分别阐述了核能综合利用现状以及未来发展趋势，最后展望了核能在未来构建多能融合的综合能源系统中的重要作用。

## 1.1 核能综合利用国内外现状及优势

### 1.1.1 国内外现状

全球发电总量中，核能发电比例约为10%，截至2023年12月，全球31个国家共有418座商用核动力反应堆在运行，总装机容量达378GW，在建核电机组25座，在建核电机组总装机容量21.3GW。此外，在9个国家还有大约12座研究堆在计划中[1,2]。

国家核安全局和国家能源局统计，截至2024年12月31日，我国投入商业运行的核电机组57台(不含台湾省)，总装机容量59.4GW，核电机组累计发电量为4451.75亿kW·h，占总发电量的4.73%。核电设备平均利用小时数为7805.74h，设备平均利用率为90.26%[3]。与燃煤发电相比，2024年核能发电相当于减少燃烧标准煤12752.83万t，减少排放二氧化碳33412.41万t、二氧化硫108.40万t、氮氧化物94.37万t。截至2023年底，在建的核电机组11台，总装机容量11GW。

在确保安全的基础上高效发展核电是我国当前能源建设的一项重要政策，对保障能源供应与安全、保护环境、实现可持续发展具有十分重要的意义。国家发展和改革委员会、国家能源局在《能源发展"十三五"规划》中明确了"十三五"时期我国能源发展的路径和主要任务，提出努力构建清洁低碳、安全高效的现代能源体系。国家发展和改革委员会、国家能源局发布的《能源技术革命创新行动计划(2016-2030年)》也明确提出先进核能技术创新。在第三代压水堆技术全面处于国际领先水平基础上，推进快堆及先进模块化小型堆示范工程建设，实现超高温气冷堆、熔盐堆等新一代先进堆型关键技术设备材料研发的重大突破。完成超高温气冷堆在 950℃高温运行及核能制氢的可行性论证，建设高温气冷堆 700℃工艺热示范工程；建成先进模块化小型堆示范工程(含海上核动力平台)。熔盐堆、行波堆、聚裂变混合堆等先进堆型关键材料及部分技术取得重要突破。研究基于可再生能源及先进核能的制氢技术等的标准化和推广应用，实现示范应用并推广。

### 1.1.2 优势

从能源效率的观点来看，直接使用热能是更为理想的一种方式，发电只是核能利用的一种形式(图 1.1)。随着技术的发展，尤其是第四代核反应堆系统技术逐渐成熟和应用，核能有望超脱出仅仅提供电力的角色，通过非电应用如核能制氢、高温热利用、核能供热、海水淡化等各种综合利用，在确保全球能源和水安全的可持续性发展方面发挥巨大的作用[4]。

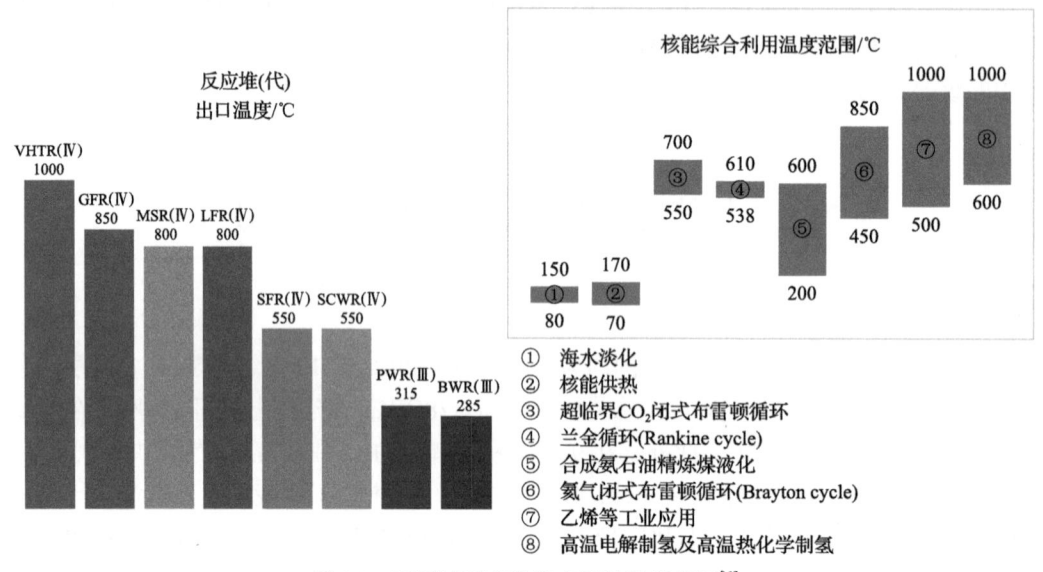

图 1.1 不同核反应堆及应用的温度范围[6]

VHTR-超高温气冷堆；GFR-气冷快堆；PWR-压水反应堆；BWR-沸水反应堆

核能制氢与化石能源制氢相比具有许多优势，除了降低碳排放之外，第四代核反应堆可以提供更高的输出温度，生产氢气的电能消耗也更少。目前，约 20%的能源消耗用于工艺热应用，高温工艺热在冶金、稠油热采、煤液化等应用市场的开发将在很大程度上影响核能发展。用核能供热取代化石燃料供暖，在保证能源安全、减少碳排放、价格稳定性等方面具有巨大的优势。目前，全球饮用水需求日益增长，而核能用于海水淡化已被证明是满足该需求的一个可行选择，这为缺少淡水的地区带来了希望。利用核能淡化的海水还可用于核电厂的有效水管理，为运行和维护的所有阶段定期供水。

## 1.2 第四代核反应堆系统

### 1.2.1 第四代核反应堆系统的特点及国际研究现状

第四代核反应堆系统的主要特征是经济性高、安全性好、废物产生量小,并能防止核扩散[5]。而核能制氢、高温热利用、核能供热、海水淡化等非电应用则是第四代核反应堆系统的主要应用目标。

未来核能的发展趋势之一是小型模块化反应堆(SMR),其电功率通常为数十兆瓦到百兆瓦,SMR 不仅建设周期短、布置灵活、适应性强、选址成本低,还可以节约资金成本并降低环境和金融风险。第四代核反应堆系统主要包括高温气冷堆(HTGR)、钠冷快中子反应堆(SFR,简称钠冷快堆)、熔盐堆(MSR)、超临界水冷反应堆(SCWR,简称超临界水堆)和铅冷快堆(LFR),而颠覆传统设计的小型模块化第四代核反应堆因具有固有安全性高、核燃料可循环、物理防止核扩散和更优越的经济性等特点,成为核能研发和投资的热点。例如,美国和加拿大近年陆续成立了十几家新型核能公司,包括加拿大陆地能源公司(Terrestrial Energy)、美国泰拉能源公司(TerraPower)等,并且其已经开始与电力公司和国家研究机构合作,推进小型模块化第四代核反应堆的示范应用。

作为新一代先进核能系统,针对第四代核反应堆技术的发展,第一届"第四代核能系统国际论坛"(Generation Ⅳ International Forum,GIF)于 2002 年提出了第四代核电的 6 种堆型和研究开发路线图。国际核能论坛(International Nuclear Energy Forum)于 2012 年 11 月在圣迭戈举办了第 3 届研讨会;"第四代核能系统国际论坛"于 2014 年 11 月在日本东京举办了第 2 届研讨会。GIF 也与国际原子能机构(IAEA)保持着长期的合作关系。第 11 届 GIF-IAEA 革新型核反应堆和燃料循环国际项目(INPRO)对接会议于 2017 年 2 月在奥地利维也纳举行,议题涵盖了核能经济、安全、物理保护、防止扩散评估方法、通用先进反应堆技术信息交换等方面的合作,预计未来将扩展到其他领域,如先进反应堆的特殊安全要求、先进反应堆的未来市场条件/要求(如与可再生能源的整合)等。

### 1.2.2 钍基熔盐堆核能系统

钍基熔盐堆(TMSR)核能系统是第四代核反应堆系统 6 个候选之一,包括钍基核燃料、熔盐堆、核能综合利用 3 个子系统。钍基核燃料储量丰富、防扩散性能好、产生核废料更少,是解决长期能源供应的一种技术方案。熔盐堆分为液态燃料熔盐堆(MSR-LF)和固态燃料熔盐堆[MSR-SF,也称为氟盐冷却高温堆(FHR)],使用高温熔盐作为冷却剂,具有高温、低压、高化学稳定性、高热容等热物特性,并且无须使用沉重而昂贵的压力容器,适合建成紧凑、轻量化和低成本的小型模块化反应堆;熔盐堆采用无水冷却技术,只需少量的水即可运行,可在干旱地区实现高效发电。熔盐堆输出的 700℃以上高温核热可用于高效发电,同时由于其使用高化学稳定性和热稳定的无机熔盐作为传蓄热介质,非常适合长距离的热能传输,从而大幅度降低了对于核能综合利用的安全性顾虑,可以实现大规模的核能制氢，同时为合成氨等重要化工领域提供高品质的工艺热，进而有效缓解碳排放和环境污染问题[7]。

保证反应堆的安全可靠运行是核能发展中最重要的先行目标。作为第四代核反应堆系统，熔盐堆具有很高的固有安全性，堆内工作环境为近常压，极大地降低了主容器、堆内构件及安全壳等的承压需求，一些在水堆内发生的事故将可以得到避免，如大破口及双端断裂事故、管道破口导致的冷却剂闪蒸喷发现象等。熔盐的沸点高至1400℃左右，而熔岩堆堆内运行温度在 700℃，安全阈值很高，当堆内温度超过设定值时，反应堆底部的冷冻塞会因过高温自动熔化，掺混了核燃料的熔盐流入应急储存罐与中子反应区分离，核反应随即终止。熔盐可作为反应堆的一层安全屏障，熔解滞留大部分裂变产物，特别是气态裂变产物(如 $^{137}$Cs、$^{131}$I 等)，熔盐化学稳定性高，不与其他物质发生作用，防止了新的衍生事故发生，可在很大程度上降低事故对环境的影响。熔盐堆可以在线后处理，是唯一能够高效利用钍的堆型，可灵活地进行多种方式的燃料循环，如一次利用、废物处理、燃料生产等，不需要特别处理，可直接利用铀、钍和钚等所有核燃料，也可利用其他反应堆的乏燃料。

## 1.3　核能综合利用研究现状

### 1.3.1　高效发电

针对堆内运行温度在 700℃以上的第四代核反应堆系统，现阶段较为成熟的热功转换系统主要包括蒸汽轮机系统(基于兰金循环)以及闭式循环燃气轮机系统(基于闭式布雷顿循环)。根据工质的不同，闭式循环燃气轮机亦可分为氦气轮机、氮气轮机、超临界二氧化碳轮机及混合工质轮机等，不同热功转换系统效率对比如图 1.2 所示。从图 1.2 中可以看出，温度越高，循环热效率越高，相比较传统蒸汽循环，高温条件下的热循环发电系统能够更充分地利用 700℃以上核能系统的高品质热量，实现高效发电。

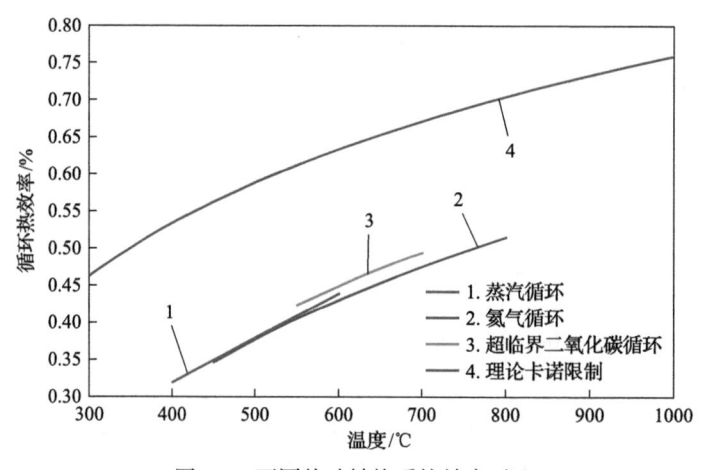

图 1.2　不同热功转换系统效率对比

蒸汽轮机系统技术发展历史已有百年以上,成熟度很高,但该系统较为庞大和复杂,在运行维护过程中需要不断补充循环水,因此在水源匮乏地区不适用。目前,火力发电常用的蒸汽轮机功率等级均在 30 万 kW 以上,多采用超临界及超超临界机组,温度范围 538～610℃,压力范围 24～32MPa,循环热效率 41%～44%[8]。700℃超临界是蒸汽轮机现阶段发展的瓶颈,耐高温高压材料问题很难在短时间内突破且成本昂贵。

闭式循环燃气轮机系统特别适用于中高温热源,进而获得较高的热功转换效率,具有热源灵活、工质多样性的技术优势。相比蒸汽轮机,闭式循环燃气轮机功率密度大,因而尺寸小、投资少,另外由于可以少用水,在选址上具有很大的灵活性。20 世纪中期,以空气为工质的闭式循环燃气轮机曾广泛应用于发电领域,技术成熟度较高。后来随着高温核能概念的兴起,氦气轮机受到了极大的重视,并完成了在非核领域的工业示范[9]。针对出口温度为 700℃以上的第四代核反应堆系统,常用的工质闭式布雷顿循环燃气轮机性能比较如下:气体工质(氦气、氮气、空气或混合工质)闭式循环燃气轮机热效率可接近 40%,超临界二氧化碳工质效率可接近 50%。但从技术成熟度来看,超临界二氧化碳轮机目前还处于中试阶段,缺乏工业示范验证,而且其高温材料问题也是技术难点[10]。

## 1.3.2 核能制氢

基于第四代核反应堆的核能制氢技术提供了一种直接裂解水制氢的路线,避免了对化石能源煤和天然气的消耗,并且可以避免温室气体的排放。经济合作与发展组织(OECD)核能委员会(Nuclear Energy Agency,NEA)从 2000 年(巴黎)开始,连续在 2003 年[美国阿尔贡(Argonne)]、2005 年[日本大洗(Oarai)]、2009 年[美国奥克布鲁克(Oakbrook)]举办了一系列会议,会议聚焦核能制氢的研究方法和进展。

核能是清洁的一次能源,尤其是随着第四代核反应堆技术不断发展,如高温气冷堆、熔盐堆都可以产生 700℃以上的高温热,利用其产生的高温工艺热通过核热辅助热化学循环、高温电解等技术制氢,其系统效率与反应堆能提供的热能温度有很大的相关性(图 1.3)[11,12],系统效率都随着反应堆出口温度的升高而增大;其系统效率显著高于常规的由热到电、再由电到氢的制氢系统效率。一般来说目前直接电解制氢系统效率约为 25%,高温电解水蒸气制氢系统效率约为 45%,直接热化学制氢的系统效率约为 50%。更为重要的是,整个工艺减少甚至完全消除了温室气体的排放,随着碳税的出现,其未来在经济上也将具有很强的竞争力。

1. 核热辅助热化学循环制氢

核热辅助热化学循环制氢是通过水蒸气热裂解的高温热化学循环过程来制备氢气。在热化学循环过程中,只有水分解产生氢气和氧气,而其他参与的化学物质可回收利用。一个实际可行的热化学循环需要同时满足:①具有较高的热力学理论转化效率;②反应簇数不能过多;③无挥发性或者危险性的化学物质参与或产生;④在合理的温度范围内可以实现。

目前全世界已经提出超过 100 种核热辅助热化学循环用于制氢,包括 $CaBr_2\text{-}Fe_2O_3$ 循环、硫酸-HI 高温循环、Cu-Cl 低温循环、Ca-Br 循环、U-C 循环等,其中由美国通用

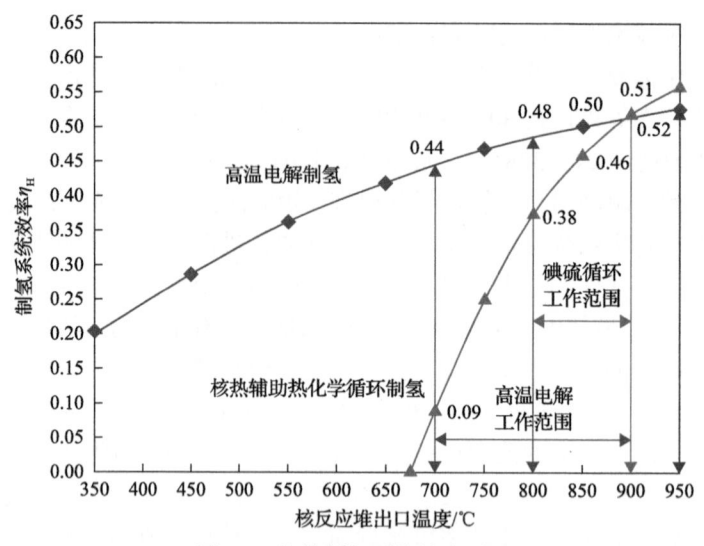

图 1.3　核能制氢系统效率对比

原子能(GA)公司首先开发的碘硫循环(iodine-sulphur cycle，简称 I-S 循环)和日本东京大学提出的 UT-3 循环等技术路线，可以与第四代核反应堆相匹配，但是 I-S 循环制氢效率受温度影响较大，在 900℃以上效率可超 50%，但随着温度降到 800℃以下，效率急剧下降。同时需要指出的是，热化学循环是一个典型的化工过程，其工艺的规模化放大存在一定风险；同时高温下的强腐蚀性对材料和设备也提出了较高的要求，生产厂房的占地面积也较大。因此核热辅助热化学循环制氢技术的主要挑战在于优化技术路线、提高整个过程的效率、解决反应器腐蚀等问题。

I-S 循环主要过程如图 1.4 所示。

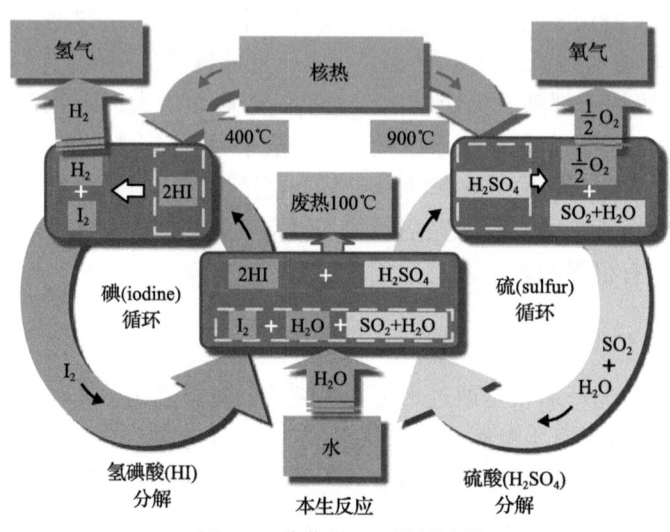

图 1.4　热化学 I-S 循环过程

(1)本生(Bunsen)反应：$SO_2+I_2+2H_2O \longrightarrow H_2SO_4+2HI$。

(2) 氢碘酸分解反应：$2HI \longrightarrow H_2+I_2$。

(3) 硫酸分解反应：$H_2SO_4 \longrightarrow SO_2+H_2O+1/2\ O_2$。

复合 S 循环(hybrid sulphur cycle)是对 I-S 循环的改进，使用 $SO_2$ 电解器取代了 I-S 循环中的 2 个部分。

$$SO_2+2H_2O \xrightarrow{80\sim110℃} H_2SO_4+H_2 \quad (电化学过程)$$

$$H_2SO_4 \xrightarrow{800\sim900℃} H_2O+SO_2+1/2\ O_2 \quad (热化学过程)$$

首先，Bunsen 反应是放热的 $SO_2$ 气体吸收反应，反应于 20～100℃在水液相体系中自发地进行，生成 HI 和 $H_2SO_4$ 的水溶液，增加反应物 $H_2O$ 与碘的量均利于反应的正向进行。同时，过量的碘可以自发地促使反应物分离，即反应酸液形成低密度 $H_2SO_4$ 相($H_2SO_4$，少量的 $SO_2$ 和 $I_2$)和高密度 HI 相(HI 和少量 $I_2$ 的水溶液)。Sakurai 等[13]的研究结果表明在 20～100℃范围内，Bunsen 反应进行得非常迅速，$SO_2$ 能够完全被含过量碘的水溶液快速吸收。另外，碘的熔点是 113.6℃，如果 Bunsen 反应在 113.6℃以上进行，就不会存在碘凝结堵塞管道的问题，这时就需要增加压力以维持反应物的液体状态。所以美国 GA 公司推荐的反应温度是 120℃，压力为 4.3bar①。

其次，硫循环过程中自 Bunsen 分离得到的 $H_2SO_4$ 经过初步浓缩浓度一般从 50%～57%到 90%。浓缩后的硫酸在 400℃旋蒸浓缩，硫酸分解成水与 $SO_3$，之后 $SO_3$ 在 850℃左右固体催化剂的作用下分解成 $SO_2$ 和 $O_2$，反应温度与反应堆的热源温度能够很好地匹配，反应堆的热源可以很好地应用于热化学循环碘硫制氢。

$$H_2SO_4(aq) \xrightarrow{400℃} SO_3(g)+H_2O(g)$$

$$SO_3(g) \xrightarrow{850℃} SO_2(g)+1/2\ O_2(g)$$

尽管 $SO_3$ 的分解反应是简单的均相气体反应，但是其在低于 900℃时反应速率非常慢，因此从 20 世纪 80 年代开始，研究者开始广泛开发 $SO_3$ 分解的催化剂，开发出了 30 多种催化剂，但这个阶段的催化研究都在较理想的条件下进行：采用较稀的酸溶液、过量的催化剂、低的空速比以及较短的试验时间。Norman 等[14]研究发现 $TiO_2$、$ZrO_2$ 及 $SiO_2$ 负载的 Pt 在较宽的温度范围内表现出了较好的催化活性。另外，$Fe_2O_3$ 及 CuO 在高温低压条件下对应的金属硫化物热力学活性不稳定而表现出较好的催化活性。Yannopoulos 和 Pierre[15]指出赤铁矿 $Fe_2O_3$ 是一个高效的、稳定性好的、经济实用的高温催化剂。Norman 等研究发现 $Al_2O_3$ 负载的 Pt 催化活性较差，因为在 $Al_2O_3$-Pt 催化剂表面形成硫酸盐 $Al_2S_3$ 导致催化剂失活。因此，催化剂的稳定性对氢气的制备过程至关重要，遗憾的是，到目前为止，没有关于催化剂长期稳定的报道。

最后，碘循环部分，首先是 HI 从 $HI_x$ 相($HI+I_2+H_2O$)分离出来，分离效果对 HI 的后续分解特别重要。但是，从热动力学角度，在 $HI+H_2O$ 和 $HI+I_2+H_2O$ 的二元、三元体系

---

① $1bar=10^5Pa$。

的气液平衡系统中存在共沸物或准共沸物,气相中 HI 与水的比例与液相中的比例相同,这直接影响了蒸馏过程的热耗,进而影响了产氢效率。大量的研究工作集中于此,为了克服上述困难,目前通过以下的实验方法进行验证。

(1)使用磷酸萃取精馏:该方法首先将 $HI_x$ 溶液暴露到浓磷酸中,使碘沉淀析出;其次将剩余的溶液(HI+H₂O+H₃PO₄)再蒸馏,尽管仍然存在准共沸物,但是当 HI 含量为零的时候,磷酸的浓度达到 85wt%①,因此,脱水的 HI 可以通过蒸馏法从混合溶液中分离;最后将剩余的稀释后的磷酸溶液重新浓缩和回收。该萃取精馏的方法,用于蒸馏的热消耗大大降低。

(2)利用膜技术 $HI_x$ 预浓缩:膜技术应用于蒸馏前的预处理,增加 HI 在 $HI_x$ 相中的浓度,避免了共沸时的浓度,简化了纯 HI 在后续蒸馏中的分离及减少了再沸流程。Kasahara 等[16]利用电-电渗析(EED)池浓缩 $HI_x$ 溶液和使用氢分离膜技术提高气相 HI 的分解速率。图 1.5 展示了其流程,将 Bunsen 反应得到的 $HI_x$ 溶液与 HI 蒸馏后的剩余溶液混合,分成两路进入电-电渗析(EED)池浓缩系统。EED 浓缩后的富余 HI 蒸气进入蒸馏塔再蒸馏,气相 HI 流入装有氢选择性陶瓷膜的 HI 分解器中。

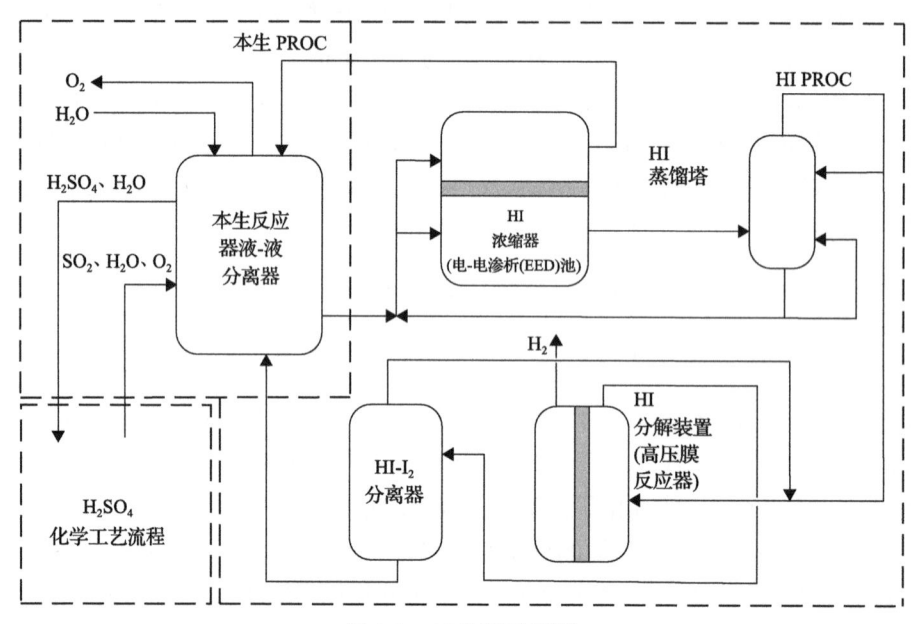

图 1.5 HI 分解示意图

目前日本原子能机构(JAEA)完成 I-S 循环制氢中试,产氢速率达到 150NL/h[11](图 1.6),清华大学建立了实验室规模 I-S 循环实验系统(产氢速率达到 60NL/h)[17]。热化学 I-S 循环制氢也有一定的限制,如 H₂SO₄ 在 400℃高温下旋蒸浓缩对材料的腐蚀最严重。美国 GA 公司和日本原子能研究所(JAERI)筛选了几种材料,包括 Fe-Si 合金 SiC、Si-SiC、Si₃N₄ 等,研究了它们在不同浓度的硫酸蒸发和气化条件下的抗腐蚀性能。含硅陶瓷材料如

---

① wt%表示质量分数。

SiC、Si-SiC、$Si_3N_4$ 等都表现出良好的抗硫酸腐蚀性。对于 Fe-Si 合金，Si 含量对抗腐蚀性能起决定作用。在 95wt%的 $H_2SO_4$ 沸腾条件下，材料表面形成钝化层的临界硅含量为 10wt%；而在 50wt%$H_2SO_4$ 中临界硅含量为 15wt%。材料表面的 Si 形成硅的氧化物钝化膜，可以阻止进一步腐蚀。但 Si-Fe 合金的缺点是脆性高，目前正在研究用表面修饰技术如化学气相沉积(CVD)和离心铸造，使合金表面中 Si 含量较高而基体中 Si 含量较低，这样得到的材料表现出良好的延展性和耐腐蚀性。

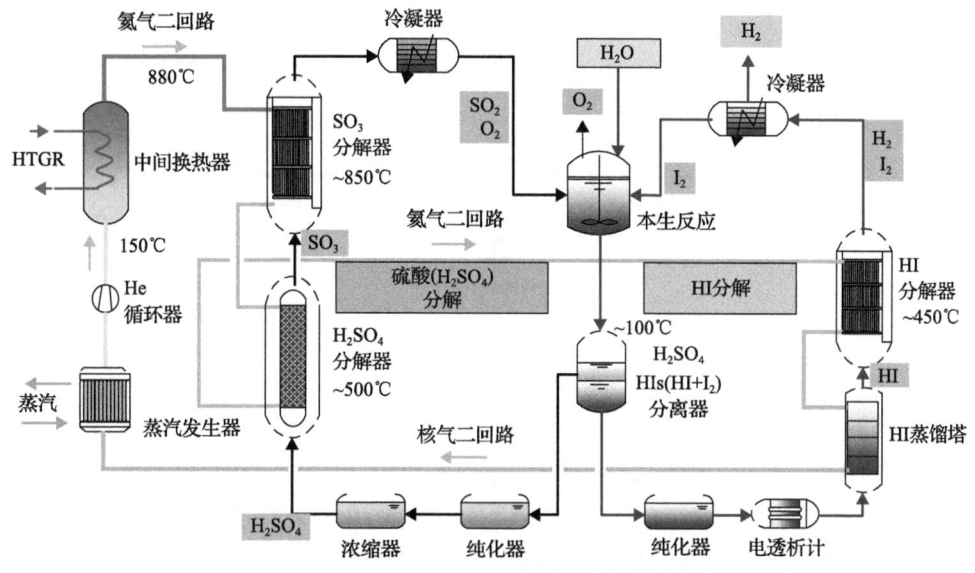

图 1.6　JAERI 的高温气冷试验堆 I-S 循环制氢示意图

美国橡树岭国家实验室(ORNL)发现并证明了利用热化学铀循环制氢的可行性，其中使用了现在商业化的、成熟的实验设备，循环经过的工艺流程较少，实现了较低温度与压力下利用铀的氧化物热化学循环分解水产生氢气的循环过程。整个循环过程是密闭的，只有水分解为氢气和氧气，其他物质均高效循环使用。

热化学铀循环制氢的基本方法是多价态的金属铀的氧化物、水和碳酸盐反应产生氢气的循环过程。如图 1.7 所示，其循环过程包括三步化学反应：第一步反应，即氢气产生的过程，$U_3O_8$ 与碳酸钠及水蒸气在 650℃、二氧化碳作载流体的 1 个大气压下反应产生氢气、重铀酸钠($Na_2U_2O_7$)，此时将氢气与载流体二氧化碳分离，收集氢气；第二步，$Na_2U_2O_7$ 冷却至室温，然后在弱碱碳酸铵的参与下转化为三碳酸铀酰铵[$(NH_4)_4UO_2(CO_3)_3$]，通过一系列的离子交换树脂将产物三碳酸铀酰铵与碳酸钠分离，分离得到的碳酸钠经过回收重新进入循环过程；第三步，即三碳酸铀酰铵在 350℃下分解，产生 $U_3O_8$、水、二氧化碳、氨气及氧气，除氧气外所有的这些产物经过分离回收重新进入下一个制氢循环过程。整个循环中副产物只有氧气。相对第二、三步，第一步反应是独特的，第二、三步在 2000 年铀处理工业中已商业化。所以说，基于铀的热化学循环制氢过程中，产物的分离技术采用现有成熟化学手段实现，反应设备相对成熟，其制氢的经济效益还需要进一步验证。

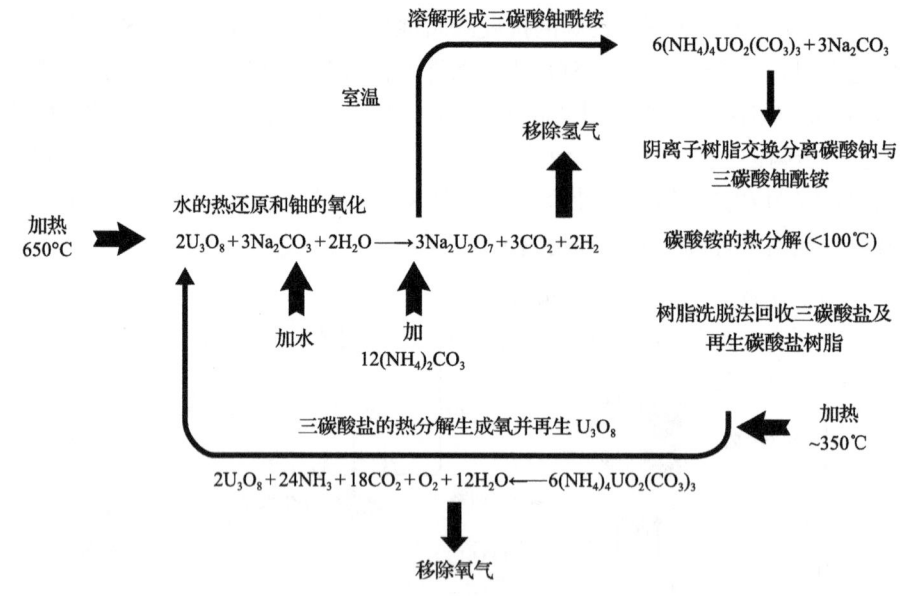

图 1.7 热化学铀循环制氢示意图

**2. 高温电解制氢**

高温蒸汽电解(HTSE)制氢(简称为高温电解制氢)是以固体氧化物电解池(SOEC)为核心反应器,实现蒸汽高效分解制备氢气。高温电解制氢技术具有高效、清洁、过程简单等优点,近年来受到国内外研究者及企业的重视,已经成为与核能、风能、太阳能等清洁能源联用来制氢的重要技术。高温电解制氢技术可与核能或可再生能源结合,用于清洁燃料的制备和 $CO_2$ 的转化,在新能源领域具有很好的应用前景。此外,可再生能源如风能、太阳能、水能等有很大的波动性,并且受地域的限制,在传输上遇到很大困扰,而利用高温电解制氢技术为可再生能源的能源转化和储存提供了重要的途径,是未来新型能源网络中不可或缺的重要组成[18,19]。

基于 SOEC 高温电解水制氢技术是实现 Power-to-X(P2X)①深度替代、电能转换为零碳化工燃料的关键性技术,固体氧化物电解水制氢技术具有良好的扩展性,是氢能经济架构下的战略性关键核心技术。《氢能产业发展中长期规划(2021—2035 年)》提出推进固体氧化物电解池制氢、光解水制氢、海水制氢、核能高温制氢等技术研发。广东、上海、北京和深圳等也均将固体氧化物电解水制氢技术纳入氢能发展规划中,提出建设百千瓦级、兆瓦级固体氧化物电解水制氢示范项目。

SOEC 是一种在中高温环境下将热能和电能高效环保地直接转化为化学能的全固态能源转换装置,在某些条件下可以与固体氧化物燃料电池(SOFC)实现可逆运行。

SOEC 的基本结构组成:中间为致密的固体电解质(solid electrolyte),两边是多孔的

---

① P2X 是指将可再生能源电力(如风能、水电或太阳能)转换为其他能源载体或产品(X),这些产品可以是氢(绿氢)、氨(绿氨)、甲醇(绿甲醇)、甲烷(绿甲烷)等。P2X 的核心是通过电解水制氢,将可再生能源发电转化为氢气,然后进一步转化为其他绿色能源产品,从而实现能源的高效利用和储存。

阳极(anode)和阴极(cathode)。固体电解质的主要作用是在电极之间传导氧离子，分隔氧化、还原气体和阻隔电子电导。因此，固体电解质需要具有高的离子电导率以及可忽略的电子电导，并且在结构上要求完全致密。为了便于气体的扩散和传输，电极一般为多孔结构。此外，平板式SOEC还需要密封件(seal)、连接体(connector)。

SOEC工作温度一般为650~850℃，其工作原理如图1.8所示。在阴极/电解质界面，水蒸气与从外电路流入的电子结合，发生还原反应生成$H_2$和$O^{2-}$，$O^{2-}$在外加电压的驱动下从电解池的阴极通过电解质扩散到电解质/阳极界面，在该界面$O^{2-}$失去电子发生氧化反应生成$O_2$，整个电解池的总反应式为

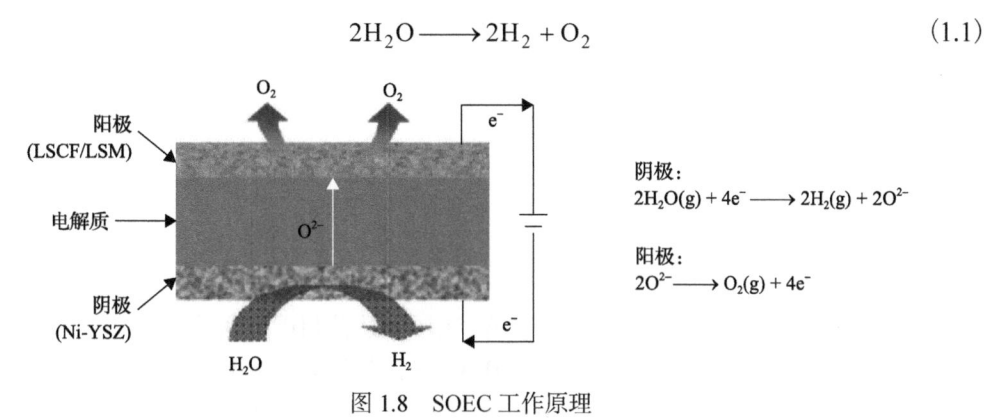

$$2H_2O \longrightarrow 2H_2 + O_2 \tag{1.1}$$

图1.8 SOEC工作原理

LSCF/LSM-钴酸镧锶铁氧体/钙钛矿结构的过渡金属氧化物；YSZ-氧化钇稳定氧化锆

阴极：
$2H_2O(g) + 4e^- \longrightarrow 2H_2(g) + 2O^{2-}$

阳极：
$2O^{2-} \longrightarrow O_2(g) + 4e^-$

SOEC也可同时电解水蒸气和二氧化碳产生合成气($H_2$+CO)。较高温度下(700~1000℃)，在SOEC两侧电极上施加一定的直流电压，水蒸气和二氧化碳在氢电极发生还原反应产生$O^{2-}$，$O^{2-}$穿过致密的固体氧化物电解质层到达氧电极，在氧电极发生氧化反应得到纯氧气。

在诸多制氢方法中，SOEC具有突出的优点：只需要水和电作为输入，电解制氢效率可以达到90%，电解池耗电量仅3.2kW·h/Nm³[①]$H_2$，当电解所需要的电能和热能由可再生能源、核能等清洁能源提供时，具有零碳排放、清洁、节能、高效的特点，符合可持续发展的要求。除用于制氢外，SOEC还可以用于二氧化碳的电解，能直接将温室气体转化为燃料，如图1.9所示。因此，在当前能源和环境问题日益凸显的社会背景下，SOEC技术必将具有广阔的应用前景。

美国、德国、丹麦、韩国、日本和中国等国家都积极开展SOEC相关方面的研究工作[20-22]。1968年，美国通用电气(GE)公司开始SOEC实验研究，SOEC采用管式设计。20世纪70年代末80年代初，德国道尼尔(Drnier)公司开展了SOEC项目研究，分别研制出10个和1000个长10mm、直径13mm的管式单电池组成的电堆，在1000℃的高温下获得6.8NL/h和0.6Nm³/h的产氢速率。尽管对SOEC的研究开始得较早，但由于技术难度较大以及化石燃料价格偏低等，对SOEC的研究一直处于停滞阶段。近年来由于环

---

① Nm³表示标准立方米，是在0℃和1个标准大气压下的气体体积。

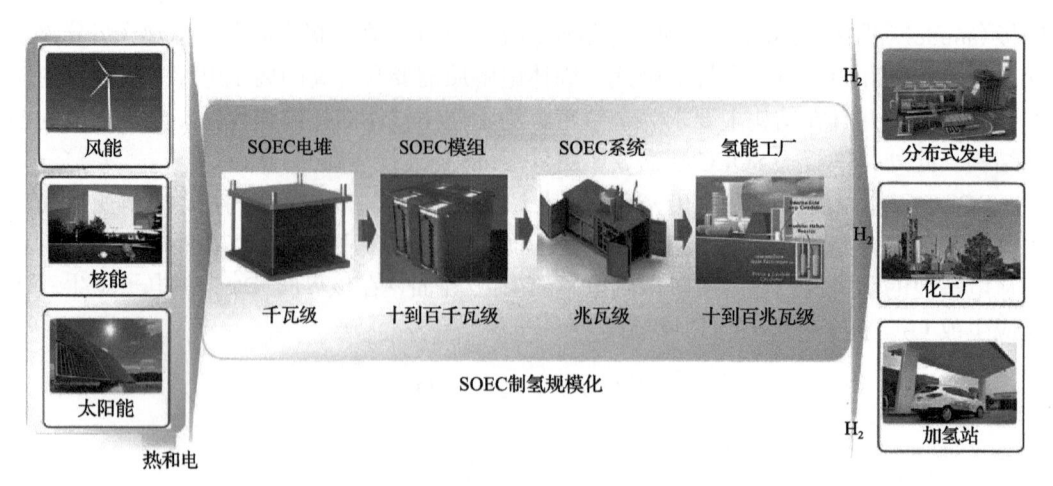

图 1.9　SOEC 制氢技术的优势

境问题和能源问题的加剧，SOEC 的研究重新受到重视。

目前，美国爱达荷州国家实验室(INL)、德国 Sunfire、丹麦 Haldor Topsoe、日本东芝、日本原子能研究所等机构和公司的研究团队对 SOEC 开展了研究，研究方向由电解池材料逐渐转向电堆和系统集成。2018 年底，美国爱达荷州国家实验室初步完成了 25kW 高温电解制氢台架的搭建，并计划开展 250kW 高温电解制氢系统的设计工作。2021 年 7 月，美国布鲁姆能源(Bloom Energy，BE)公司正式发布 360kW SOEC 模块，结合工业废热，耗电量有望比质子交换膜(PEM)电解水技术和碱性(ALK)电解水技术低 45%。2022 年 8 月，BE 公司研制的 SOEC 模块在美国爱达荷州国家实验室完成了 500h 的满负荷运行，产氢能耗为 3.37kW·h/Nm$^3$H$_2$。2020 年 10 月，德国 Sunfire 在荷兰建成了 2.4MW 的 SOEC 示范项目，产氢速率为 60kg/h。2021 年，Sunfire 公司继续推出了 150kW SOEC 制氢装置，产氢速率为 40Nm$^3$/h；原料为 150℃水蒸气，系统产氢能耗为 3.7kW·h/Nm$^3$H$_2$，并形成了钢铁厂进行氢冶金以及可再生燃料厂进行电解合成燃料的应用示范。同时，丹麦 Haldor Topsoe 公司将在海宁(Herning)投资建立 SOEC 工厂，产能为 500MW/a，电解堆的电解槽效率超 90%。

国内 SOEC 研究起步较晚，目前以科研院所和高校为主。中国科学院上海应用物理研究所(简称上海应物所)、清华大学(图 1.10)、中国科学院宁波材料技术与工程研究所(简称宁波材料所)(图 1.11)、西安交通大学等在 SOEC 方面的研究工作较为突出。中国科学院上海硅酸盐研究所(简称上海硅酸盐所)、华中科技大学、中国矿业大学、中国地质大学、潮州三环(集团)股份有限公司(简称潮州三环)、潍柴动力股份有限公司(简称潍柴动力)等机构和企业主要进行 SOFC 的研究。清华大学报道了 SOEC 电堆的制备、单电池制氢测试平台和高温下材料电化学评价系统的研制能力，电堆产氢速率可达 5.6L/h 以上。

宁波材料所主要进行 SOEC 的研究，利用 30 单元电堆标准模块进行高温电解水制氢研究(图 1.11)，单体电池有效面积 70cm$^2$。电解堆以 H$_2$(流量为 0.5NL/min)为保护气，并在阳极标准气压下通入流量为 2.24NL/min 的水蒸气。通过对比水蒸气通入量和收集量，

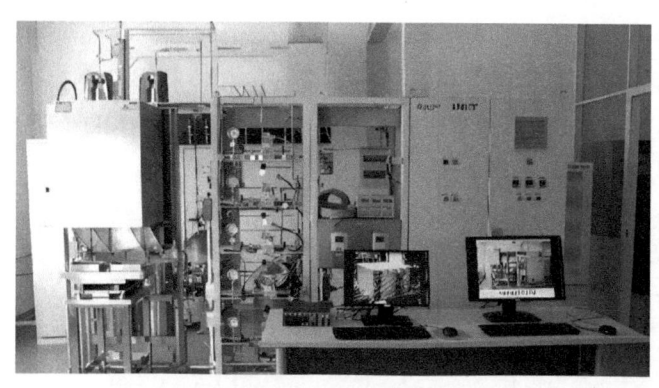

图 1.10　清华大学高温 SOEC 电堆及系统

图 1.11　宁波材料所 SOEC 高温电解水制氢设备

电解堆在 800℃下，水蒸气电解转化效率维持在 73.5%，产氢速率为 94.1NL/h。

上海应物所在中国科学院前瞻战略先导科技专项的支持下从 2011 年开始进行核能高温制氢技术研究，聚焦于 SOEC 相关的材料、单电池、电堆、模组和系统层面的研发，于 2013 年完成了 1kW 级 SOEC 系统概念验证与系统集成。该系统在 800℃条件下成功运行 500h 以上，稳定运行产氢速率达到 0.17Nm$^3$/h，电解效率达到 90%，衰减速率为 3.25%/100h。2015 年，上海应物所与上海硅酸盐所合作开发了 5kW SOEC 电堆，并于 2015 年底完成了系统的调试和运行，系统在 750℃条件下成功运行 1000h，产氢速率达到 1.37Nm$^3$/h，衰减速率为 2.25%/1000h。2018 年，经过技术升级和优化设计，研制了可以稳定运行的 5kW 级高温电解制氢中试装置，产氢速率进一步提升，经过 3000h 的运行测试，衰减速率小于 1%/1000h，为大规模的系统集成和工程示范打下了坚实的基础。

在中国科学院洁净能源先导专项的支持下，上海应物所自 2018 年开始研制 20kW 级高温电解制氢中试装置，开展电堆的级联放大技术研究，发展固体氧化物的综合热电管控技术，完成了装置自主工艺包设计，并实现了装置的研制。2019 年 3 月完成装置的集成安装，2019 年底完成了装置的冷热联调，实现了成功开车。2020 年 8 月完成了装置的升级改造，增加了高压氢气加注模块并完成了调试，至此该装置具备了从制氢、储氢到加氢的完整功能，是国内首套高温电解制氢、储氢、加氢一体化装置。该装置采用撬块化高度集成设计，包括气体管理、电管理、热管理、安全防护和控制等模块，易于大规模拓展。装置的产氢速率达到 6Nm$^3$/h，储氢压力为 35MPa，储氢量为 12kg，电解池的能耗为 3.2kW·h/Nm$^3$H$_2$(图 1.12)。

图 1.12　上海应物所 20kW 级高温制氢-加注一体化装置

上海应物所于 2021 年开始 200kW-SOEC 制氢装置的设计与设备研制，该装置采用撬块化高度集成设计理念，包括电气系统、控制系统、公用工程系统、高温制氢系统、安全防护系统和氢气增压系统，易于建造、生产管理以及大规模拓展。2023 年 2 月 26 日启动装置运行并实现一次开车成功，制氢功率达到 202kW，产氢速率达到 64Nm$^3$/h，直流电耗为 3.16kW·h/Nm$^3$H$_2$，并顺利完成连续 72h 性能考核要求(图 1.13)。2024 年 11 月 21 日，国家能源局公布了第四批能源领域首台(套)重大技术装备名单，由上海应物所自主研制的 20kW 模组/200kW 高温固体氧化物电解制氢装置成功入选，这是 SOEC 制氢方向首次入选的国内首台(套)重大技术装备，充分体现了上海应物所在该技术领域的领先性。

图 1.13　上海应物所 200kW 高温制氢装置

经过几十年的发展，国内 SOEC 研发已经逐渐迈出实验室研究阶段，开始走向系统集成、中试验证和商业示范阶段，但是由于起步晚、研发投入不足、重视程度不够等，总体研究水平与欧美等国家和地区相比还是有很大的差距。

高温电解制氢技术主要包括电解质和电极材料、电解池、电解堆和系统 4 个层面，目前高温电解制氢技术面临的主要挑战包括电解池长期运行过程中的性能衰减问题、电解池的高温连接密封问题、辅助系统优化问题、大规模制氢系统集成问题。SOEC 是高温电解制氢技术中的核心反应器。电解池(堆)中的电极/电解质材料在运行中存在着诸多分层、极化、中毒等问题，是系统衰减的重要原因。因此，需要针对 SOEC 工艺的特性，重点攻关电解池材料在高温和高湿环境下的长期稳定性问题，同时提升 SOEC 单电池生产装备的集成化和自动化水平，提高单电池良品率和一致性；大力发展千瓦级 SOEC 制氢模块的低成本和轻量化设计，提高规模化集成技术水平，开发电解池(堆)的分级集成技术。解决了这些问题，就可以使其在经济上具备一定的竞争力，从而使其更快进入实际应用领域。

### 1.3.3 海水淡化

淡水和能源资源对人类社会的生存与发展至关重要，是不可或缺的必需条件。海水淡化是获取淡水资源的重要途径之一，规模化的海水淡化需要大量的能量消耗。因此，未来从环保和可持续发展等角度考虑，基于核能的海水淡化技术将占有越来越重要的位置。

海水淡化技术是利用蒸发、膜分离等手段，将海水中的盐分分离出来，获得含盐量低的淡水技术。其中反渗透法(RO)、多效蒸馏(MED)法、多效蒸馏-蒸汽压缩(MED-VC)法和多级闪蒸法(MSF)是经过多年实践后认为适用于大规模海水淡化的成熟技术。上述几种海水淡化技术都是利用热能或者电能来驱动，因此在技术上都可以实现并适用于与核反应堆耦合。在核反应堆和海水淡化工厂的耦合过程中，需要重点考虑以下 3 个问题：①如何避免淡化后的水被放射性元素影响；②如何避免海水淡化系统给核反应堆带来额外的影响；③如何将两者的规模更合理地匹配起来。

过去十几年来，许多国家对核能海水淡化技术给予越来越多的关注，IAEA 也在推进核能海水淡化的过程中起到了重要的组织和协调作用，包括中国在内的许多成员国参加了由 IAEA 组织的国际合作研究计划，也提出了各自不同的高安全性核反应堆方案以应用于海水淡化系统[23,24]。

目前我国已建和在建的海水淡化系统累计海水淡化能力约为 600000t/d，成本为 4~5 元/t[25]。海水淡化技术正在逐渐走向成熟，随着其成本的不断降低，其经济性也在不断提升。国内核电站大多建于沿海地区，为推动基于核能海水淡化建设提供了更多便利。其中，红沿河核电站、宁德核电站、三门核电站、海阳核电站、徐大堡核电站、田湾核电站，以及山东荣成石岛湾高温气冷堆核电站均采用海水淡化技术为厂区提供可用淡水。在海水淡化的主流技术中，反渗透法具有显著的节能性，在我国被广泛推广和使用。

### 1.3.4 核能供热

我国 60%以上的地区、50%以上的人口需要冬季供热，目前的供热方式主要为集中供热和分布式供热，集中供热主要采用燃煤热电联产或者燃煤锅炉，每年需要消耗 5 亿 t 煤炭。为了缓解用煤导致的严重环境污染和雾霾天气，我国部分地区率先开始"煤改气、煤改电"的工程，但这也导致了天然气资源稀缺、电网负担加重等困难。核能作为清洁能源，在未来会成为重要的供热资源。核能供热的一大优势就是低碳、清洁、规模化。以一座 400MW 的供热堆为例，其每年可替代 32 万 t 燃煤或 1.6 亿 m³ 燃气，与燃煤供热相比，可减少排放二氧化碳 64 万 t、二氧化硫 5000t、氮氧化物 1600t、烟尘颗粒物 5000t。目前核能供热主要有两种方式，低温核供热和核热电联产。

20 世纪 80 年代，瑞典的核动力反应堆 Agesta 已经实现了连续供热，是世界上第一个民用核能供热核电站的示范。此后，俄罗斯、保加利亚、瑞士等国家也开始研发、建造核能供热系统。我国于 20 世纪 80 年代也开始了核能供热反应堆的研发，1983 年，清华大学在池式研究堆上实现我国首次核能低温供热实验[26]。经过多年的研究和发展，在低温核供热技术层面已经逐渐形成了池式供热堆和壳式供热堆两种主流类型。池式供热堆以游泳池实验堆为原型，壳式供热堆由目前主流压水堆(PWR)核电站技术演进而来。核热电联产的最大优势是节能，实现了能源资源的优化配置，热电联产的综合能源利用率较高，可以达到 80%，其缺点是热电不能同时兼顾，所以需要同核供热协同形成优势互补。

近年，核能供热产业在国内获得极大的关注。2017 年，由国家发展和改革委员会、国家能源局、环境保护部(现称为生态环境部)等 10 部门共同制定的《北方地区冬季清洁取暖规划(2017—2021 年)》就明确提出，研究探索核能供热，推动现役核电机组向周边供热，安全发展低温泳池堆供暖示范。中国核工业集团有限公司(简称中核集团)推出了"燕龙"泳池式低温供热堆，中国广核集团有限公司(简称中广核集团)和清华大学推出了壳式低温供热堆，国家电力投资集团有限公司(简称国家电投)推出了微压供热堆，目前已经在黑龙江、吉林、辽宁、河北、山东、宁夏、青海等多个省(自治区)开展了相关厂址普选和产业推广工作。

核能供热战略布局可以有效解决我国北方多地的缺热问题。另外，引入大温差长途输热技术后，我国核能供热将不再受远距离输热的限制，因此核反应堆可以安置在核安全距离以外，并为城市提供安全、稳定的热能。

### 1.3.5 高温热利用

合成氨、煤气化和甲烷蒸气重整等化工过程都需要 700℃以上的高温热，这些传统化工行业的能耗巨大，而对于合成氨、煤液化以及石油裂解产物如乙烯的需求正在逐渐增长。面对越来越严苛的碳排放要求以及能源资源的日益匮乏，探索新的工业能源供给和耦合十分重要。如果能够直接利用反应堆产生的高温热，可以节能 30%左右，在降低能源消耗总量的同时，提高了核能的经济性。以熔盐堆为代表的第四代核反应堆，其出口温度可以达到 700℃以上，未来反应堆产生的热可直接作为工业生产过程的热源，用于天然气的蒸气重整、煤的气化和液化、合成氨、乙烯生产等高耗能领域，而节约下来的化石燃料可以用作化工原料[27]。

高温热利用面临的一个重要挑战是安全防护及管理和许可问题，需要消除管理者和公众对于核能和化工耦合利用的担忧，同时对于不同类型的工艺热利用，需要执行新的管理规定，申请新的许可。

## 1.4 展　　望

面对未来的能源低碳化需求，只有核能和可再生能源是零碳排放。可再生能源具有资源丰富、清洁、可再生等优点，但是可再生能源的波动性或间歇性导致其与目前的电网基础设施缺乏良好的兼容性，大规模使用时，需要提供稳定的基荷能源调控电力输出。核能由于具有可持续、高效、可靠等优势，是唯一能够提供可调度基荷电力的清洁能源，因而构建核能-可再生能源多能融合的综合能源系统是实现能源低碳清洁高效利用的重要解决方案。

对于第四代核反应堆系统，可以通过熔盐传蓄热和高温制氢技术，充分发挥和协同利用核能与可再生能源的优势。因此，需要从经济和能源安全的角度来评估各种清洁能源在全国乃至全球能源体系中的份额，制定合理的技术路线，开展多能融合的核能-可再生能源综合能源系统(HES)示范(图 1.14)，并实现稳定运行，解决并克服两种技术耦合使用时的问题，这对于经济和社会的发展进步具有重要意义，也是目前核能综合利用发展的重要趋势。

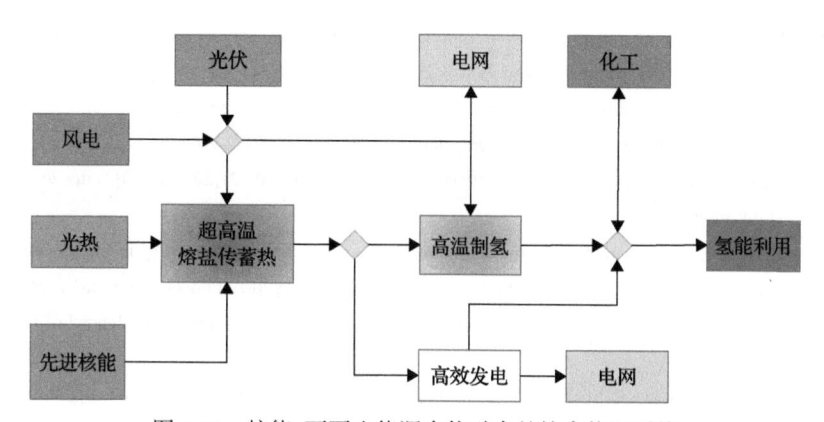

图1.14　核能-可再生能源多能融合的综合能源系统

当前，以华龙一号、AP1000、第三代原子能反应堆(EPR)等为代表的第三代核能系统已经开始大规模商业应用，建议加快以熔盐堆为代表的第四代核反应堆系统及相关的核能制氢、高温热利用等综合利用技术研发，充分调动国内相关研究机构和企业的优势力量，加大政策支持力度和投入保障力度，将相关任务列入国家科技重大专项，落实并建设核能制氢、核能供热等综合利用示范项目的建设。

## 参 考 文 献

[1] IAEA. Welcome to research reactor database (RRDB) [R/OL]. [2025-01-24]. https://nucleus.iaea.org/rrdb/#/home.

[2] IAEA. Nuclear power reactors in the world, reference data series No. 2, IAEA, Vienna (2024) [R/OL]. [2025-01-24]. https://www.iaea.org/publications/15748/nuclear-power-reactors-in-the-world.

[3] 国家核安全局. 全国核电运行情况 (2024 年 1-12 月) [R/OL]. (2025-02-06) [2025-3-10]. https://nnsa.mee.gov.cn/ywdt/hyzx/202502/t20250206_1101794.html.

[4] IAEA. Non-electric applications of nuclear power: Seawater desalination, hydrogen production and other industrial applications[R]. Oarai: IAEA, 2007.

[5] Generation IV International Forum. Generation IV Systems[E/OL]. [2025-01-24]. https://www.gen-4.org/generation-iv-criteria-and-technologies.

[6] Wang J Q, Dal Z M, Xu H J.Research status and prospect of comprehensive utilization of nuclear energy[J]. Bulletin of Chinese Academy of Sciences, 2019, 34 (4): 460-468.

[7] 江绵恒, 徐洪杰, 戴志敏. 未来先进核裂变能——TMSR 核能系统[J]. 中国科学院院刊, 2012, 27 (3): 366-374.

[8] 陈硕翼, 朱卫东, 张丽, 等. 先进超超临界发电技术发展现状与趋势[J]. 科技中国, 2018 (9): 14-17.

[9] Weisbrodt I A. Summary report on technical experiences from high-temperature helium turbomachinery testing in Germany[R]. Vienna: IAEA, 1996.

[10] 高峰, 孙嵘, 刘水根. 二氧化碳发电前沿技术发展简述[J]. 海军工程大学学报 (综合版), 2015, 12 (4): 92-96.

[11] IAEA. Hydrogen production using nuclear energy[R]. Vienna: IAEA, 2013.

[12] Yan X L, Hino R. Nuclear Hydrogen Production Handbook[M]. Boca Raton: CRC Press, 2018.

[13] Sakurai M, Nakajima H, Amir R, et al. Shimizu, experimental study on side-reaction occurrence condition in the iodine–sulfur thermochemical hydrogen production process[J]. International Journal of Hydrogen Energy, 2000, 25 (7): 613-619.

[14] Norman J H, Mysels K J, Sharp R, et al. Studies of the sulfur–iodine thermochemicalwater-splitting cycle[J]. International Journal of Hydrogen Energy, 1982, 7 (7): 545-556.

[15] Yannopoulos L N, Pierre J F. Hydrogen production process: High temperature-stable catalysts for the conversion of $SO_3$ to $SO_2$[J]. International Journal of Hydrogen Energy, 1984, 9 (5): 383-390.

[16] Kasahara S, Kubo S, Hino R, et al. Flowsheet study of the thermochemical water-splitting iodine–sulfur process for effective hydrogen production[J]. International Journal of Hydrogen Energy, 2007, 32 (4): 489-496.

[17] 清华新闻网.高温气冷堆制氢关键技术研究达到预期技术目标[R]. (2014-10-13) [2024-10-30]. https://www.tsinghua.edu.cn/info/1181/51498.htm.

[18] Fang Z, Smith R L, Qi X H. Production of Hydrogen from Renewable Resources[M]. Berlin: Springer Netherlands, 2015.

[19] Naterer G F, Dincer I, Zamfirescu C. Hydrogen Production from Nuclear Energy[M]. London: Springer-Verlag, 2013.

[20] Maskalick N J. High temperature electrolysis cell performance characterization[J]. International Journal of Hydrogen Energy, 1986, 11 (9): 563-570.

[21] Herring J S, O'Brien J E, Stoots C M, et al. Progress in high-temperature electrolysis for hydrogen production using planar SOFC technology[J]. International Journal of Hydrogen Energy, 2007, 32 (4): 440-450.

[22] Stoots C, O'Brien J, Hartvigsen J. Results of recent high temperature coelectrolysis studies at the Idaho National Laboratory[J]. International Journal of Hydrogen Energy, 2009, 34 (9): 4208-4215.

[23] IAEA. Economics of nuclear desalination: New developments and site specific studies[R/OL]. (2007-07-01) [2025-01-24]. https://www-pub.iaea.org/MTCD/publications/PDF/te_1561_web.pdf.

[24] IAEA. New technologies for seawater desalination using nuclear energy[R]. Vienna: IAEA, 2015.

[25] 陈微, 张立君. 海水淡化技术在国内外核电站的应用[J]. 水处理技术, 2018, 44 (11): 133-137.

[26] 田嘉夫, 杨富. 城市采暖用低温核供热站的参数规模及经济性[J]. 区域供热, 1991 (2): 36-39.

[27] IAEA. Advances in nuclear power process heat applications[R]. Vienna: IAEA, 2012.

# 第 2 章

# 先进核能系统

## 2.1 先进核能系统简介

随着经济迅速发展和人口迅猛增长，人们对能源的需求越来越大。在追求工业化的过程中，能源和环境的矛盾使得能源供应可持续发展成为世界各国面临的首要问题。核能是一种清洁、安全、高效的能源，具有大规模替代化石能源的潜力，因此核能的使用愈发受到重视，在目前的世界能源结构中占有重要地位。

图 2.1 给出了核能系统的发展历史[1]。已有的核能系统分为三代[2]：①第一代核电站。指 20 世纪 50 年代至 60 年代建造的第一批原型堆，核电首次投入商业（民用）。由于是直接从军用到商用，附加安全设计很少，一代堆没有能动或非能动专用安全设施。典型的一代堆包括美国宾夕法尼亚州的 Shippingport 压水堆（1957～1982 年）、伊利诺伊州的 Dresden 1 号沸水堆（BWR；1960～1978 年）、英国的 Magnox 气冷堆（GCR）Calder Hall 1 号堆（1956～2003 年）等，大多数已经关闭。②第二代核电站，指 20 世纪 60～70 年代大批建造的单机容量在 600～1400MW 的标准型核电站，是目前世界上正在运行的核电站的主体。二代堆设计了能动安全设施，而且原则上仅供民用。二代堆通常为轻水堆（LWR），包括压水堆和沸水堆，此外还有重水堆（HWR），如坎杜（CANDU）型堆。③第三代核电站，指 20 世纪 80 年代开始发展、90 年代末开始投入市场的先进轻水堆（ALWR）

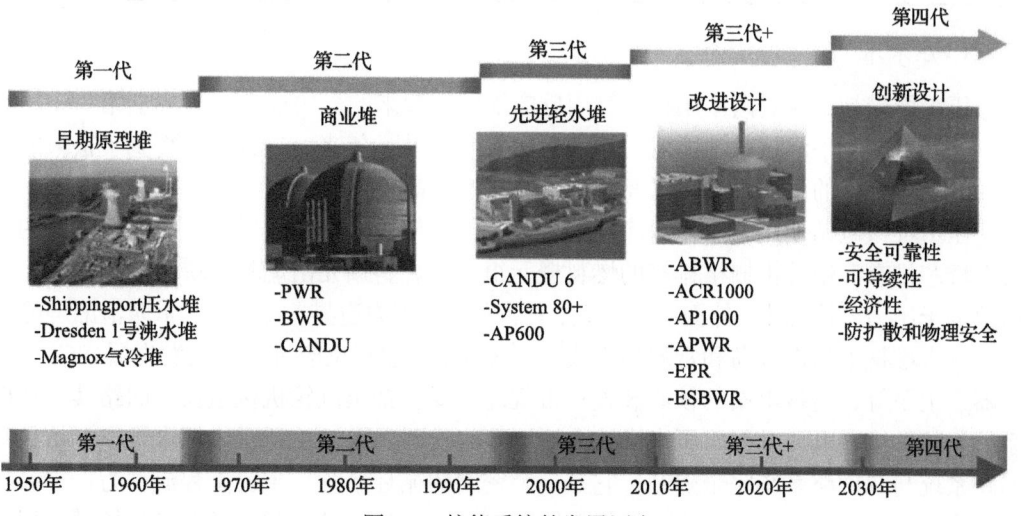

图 2.1 核能系统的发展历史

核电站。三代堆的安全性主要体现在改革型的能动和非能动安全系统，安全性明显优于二代堆，目前新建电站大部分是更安全、更先进的三代堆。典型的三代堆型包括 CANDU 6、System 80+、AP600 等。第三代+反应堆设计是第三代反应堆的改进设计，典型的三代+堆型包括 ABWR、ACR1000、AP1000、APWR、EPR、ESBWR 等。④规划第四代核电站。目前核能发展主要面临着"核燃料的长期稳定供应"、"核废料的安全处置"和"核不扩散"等严峻挑战，因此具有可持续性、经济性、安全可靠性及防扩散和物理安全特性的第四代核反应堆系统正逐步发展。

### 2.1.1 主流核能系统描述

到 2021 年底，全球共有 436 座运行的反应堆(表 2.1)。绝大多数(约占 83%)的是轻水堆，其余为快中子堆(FNR)、气冷堆、高温气冷堆、石墨水冷堆(LWGR)和重水堆。轻水堆包括压水堆和沸水堆两种类型，压水堆是世界上在运行的核电站中采用的主要堆型，大约 70%为压水堆。

表 2.1　2021 年底全球在运行的核反应堆[3]

| 反应堆类型 | 非洲 | 亚洲 | 东欧和俄罗斯 | 北美 | 南美 | 西欧和中欧 | 总计 |
| --- | --- | --- | --- | --- | --- | --- | --- |
| 沸水堆(BWR) |  | 20 |  | 33 |  | 8 | 61 |
| 快中子堆(FNR) |  |  | 2 |  |  |  | 2 |
| 气冷堆(GCR) |  |  |  |  |  | 11 | 11 |
| 高温气冷堆(HTGR) |  | 1 |  |  |  |  | 1 |
| 石墨水冷堆(LWGR) |  |  | 11 |  |  |  | 11 |
| 重水堆(HWR) |  | 24 |  | 19 | 3 | 2 | 48 |
| 压水堆(PWR) | 2 | 99 | 40 | 61 | 2 | 98 | 302 |
| 总计 | 2 | 144 | 53 | 113 | 5 | 119 | 436 |

1. 压水堆

压水堆最初是从美国军用核潜艇用反应堆发展起来的。1957 年，世界上第一座压水堆核电站美国希平港核电站建成，功率为 60MW。几十年来，这种堆型得到了很大的发展，经过一系列的重大改进，已经成为目前技术上最成熟的堆型之一。

压水堆核电站使用轻水作为冷却剂和慢化剂，使用低浓缩铀燃料，燃料以组件的形式在堆芯排布，组件由栅格排布的燃料栅元组成，燃料栅元由燃料芯块、包壳构成。燃料放置于压力容器当中，外面有安全壳，具备包壳、压力边界、安全壳三重防泄漏屏障。

压水堆核电站由核岛和常规岛组成[4]：核岛主要包括反应堆、蒸汽发生器(SG)、稳压器、主泵等，是核电站的核心装置；常规岛主要包括蒸汽轮机机组及二回路其他辅助系统，与常规火电厂类似。压水堆核电站原理流程图如图 2.2 所示。压水堆核电站的一回路系统与二回路系统完全隔开，它是一个密闭的循环系统。主要工程流程为：主泵将高压冷却剂送入反应堆，一般冷却剂保持在 12～16MPa。冷却剂在堆芯吸收核燃料裂变释放的热能后，通过蒸汽发生器再把热量传递给二回路水，使水沸腾产生蒸汽；冷却剂流经蒸汽发生器降温后，再由主泵送入反应堆，这样形成循环，不断地把反应堆中的热量带出并转换产生蒸汽。从蒸汽发生器出来的高温高压蒸汽，进入蒸汽轮机做功，带动发电机发电。做过功的废汽在凝汽器中凝结成水，再由凝结水泵送入低压加热器，重新加热后送回蒸汽发生器。这就是二回路循环系统。凝汽器中用三回路循环泵抽来的江河水作冷却剂，冷却后又排回江河中，组成第三回路循环。

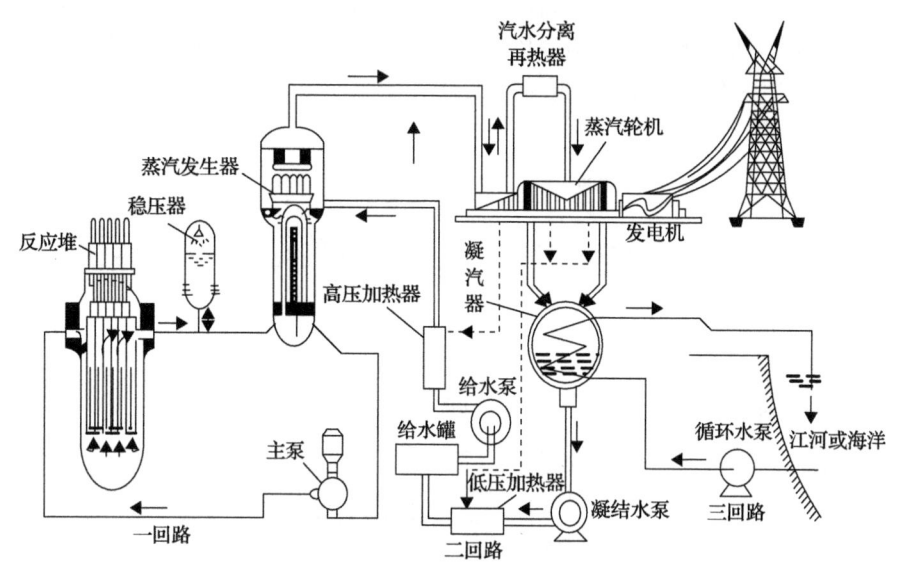

图 2.2 压水堆核电站原理流程图

压水堆主要优点如下：

(1) 由于一回路和二回路是相互独立的，维修人员可以很容易地检查二回路的设备，而不必完全关闭电站[5]。

(2) 压水堆具有高功率密度，再加上使用浓缩铀代替普通铀作为燃料，因此给定功率输出的堆芯尺寸非常紧凑。

(3) 一回路与二回路作为传热介质的水是不同的，两者之间不存在混合，只是在蒸汽发生器中发生传热。因此蒸汽轮机侧使用的水或蒸汽不含放射性，这一侧的管道不需要包覆特殊的屏蔽材料。

(4) 压水堆设置了至少三道安全保护屏障[6]，只要其中有一道屏障是完整的，放射性物质就不会泄漏到厂房以外。第一道屏障是核燃料芯块和包壳，第二道屏障是高强度压力容器和封闭的一回路系统，第三道屏障是密封的安全壳。

压水堆的主要缺点如下：

(1) 一回路由高温、高压水组成，会加速对反应堆容器的腐蚀。因此反应堆容器由非常坚固的材料建造，增加了压水堆的建设成本。

(2) 压水堆燃料换料要求电站关闭，至少需要几个月。

(3) 与一回路相比，二回路的压力相对较低。因此，压水堆的效率约为 33%。

## 2. 沸水堆

沸水堆是美国通用电气公司于20世纪50年代中期研发的一种轻水反应堆。沸水堆与压水堆的不同之处在于冷却剂在堆内实现可控沸腾,并将堆芯中产生的蒸汽直接送往蒸汽轮机发电。沸水堆核电站原理流程图如图2.3所示,主要工程流程[7]如下:反应堆内部的堆芯产生热量,冷却水从反应堆底部向上流进堆芯,对燃料棒进行冷却,带走裂变产生的热能,冷却水温度升高并逐渐汽化,最终形成饱和温度约285℃的汽水混合物,其经过汽水分离器和干燥器,利用分离出的蒸汽推动汽轮进行发电。沸水堆运行压力约为7MPa,实际效率约为32%,略低于压水堆。

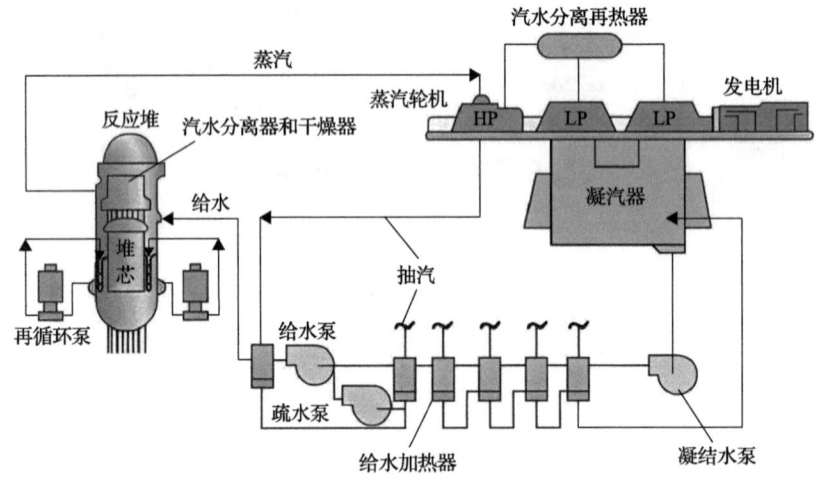

图 2.3 沸水堆核电站原理流程图
HP-高压缸;LP-低压缸

沸水堆与压水堆电站相比具有如下特点:

(1)沸水堆冷却剂压力较低,约为压水堆的一半,因此在系统设备、管道、泵、阀门等耐高压方面的要求低于压水堆,压力壳厚度可以减薄。但是沸水堆的堆芯不如压水堆紧凑,加上反应堆周围还设置有喷射泵、汽水分离器和干燥器等设备,因此沸水堆压力壳的尺寸比压水堆要大很多。

(2)沸水堆电站的系统比较简单,回路设备少,布置比较紧凑。管路阀门等设备承受的压力较低,容易加工制造,特别是省去了压水堆电站中故障比较多的蒸汽发生器,电站回路事故少,提高了核电站的使用效率。

(3)沸水堆没有蒸汽发生器,带有一定放射性的蒸汽会直接引入蒸汽轮机,会使蒸汽轮机受到放射性污染。因此,这部分的设计、维修都比压水堆电站要求严格。

(4)沸水堆由于堆芯顶部要安装汽水分离器等设备,故控制棒需从堆芯底部向上插入,因此发生"在某些事故时控制棒应插入堆芯而因机构故障未能插入"的可能性比压水堆大。压水堆控制棒从堆芯顶部进入堆芯。如果出现机械或者电气故障,控制棒可以依靠重力落下,一插到底,阻断链式反应。另外,对于控制棒向上引入的反应堆,其堆芯上部的功率高于底部,当反应堆丧失冷却后,会导致产生热量大的地方带走热量少,上部燃料发生熔毁的概率增加。

(5) 沸水堆电站燃料比功率小，同等功率时，核燃料装载量要比压水堆大50%。因此，沸水堆电站虽然系统设备比较简单，但是总投资仍比压水堆电站略高一些。

目前世界范围内运营的主流堆型压水堆和沸水堆都属于热堆，其技术是二代堆和二代+(二代改进型)反应堆，大多数正在建设或最近开始运行的核反应堆都属于三代或三代+反应堆。第二代核电站运行业绩良好，尚有改进潜力和发展空间，在一定时期内仍是核电技术的主流。第三代核电站的设计目标要求比第二代具有更高的安全性和经济性，尤其是非能动安全系统和严重事故应对措施，可减少故障演变成事故的风险，从而使堆芯熔化和产生大量放射性释放的概率进一步降低。第三代+核电站在安全性、燃料效率、成本和建造方面都有了一些改进，预计这一代反应堆将在21世纪大部分时间内建造，无论是以目前的形式还是进行重大改进。

我国自20世纪80年代开始建设压水堆核电厂。截至2021年底，我国大陆地区在建和运行核电机组共71台，其中运行机组53台[8](表2.2)。

表2.2 我国大陆地区在建和运行核电机组

| 序号 | 核电厂名称 | 台数 | 机组规模 | 技术路线 | 地点 | 业主 |
|---|---|---|---|---|---|---|
| 1 | 徐大堡核电厂 | 2 | 百万千瓦级 | VVER-1200 | 辽宁 | 中核集团 |
| 2 | 红沿河核电厂 | 6 | 百万千瓦级 | CPR1000 | 辽宁 | 国家电投 |
| 3 | 石岛湾核电厂 | 1 | 20万kW级 | 高温气冷堆 | 山东 | 中国华能集团有限公司(简称中国华能) |
| 4 | "国和一号"示范工程 | 2 | 150万kW | CAP1400 | 山东 | 国家电投 |
| 5 | 海阳核电厂 | 2 | 百万千瓦级 | AP1000 | 山东 | 国家电投 |
| 6 | 田湾核电站 | 4 | 百万千瓦级 | VVER-1000 | 江苏 | 中核集团 |
|   |   | 2 |   | M310+ |   |   |
|   |   | 2 |   | VVER-1200 |   |   |
| 7 | 秦山核电厂 | 1 | 30万kW(一期) | CNP300 | 浙江 | 中核集团 |
| 8 | 秦山第二核电厂 | 4 | 60万kW级 | CNP600 | 浙江 | 中核集团 |
| 9 | 秦山第三核电厂 | 2 | 70万kW级 | CANDU6 | 浙江 | 中核集团 |
| 10 | 方家山核电厂 | 2 | 百万千瓦级 | CNP1000 | 浙江 | 中核集团 |
| 11 | 三门核电厂 | 2 | 125万kW(一期) | AP1000 | 浙江 | 中核集团 |
| 12 | 三澳核电厂 | 2 | 120万kW | 华龙一号 | 浙江 | 中广核集团 |
| 13 | 宁德核电厂 | 4 | 百万千瓦级(一期) | CPR1000 | 福建 | 中广核集团 |
| 14 | 福清核电厂 | 4 | 百万千瓦级 | M310 | 福建 | 中核集团 |
|   |   | 2 |   | 华龙一号 |   |   |
| 15 | 漳州核电厂 | 2 | 百万千瓦级 | 华龙一号 | 福建 | 中核集团 |

续表

| 序号 | 电厂名称 | 台数 | 机组规模 | 技术路线 | 地点 | 业主 |
|---|---|---|---|---|---|---|
| 16 | 太平岭核电厂 | 2 | 百万千瓦级 | 华龙一号 | 广东 | 中广核集团 |
| 17 | 岭澳核电厂 | 2 | 99万kW（一期） | M310 | 广东 | 中广核集团 |
|  |  | 2 | 百万千瓦级（二期） | CPR1000 | 广东 | 中广核集团 |
| 18 | 大亚湾核电厂 | 2 | 98.4万kW | M310 | 广东 | 中广核集团 |
| 19 | 台山核电厂 | 2 | 175万kW | EPR | 广东 | 中广核集团 |
| 20 | 阳江核电厂 | 2 | 百万千瓦级 | CPR1000 | 广东 | 中广核集团 |
|  |  | 2 |  | CPR1000+ |  |  |
|  |  | 2 |  | ACPR1000 |  |  |
| 21 | 防城港核电厂 | 2 | 百万千瓦级 | CPR1000 | 广西 | 中广核集团 |
|  |  | 2 |  | 华龙一号 |  |  |
| 22 | 昌江核电厂 | 2 | 65万kW级 | CNP650 | 海南 | 中核集团和中国华能 |
|  |  | 2 |  | 华龙一号 |  |  |
| 23 | 昌江小堆示范工程 | 1 | 12.5万kW | 玲龙一号 | 海南 | 中核集团 |

国内核电站目前采用较多的是 M310、CPR1000、AP1000 和华龙一号等堆型。M310 是法国法马通 (Framatome) 公司设计的第二代压水堆核电站 900MWe 的三环路标准化版本 (CP0、CP1、CP2) 的出口型，国内最早引进在大亚湾核电站。CPR1000 是中广核集团推出的中国改进型"第二代"百万千瓦级压水堆核电技术方案。它源于法国引进的百万千瓦级堆型——M310 堆型。AP1000 是美国西屋电气公司研发的一种先进的"非能动型压水堆核电技术"，是在已开发 AP600 的基础上开发的，属于第三代核电堆型。华龙一号核电技术，融合了中核集团 ACP1000 和中广核集团 ACPR1000+两种技术，是我国自主研发的三代核电技术路线。

### 2.1.2 先进核能系统的特点

目前正在开发中的各种先进核能系统主要包括小型模块化反应堆以及第四代核反应堆[9]。先进核能系统可以提供灵活的能源供应方案。目前，三代堆和三代+反应堆技术已经可以满足电网运营商的最新要求。

(1) 发电。在具有大量易变性可再生能源部署的情况下，先进的反应堆系统不仅能够提供稳定的容量来帮助电力系统确保足够的供应，并维持系统的稳定性（如惯性），而且还能够确保多种时间尺度下的机动性，从极短时间的频率响应到季节性的可调度性。

(2) 供热。目前的核反应堆系统可以为区域供热、海水淡化和工艺用热等领域提供低温供热（<300℃），正在开发的第四代核反应堆系统则可以提供更高温度的热量（<550℃）。在供热方面，小型模块化反应堆系统的目标是实现更高的部署灵活性，以使这些系统更靠近需求区域，如附近的工业场所。

(3) 制氢。利用先进反应堆系统（ARS）制氢会显著降低许多领域的 $CO_2$ 排放。利用现有的低温电解技术，所有先进反应堆系统都可以制氢。许多先进反应堆还可以提供超过750℃的热量，可以通过高温电解或者热-化学电解工艺制氢，生产效率更高。

1. 小型模块化反应堆

小型反应堆本身并非新鲜事物，20世纪四五十年代核能问世时，核反应堆以小型为主，这类反应堆体积小、质量轻、结构简单且能提供足够大的功率，最初主要用在船体推进动力和军用领域，如苏联32MW的核动力破冰船、15MW的ATU-15北极供热堆，以及美国鹦鹉螺号核潜艇、67MW大岩角沸水堆等。

20世纪，核能民用的主要利用模式为供电，通过半个多世纪的发展，核电各方面技术已经发展到十分成熟和完善的水平，商业堆的电功率级别已经提高至1600MW以上。但人们很快发现，和火电厂一样，核电的能源利用率并不高。为了充分利用核能，提高能源利用率，好多国家开始探索热电联供的核能利用新模式。然而，大型核电厂的供电功率已经到了千兆瓦级，这种核电站已经庞大到无法建造在地下的程度，并且要占用很大的地上面积来容纳反应堆和辅助系统，另外，出于安全性考虑，必须提供大量的安全措施和建立数十千米的防御纵深。而通常为了降低热输送过程中的损耗，各地运行中的各种小型的城市供热厂则多数位于城市附近甚至中心城区，更为快捷地满足人们的供热需求。这样就出现了大型核电站无法实现有效供热的局面。于是，许多国家开始将重点放在了小堆的供热上，如芬兰和瑞典开发的用于10万城市居民的Secure 200MWth供热堆，法国开发的用于5万城镇居民的Thermos 100MWth供热堆等。进入20世纪90年代后，各主要工业化国家的发电容量逐步饱和，电网容量开始过剩，电网对大容量机组的并入显得越来越不适应，同时为避免给经济性带来严重影响，电力公司也不允许大型机组长时间低功率调峰运行，于是采用中小型堆供电，或许能更好地适应工业国家的电力负荷需求，同时满足那些电网不能承受大容量机组并入的发展中国家的电力需求。此外，由于通过蒸汽循环发电的大型核电站的一次性投资成本过高，许多发展中国家难以解决核电站建设的融资问题，而中小型反应堆的选址灵活可以建造在电网设施薄弱的偏远地区，并且它们在非电应用领域的拓展实现了在许多其他工业领域的应用，如高温制氢、油气开采、海水淡化等。因此，中小型模块化反应堆再次受到了各个国家的关注。

2004年，国际原子能机构宣布启动鼓励发展和利用安全、可靠、经济和防核扩散的中小型反应堆的开发计划，并根据电功率，对反应堆进行了正式的定义。即将小型和中型反应堆作为一类：小型反应堆的电功率在300MW以下[10]，中型反应堆电功率为300~700MW。此时，美国能源部(DOE)提出了模块化设计建造反应堆的概念，并与国际原子能机构协作，将模块化概念与中小型反应堆的概念融合，共同提出了小型模块化反应堆的概念——small modular reactors，简称SMR(电功率小于300MW)。可以预见，未来小型模块化核反应堆将成为一种核能利用的新模式，与大型核电站形成互补，未来无论是在军事领域，还是工业领域都将发挥重大作用。

反应堆模块化的内涵主要包含两层：①反应堆设备及系统的模块化设计、制造和建造，并通过合理的设计及制造工艺，使得反应堆绝大部分系统在工厂内实现预制，反应堆几乎可以以成品形态出厂，运输到目的地后进行极少量的剩余模块组装和现场安装施工，即可开始调试运行，如此一来，可以极大提高工业化生产效率，降低电站的建造周期和经济成本；②以反应堆本身作为模块，要求其结构可扩展性强，既可以单堆发电，也可以通过增加反应堆模块数量来扩容，提高总的发电输出。小堆的标准化模块化生产，可以实现多个小堆模块组合，通过小堆模块的组合，便可以实现大堆同等功率输出的功能。

小堆与大型核电在技术和应用上各有特色，互为补充。模块式小堆"身型小"，建设周期短、占地少，相对于传统大堆机组，布置更加灵活，能够满足不同用户需求，选址成本低[11]。模块式设备可以在工厂制造，在现场安装，而且设备尺寸小，运输方便。相对于大堆机组，模块式小堆的全厂配套设施更为简化，占地面积小，对于环境更加友好。模块化可以为偏远山区供电，也可以向中小电网供电，在城市区域还能实现热电联供，在发电的同时，通过换热器接入城市区域供热网进行供热。小型模块化反应堆还可以节约资金成本，并降低环境和金融风险。

2. 第四代核反应堆

第四代核反应堆（简称四代堆）的概念是美国 DOE 于 1999 年牵头提出的，并在 2001 年倡议成立了第四代核能系统国际论坛，初期有 10 个发起方，包括英国、巴西、阿根廷、南非、韩国、日本、法国、加拿大等，之后瑞士、欧盟、中国和俄罗斯也签署相关协议加入了 GIF。

美国开发第四代核电站的初衷主要是防止核扩散，目标是开发出面向发展中国家的超长寿命堆芯的密闭型小型反应堆核电站。美国采纳了其他成员国的意见，决定开展概念更广的新一代核能系统的开发，包括核燃料前处理、反应堆技术、核燃料后处理。其目标是在 2030 年前开发出一种或若干种革新性核能系统。

四代堆论坛倡导的开发目标包括以下四个方面及对应的八个技术目标[12]。

(1)核能的可持续发展：①通过对核燃料的有效利用,实现提供持续生产能源的手段；②实现核废物量的最少化，加强管理，减轻长期管理事务，保证公众健康，保护环境。

(2)提高安全性、可靠性：①确保更高的安全性及可靠性；②大幅度降低堆芯损伤的概率及程度，并具有快速恢复反应堆运行的能力；③取消在厂址外采取应急措施的必要性。

(3)提高经济性：①寿期内发电成本明显优于其他能源技术；②资金的风险水平与其他能源项目相当。

(4)防止核扩散和实物保护：①利用反应堆系统本身的特性，在商用核燃料循环中通过处理的材料，可以更好地防止核扩散，保证难以用于核武器或被盗窃；②为了评价核能的核不扩散性，美国 DOE 针对第四代核电站正在开发定量评价防止核扩散的方法。

基于上述目标，GIF 专家从各国提交的 94 个核反应堆概念中（水冷却堆 28 个、液态金属冷却堆 32 个、气冷堆 17 个、其他堆型 17 个）筛选出六种最有希望的核能系统技术方案[13-15]，包括超高温堆（VHTR）、超临界水堆、气冷快堆（GFR）、铅冷快堆、钠冷快堆和熔盐堆。第四代六种反应堆系统技术特点见表 2.3。

表 2.3  第四代六种反应堆系统技术特点对比

| 堆型 | 冷却剂 | 特点 | 应用领域 | 燃料循环模式 |
| --- | --- | --- | --- | --- |
| 超高温堆 | 氦气 | 高压 750~1000℃ | 发电、制氢 | 开式循环 |
| 超临界水堆 | 水 | 高压 510~625℃ | 发电 | 开式/闭式循环 |
| 气冷快堆 | 氦气/$CO_2$ | 高压 850℃ | 发电、制氢、核废料处理 | 闭式循环 |
| 铅冷快堆 | 铅/铅铋 | 常压 480~570℃ | 发电、制氢 | 闭式循环 |
| 钠冷快堆 | 钠 | 常压 500~550℃ | 发电、核废料处理 | 闭式循环 |
| 熔盐堆 | 熔盐 | 常压 700~1000℃ | 发电、制氢、核废料处理 | 闭式循环 |

## 2.2 小型模块化反应堆系统

目前全球处于发展中的小型模块化反应堆较为成熟的设计基本以水冷堆为主,少量为气冷反应堆、液态金属冷却反应堆和熔盐冷却反应堆[16,17]。大部分都在设计阶段,真正投入建设项目的还不算很多[18,19]。

### 2.2.1 小型模块化水冷反应堆

表 2.4 列举了陆地的小型模块化水冷反应堆[20,21]。小型模块化轻水反应堆参考已成熟的陆上或船用核能技术,通过采用一体化设计、强化非能动安全特性等方式,改进原有设计方案,提高了反应堆的安全性。本小节主要介绍美国纽斯凯尔电力有限责任公司(NuScale Power Inc.)设计的一体化压水堆 NuScale。

表 2.4  小型模块化水冷反应堆(陆地)

| 设计 | 功率 | 类型 | 设计单位 | 国家 |
| --- | --- | --- | --- | --- |
| CAREM | 30MWe | PWR | 阿根廷国家原子能委员会(CNEA) | 阿根廷 |
| ACP100 | 100MWe | PWR | 中国核工业集团有限公司(CNNC) | 中国 |
| CANDU SMR | 300MWe | HWR | 坎杜能源公司(SNC-兰万灵集团)<br>[Candu Energy Inc (SNC-Lavalin Group)] | 加拿大 |
| CAP200 | 200MWe | PWR | 上海核工程研究设计院/国家电力投资集团<br>有限公司(SNERDI/SPIC) | 中国 |
| DHR400 | 400MWt | LWR(pool type) | 中国核工业集团有限公司(CNNC) | 中国 |
| HAPPY200 | 200MWt | PWR | 国家电力投资集团有限公司(SPIC) | 中国 |
| TEPLATORTM | 50MWt | HWR | 比尔森西波西米亚大学与捷克技术大学工业<br>信息研究中心(UWB Pilsen & CIIRC CTU) | 捷克 |
| NUWARD | (2×170)MWe | PWR | 法国电力公司、法国原子能与替代能源委员<br>会、泰克尼原子能公司、海军集团<br>(EDF、CEA、TA、Naval Group) | 法国 |
| IRIS | 335MWe | PWR | 国际反应堆创新与安全联盟<br>(IRIS Consortium) | 多个国家 |

续表

| 设计 | 功率 | 类型 | 设计单位 | 国家 |
|---|---|---|---|---|
| DMS | 300MWe | BWR | 日立通用核能公司 (Hitachi-GE Nuclear Energy) | 日本 |
| IMR | 350MWe | PWR | 三菱重工业株式会社(MHI) | 日本 |
| SMART | 107MWe | PWR | 韩国原子能研究院和沙特阿卜杜拉国王原子能和可再生能源城(KAERI and K.A.CARE) | 韩国和沙特阿拉伯 |
| RITM-200 | (2×53)MWe | PWR | 阿夫里坎托夫机械制造设计局 (JSC Afrikantov OKBM) | 俄罗斯 |
| UNITHERM | 6.6MWe | PWR | 俄罗斯核动力装置设计局(NIKIET) | 俄罗斯 |
| VK-300 | 250MWe | BWR | 俄罗斯核动力装置设计局(NIKIET) | 俄罗斯 |
| KARAT-45 | 45~50MWe | BWR | 俄罗斯核动力装置设计局(NIKIET) | 俄罗斯 |
| KARAT-100 | 100MWe | BWR | 俄罗斯核动力装置设计局(NIKIET) | 俄罗斯 |
| RUTA-70 | 70MWt | PWR | 俄罗斯核动力装置设计局(NIKIET) | 俄罗斯 |
| ELENA | 68kWe | PWR | 国家研究中心"库尔恰托夫研究所"(National Research Centre "Kurchatov Institute") | 俄罗斯 |
| UK SMR | 443MWe | PWR | 罗尔斯·罗伊斯及其合作伙伴 (Rolls-Royce and Partners) | 英国 |
| NuScale | (12×60)MWe | PWR | 纽斯凯尔电力有限责任公司 (NuScale Power Inc.) | 美国 |
| BWRX-300 | 270~290MWe | BWR | 通用电气日立核能公司和日立GE核能公司 (GE-Hitachi Nuclear Energy and Hitachi GE Nuclear Energy) | 美国、日本 |
| SMR-160 | 160MWe | PWR | 霍尔台克国际公司(Holtec International) | 美国 |
| W-SMR | 225MWe | PWR | 西屋电气公司 (Westinghouse Electric Company, LLC) | 美国 |
| mPower | (2×195)MWe | PWR | BWX科技公司(BWX Technologies, Inc.) | 美国 |

NuScale 小型模块化反应堆(NuScale Power Module™，NPM)是一个小型、轻水冷却压水堆。NPM 主要技术参数见表 2.5。NuScale 由纽斯凯尔电力有限责任公司依托俄勒冈州立大学在原多用途小型轻水反应堆(multi-application small light water reactor，MASLWR)设计的基础上改进完成[22]。NuScale 电站是可扩展的，可以建造适应不同数量的 NPM，以满足客户的需求。60MWe 的 NPM 为一个模块，一个电站采用 12 个模块可以将热电容量扩大到 720MWe。多模块配置中每个 NPM 都是一个独立模块，所有模块都由一个控制室管理。电站设计的重要特点包括工厂制造的紧凑模块、适用于所有运行状态的冷却剂自然循环、高设计压力安全壳、使用已建立的轻水反应堆技术以及基于测试的设计开发[23]。NuScale 设计是用于发电和非电热应用的模块化反应堆[24]。

NPM 主要设计特点[20]如下所述。

(1) 设计理念：NuScale 电站采用设计简化、经过验证的轻水反应堆技术，模块化核蒸汽供应系统、工厂生产的功率模块以及非能动安全系统。可在事故发生后，无须电力、操作员动作或补充水源即可应对。NPM 的设计目的是在全功率工况下高效运行，使用自

表 2.5 NPM 主要技术参数[20]

| 参数 | 内容 |
| --- | --- |
| 反应堆类型 | 一体化压水堆 |
| 冷却剂/慢化剂 | 轻水/轻水 |
| 热/电容量 | 200MWt/60MWe(估算) |
| 主回路循环 | 自然循环 |
| 核蒸汽供应系统(NSSS)运行压力(主回路/二回路)/MPa | 13.8/4.3 |
| 堆芯入口/出口冷却剂温度/℃ | 265/321 |
| 燃料类型/组装阵列 | $UO_2$ 颗粒/17×17 正方形 |
| 堆芯燃料组件数量 | 37 |
| 燃料富集/% | <4.95 |
| 卸料燃耗/(GWd/t) | >30 |
| 燃料循环/月 | 24 |
| 反应性控制机制 | 控制棒驱动,硼 |
| 安全系统方法 | 非能动 |
| 设计寿命/年 | 60 |
| 电站占地面积/m² | 140000 |
| 反应堆压力容器高度/直径/m | 17.7/2.7 |
| 抗震设计[安全停堆地震(SSE)] | 地面峰值加速度水平为 0.5g,垂直为 0.4g |
| 燃料循环要求/方法 | 三段式进、出加料方案 |
| 显著特征 | 在没有交流电或直流电、无需补水或操作员干预情况下,堆芯冷却的无限应对时间 |

然循环驱动堆芯冷却剂流动,从而不需要反应堆冷却剂泵。

(2)核蒸汽供应系统:由反应堆堆芯、螺旋管式蒸汽发生器和反应堆压力容器(RPV)内的稳压器组成。核蒸汽供应系统被封闭在一个近似圆柱形的安全壳(CV)内,它位于反应堆池结构中。每个功率模块都连接到一个专用的涡轮发电机单元和设备平衡系统。

(3)反应堆堆芯:NPM 的核心配置包括 37 个燃料组件和 16 个控制棒组件。燃料组件设计以标准的 17×17 压水堆燃料组件为模型,带有 24 个导管位置,用于控制棒和一个中央仪表管。该组件名义上是标准电站燃料的一半高度,并由五个间隔网格支撑。

(4)反应性控制:每个 NPM 的反应性控制主要通过主回路冷却剂中的可溶性硼和 16 个控制棒组件来实现。控制棒分为控制组和关闭组两组。控制组由位于核心对称的四根棒组成,作为一个调节组,在工厂正常运行期间用于控制反应性。由 12 根控制棒组成的关闭组用于停机和紧急停堆事件。

(5)反应堆冷却剂系统(RCS):它是 NPM 的一个子系统,依靠自然循环提供主回路冷却剂的循环。因此,反应堆冷却剂系统不需要反应堆冷却剂泵或外部管道系统。反应堆冷却剂系统包括反应堆压力容器和整体稳压器、反应堆容器内部部件、反应堆安全阀、安全壳内的反应堆冷却剂系统管道等。

(6) 反应堆压力容器和内部部件：反应堆压力容器由一个内径为 2.7m 的圆柱形钢制容器组成，总高度约为 17.7m，设计工作压力为 13.8MPa。容器顶部和底部是圆球形的。容器的下部有法兰来提供换料通道，而且它刚好在核心区域之上。反应堆压力容器顶部支撑控制棒驱动机构。顶部的喷嘴为反应堆安全阀、反应堆排气阀和二回路系统蒸汽管道提供连接。

(7) 蒸汽发生器：每个 NPM 使用两个螺旋管式蒸汽发生器来生产蒸汽。蒸汽发生器位于上升热通道反应堆压力容器和内径壁面之间的环形空间内。蒸汽发生器由连接给水的管道和带有管板的蒸汽室组成。预热后的给水通过反应堆压力容器上的喷嘴进入下部给水增压室。当给水流经蒸汽发生器的内部管道时，主冷却剂对二次侧流体的水进行预热、蒸发和过热，产生过热蒸汽供汽轮发电机组使用。

(8) 稳压器：内部稳压器是控制反应堆冷却剂系统压力的主要手段。它的设计目的是在运行过程中保持恒定的反应堆冷却剂压力。反应堆冷却剂压力是通过安装在稳压器挡板上方的一组加热器施加功率来提高的。使用化学和体积控制系统 (CVCS) 提供的喷雾剂来降低压力。

NuScale 核电站采用了一套工程的安全功能设计，旨在在任何情况下提供可靠的长期堆芯冷却，包括严重事故的缓解。它们包括完整的主系统配置、安全壳、非能动余热排出系统 (PHRS) 和严重事故缓解功能。NPM 主要安全特性如下所述。

(1) 工程安全系统方法和配置：每个 NPM 都包含了几个简单的、冗余的、独立的安全特性。

(2) 衰变热排出系统 (DHRS)：当正常给水不可用时，衰变热排出系统为非失水事件提供二级反应堆冷却。该系统为闭环、两相自然循环冷却系统，提供两列衰变热排出设备，附加到每个蒸汽发生器回路。每列衰变热排出系统都能够排出 100% 的衰变热负荷，并冷却主冷却剂系统。每列衰变热排出系统都有一个非能动凝汽器浸在反应堆池中。在正常运行期间，衰变热排出系统的凝汽器保持有足够的水，以保证系统稳定有效地运行。

(3) 应急堆芯冷却系统 (ECCS)：由三个独立的反应堆排气阀 (RVV) 和两个独立的反应堆再循环阀 (RRV) 组成。对于安全壳内的冷却剂丧失事故 (LOCA)，应急堆芯冷却系统将冷却剂从安全壳内返回到反应堆容器，这确保了堆芯仍然被淹没，衰变热被排出。在给水流量损失以及衰变热排出系统的两列衰变热排出系统都失效的情况下，应急堆芯冷却系统可以实现衰变热排出。应急堆芯冷却系统通过安全壳内表面的蒸汽凝结和对流换热来排出热量及限制密封压力。

(4) 安全壳系统：安全壳的功能是在假定的事故发生后控制放射性释放，保护反应堆压力容器免受外部危害，并在应急堆芯冷却系统启动后向反应堆池提供散热。安全壳内安装了反应堆压力容器、控制棒驱动机构以及核蒸汽供应系统的相关管道和组件。安全壳浸入反应堆池中，在 LOCA 条件下为安全壳散热提供了一个可靠的能动的热阱。

## 2.2.2 小型模块化气冷反应堆

表 2.6 列举了小型模块化气冷反应堆[20]。高温气冷堆提供高温热（≥750℃），可用于更高效的发电、各种工业应用以及热电联产[25,26]，其中中国的模块化球床高温气冷堆（HTR-PM）目前进展最快。本小节主要介绍我国清华大学设计的 HTR-PM。

表 2.6 小型模块化气冷反应堆

| 设计 | 功率/MWe | 类型 | 设计单位 | 国家 |
| --- | --- | --- | --- | --- |
| HTR-PM | 210 | HTGR | 清华大学核能与新能源技术研究院 | 中国 |
| StarCore | 14/20/60 | HTGR | 星核核能公司(StarCore Nuclear) | 加拿大/英国/美国 |
| GTHTR300 | 100~300 | HTGR | 日本原子能研究开发机构(JAEA) | 日本 |
| GT-MHR | 288 | HTGR | 俄罗斯阿夫里坎托夫机械工程实验设计局(JSC Afrikantov OKBM) | 俄罗斯 |
| MHR-T | 4×205.5 | HTGR | 俄罗斯阿夫里坎托夫机械工程实验设计局(JSC Afrikantov OKBM) | 俄罗斯 |
| MHR-100 | 25~87 | HTGR | 俄罗斯阿夫里坎托夫机械工程实验设计局(JSC Afrikantov OKBM) | 俄罗斯 |
| PBMR-400 | 165 | HTGR | 球床模块化反应堆 SOC 有限公司(PBMR SOC Ltd) | 南非 |
| A-HTR-100 | 50 | HTGR | 埃斯科姆控股有限公司(Eskom Holdings SOC Ltd.) | 南非 |
| HTMR-100 | 35 | HTGR | 斯廷坎普斯克勒钍业有限公司(Steenkampskraal Thorium Limited) | 南非 |
| Xe-100 | 82.5 | HTGR | X 能源有限公司(X-Energy LLC) | 美国 |
| SC-HTGR | 272 | HTGR | 法马通公司(Framatome, Inc) | 美国 |
| HTR-10 | 2.5 | HTGR | 清华大学核能与新能源技术研究院 | 中国 |
| HTTR-30 | 30(MWt) | HTGR | 日本原子能研究开发机构(JAEA) | 日本 |
| RDE | 3 | HTGR | 印度尼西亚国家核能机构(BATAN) | 印度尼西亚 |

1992 年，清华大学核能技术设计研究院（现称为核能与新能源技术研究院，INET）获批建造 10MWt 球床高温气冷试验堆（HTR-10）。2003 年，HTR-10 实现了满功率运行。在此之后，INET 在 HTR-10 上完成了许多实验，以验证模块化的关键固有安全特性，包括：①在没有紧急停堆情况下失去场外电源；②主氦风机在没有紧急停堆的情况下停机；③在没有紧急停堆情况下撤出控制棒；④没有关闭出口截止阀的氦鼓风机跳闸。2001 年，HTR-PM 项目启动。2021 年 12 月 20 日，HTR-PM 并网发电。HTR-PM 主要技术参数见表 2.7。

表 2.7 HTR-PM 主要技术参数[20]

| 参数 | 内容 |
| --- | --- |
| 反应堆类型 | 模块化球床高温气冷反应堆 |
| 冷却剂/慢化剂 | 氦气/石墨 |
| 热/电容量 | 2 台×250MWt/210MWe |

续表

| 参数 | 内容 |
| --- | --- |
| 主回路循环 | 强迫循环 |
| NSSS 运行压力(主回路/二回路)/MPa | 7/13.25 |
| 堆芯入口/出口冷却剂温度/℃ | 250/750 |
| 燃料类型/组装阵列 | 带有涂层颗粒燃料的球形元件 |
| 堆芯燃料组件数量 | 420000(单模块) |
| 燃料富集/% | 8.5 |
| 卸料燃耗/(GWd/t) | 90 |
| 燃料循环 | 在线换料 |
| 反应性控制机制 | 控制棒插入 |
| 安全系统方法 | 能动与非能动结合 |
| 设计寿命/年 | 40 |
| 反应堆压力容器高度/直径/m | 25/5.7(内直径) |
| 反应堆压力容器重量/t | 800 |
| 抗震设计(SSE) | 0.2g |
| 燃料循环要求/方法 | 低浓缩铀,开式循环,电站的乏燃料中间储存 |
| 显著特征 | 内在安全,无须场外应急措施 |

HTR-PM 是用于电力生产的商业示范装置,并且证明了双反应堆模块驱动单台蒸汽轮机的可行性。在 HTR-PM 示范电站建成后,计划在批量建设的基础上进行 HTR-PM 的商业部署,将多个标准化反应堆模块耦合到单台蒸汽轮机,如 200MWe、600MWe 或 1000MWe(均指电站的发电功率)。600MWe 多模块 HTR-PM600 核电站的标准设计已经完成,该核电站是由 6 个反应堆模块连接到一台蒸汽轮机上。每个反应堆模块的设计与 HTR-PM 示范厂相同,具有独立的安全系统和共享的辅助系统。多模块 HTR-PM600 核电站的占地面积与同等功率的 PWR 核电站没有区别。

HTR-PM 主要设计特点[27,28]如下所述。

(1)设计理念:HTR-PM 由两个球床反应堆模块和一个 210MWe 的蒸汽轮机组成。每个反应堆模块包括一个反应堆压力容器,其中包含石墨、碳和金属反应堆内部部件、蒸汽发生器和主氦气鼓风机[29]。单个反应堆模块热功率为 250MWt,蒸汽轮机入口蒸汽参数为 13.25MPa/567℃。

(2)反应堆堆芯和热功转换单元:主回路氦气工作压力 7.0MPa,额定质量流量为 96kg/s。氦气从反应堆压力容器底部区域进入反应堆,入口温度为 250℃。氦气在侧反射层通道向上流动到反射层顶部,在那里以向下流动的模式流入球床。旁路流被引入燃料排出管,冷却燃料元件,并进入控制棒通道,冷却控制棒。氦气在堆芯中加热,混合至平均出口温度 750℃后流入蒸汽发生器。

(3)燃料特性:燃料元件是球形的,每个燃料元件都含有 7g 重金属。平衡堆芯的富集度为 8.5%的 $^{235}$U。直径约 0.5mm 的铀核被三层热解炭和一层硅碳包覆。涂层燃料颗粒分散在直径为 5cm 的基质石墨中。围绕含石墨基质的燃料是 5mm 厚的石墨层。

(4)燃料处理系统：HTR-PM 运行模式采用连续装卸燃料，燃料元件从中央装料管落入反应堆堆芯，通过堆芯底部的燃料抽取管排出。随后，排出的燃料元件逐一通过燃耗测量设备。当一个燃料球达到目标燃耗时，它们将被排放到乏燃料储罐中，否则它们将被重新送入反应堆再次通过堆芯。

(5)反应性控制：安装了两个独立的关闭系统———个控制棒系统和一个小型吸收球(SAS)系统，两者都放置在石墨侧反射层的孔中。使用24个控制棒组件进行反应性控制，6个 SAS 停堆系统作为备用停堆系统。控制棒在电站正常运行和紧急停机期间用作调节组。此外，关闭氦循环器对于反应堆停堆也是有效的。全部控制棒落下可实现长期停机。SAS 系统用于降低停机温度，以进行在役检查和维护。

(6)反应堆压力容器和内部部件：主压力边界由反应堆压力容器、蒸汽发生器压力容器和热气管道压力容器组成，它们都安装在混凝土屏蔽腔内。反应堆堆芯周围的陶瓷结构由内部石墨反射器和外部碳砖层组成。整个陶瓷内件安装在金属芯筒内，金属芯筒本身由反应堆压力容器支撑。金属芯筒和压力容器通过侧反射层钻孔的冷氦气保护其免受来自堆芯的高温伤害，其作用类似于屏蔽温度层。

HTR-PM 主要安全特性如下所述。

(1)工程安全系统方法和配置：当事故发生时，反应堆保护系统必须采取数量有限的反应堆保护行动。在有限的反应堆保护行动启动后，预计不会通过任何系统或人为干预采取行动或采取非常有限的行动。当蒸汽发生器传热管出现大量泄漏或破裂时，设计倾倒系统以尽量减少进入主回路的水量。

(2)反应性控制：在线换料导致剩余反应性小，总反应性温度系数为负，并有两个独立的停机系统。

(3)反应堆冷却原理：通常情况下，反应堆由蒸汽发生系统进行冷却。在事故情况下，主氦风机应自动停止。石墨结构的低功率密度和大热容量，燃料元件中的衰变热可以通过堆芯内部结构的热传导和辐射方式传递到反应堆压力容器外部，不会导致超限的燃料温度。而这一阶段的燃料温度升高将补偿事故反应性并通过负温度反馈自动关闭反应堆。衰变热应通过反应堆空腔冷却系统(RCCS)非能动地排至散热器。即使 RCCS 失效，衰变热也可以通过反应堆空腔混凝土结构的热传导而被带走，同时燃料元件的温度低于设计极限。

(4)控制功能：放射性物质的保留是通过多重屏障实现的。包裹有微粒的燃料元件是第一道屏障。第二道屏障是主压力边界，由主组件的压力容器组成。为减轻事故的影响，根据辐射防护与安全最优化(ALARA)原则设计了通风低压安全壳(VLPC)，由反应堆建筑内的反应堆腔体和负压通风系统、爆破片、过滤器等辅助系统组成。

(5)化学控制：水和蒸汽进入受到电站设计的限制(管道直径、SG 低于核心和水/蒸汽倾倒系统)，同时几乎消除了大量空气进入(小管道、连接容器；无烟囱效应)。发生进水事故后，提出了一次回路进水后的除湿方法。

## 2.2.3 小型模块化液态金属冷却反应堆

表 2.8 列举了小型模块化液态金属冷却反应堆[20]。目前大部分反应堆都是热中子反应堆，但快中子反应堆是现代核电技术发展的重要组成部分。本节主要介绍俄罗斯 JSC AKME 工程公司设计的小型模块化铅铋快堆（SVBR）。

表 2.8 小型模块化液态金属冷却反应堆

| 设计 | 功率/MWe | 类型 | 设计单位 | 国家 |
| --- | --- | --- | --- | --- |
| BREST-OD-300 | 300 | LFR | 俄罗斯国家核研究设计院（NIKIET） | 俄罗斯 |
| ARC-100 | 100 | 液态钠 | 先进反应堆概念核能加拿大公司（ARC Nuclear Canada, Inc.） | 加拿大 |
| 4S | 10 | LFR | 东芝株式会社（Toshiba Corporation） | 日本 |
| MicroURANUS | 20 | LBR | 朝鲜联合国科学技术研究院（UNIST） | 朝鲜 |
| LFR-AS-200 | 200 | LFR | 海卓矿业核能公司（Hydromine Nuclear Energy） | 卢森堡 |
| LFR-TL-X | 5~20 | LFR | 海卓矿业核能公司（Hydromine Nuclear Energy） | 卢森堡 |
| SVBR | 100 | LFR | 俄罗斯 AKME 工程公司（JSC AKME Engineering） | 俄罗斯 |
| SEALER | 3 | LFR | 利德冷德公司（LeadCold） | 瑞典 |
| EM2 | 265 | GFR | 美国通用原子能公司（General Atomics） | 美国 |
| Westinghouse LFR | 450 | LFR | 西屋电气公司（Westinghouse Electric Company） | 美国 |
| SUPERSTAR | 120 | LFR | 美国阿贡国家实验室（ANL） | 美国 |

注：LFR-铅冷快堆或铅-铋共晶冷却快堆；LBR-铅-铋共晶冷却反应堆；GFR-气冷快堆。

SVBR-100 是一个多用途的小型模块化铅铋快堆，其电功率为 100MWe[30]。在俄罗斯，铅铋冷却反应堆技术已被用于若干核潜艇。SVBR 技术根据其基本参数和突出的技术特点，被称为第四代核反应堆。SVBR-100 的开发是基于在核潜艇上的多个 LBE 设施的设计和运营中积累的经验，熟练运用 LBE 技术；反应堆采用的几乎所有基本部件、单元和设备，都是由 LBE 的操作经验所证实的；能够掌握一回路和二回路，利用现有燃料基础设施，确保结构材料的耐腐蚀性能，控制反应堆回路中 LBE 质量和传质过程，确保使用被 $^{210}$Po 放射性核素污染的设备进行工作人员的辐射安全和反应堆设施中多次冻结与解冻 LBE。SVBR 主要技术参数见表 2.9。

表 2.9 SVBR 主要技术参数[20]

| 参数 | 内容 |
| --- | --- |
| 反应堆类型 | 液态金属冷却快堆 |
| 冷却剂/慢化剂 | 铅铋共晶合金 |
| 热/电容量 | 280MWt/100MWe |
| 主回路循环 | 强迫循环 |
| NSSS 运行压力（主回路/二回路）/MPa | 低压 |
| 堆芯入口/出口冷却剂温度/℃ | 340/485 |

续表

| 参数 | 内容 |
| --- | --- |
| 燃料类型/组装阵列 | $UO_2$/六角 |
| 堆芯燃料组件数量 | 61 |
| 燃料富集/% | <19.3 |
| 卸料燃耗/(GWd/t) | 60(平均) |
| 燃料循环/年 | 7~8 |
| 反应性控制机制 | 控制棒驱动机构 |
| 安全系统方法 | 非能动 |
| 设计寿命/年 | 60 |
| 电站占地面积/$m^2$ | 150000 |
| 反应堆压力容器高度/直径/m | 8.2/4.53 |
| 反应堆压力容器重量/t | 280(不包括堆芯和冷却剂) |
| 抗震设计(SSE) | 0.5g |
| 燃料循环要求/方法 | 第一阶段将使用已掌握的 $UO_2$ 燃料,后处理时间推迟。在未来将向自给自足的封闭燃料循环模式过渡 |
| 显著特征 | 将反应堆、蒸汽发生器、泵安装在一个容器内的整体—一体化主回路 |

基于 SVBR-100 不同容量(100~600MWe)模块化核电站多用途应用的可能性,为满足区域和小型原子能行业新领域的消费者要求创造条件:①建立区域中低容量的核电厂和热电联产电站;②作为浮动核电厂的一部分加以利用;③核电厂的改造。100MWe 标准反应堆模块可用于多种用途,如小、中、大功率的模块化核电站;距离城市不远的 200~600MWe 的区域核供热和发电厂;对反应堆寿命已过的核电厂进行翻新和核能海水淡化。

SVBR 主要设计特点[31,32]如下所述。

(1) 设计理念:SVBR-100 设计为多用途模块化整体铅铋冷却小功率快堆,可产生 100MWe 的电力。该设计基于用于潜艇推进应用的 LBE 冷却反应堆 80 多年的运行经验。其主要特点包括加强了固有的自我保护和被动安全,大大简化了反应堆和整个核电站的设计;可以在不同燃料循环中使用不同类型的燃料(不换料的运行周期不少于 7 年);反应堆的紧凑设计和最大限度的工厂制造及其可运输性;有可能创建基于模块的结构化模块化堆,通过添加反应堆来实现功率倍增。

(2) 一回路系统:包括堆芯、蒸汽发生器模块、主泵和堆内辐射屏蔽,位于反应堆单体机组容器中。一回路设备单体(一体化)布置,池式结构,完全取消了阀门和铅铋冷却剂管道(整体式反应堆)。使用两个环路的导热线路图,冷却剂在导热回路中的自然循环足够用于冷却反应堆,不会产生堆芯过热。冷却剂工艺系统包括铅铋合金的充排系统、净化系统和在线监测系统,运行时主要用于维持堆芯中铅铋冷却剂的质量,避免结构材料腐蚀。

(3) 二回路系统包括蒸汽发生器模块、给水和蒸汽管道、汽水分离器和独立冷却器。SVBR-100 反应堆装置的主要设备位于高 11.5m 的密封包容小室内。在超出了 SG 的四个非能动余热排出系统(PHRS)失效的超设计事故中,该小室下部的混凝土井将被水淹没。

反应堆单体安装在小室中并固定在罐顶盖的支撑环上。小室上部是反应堆设备，包括 4 个汽水分离器和 4 个浸没在水箱 PHRS 中的冷却器。选择将汽水分离器布置在高处是为了保证冷却剂在冷却模式下在二回路中自然循环。气体系统凝汽器安装在单独的混凝土隔间中的箱体上部。

（4）反应堆堆芯：SVBR-100 反应堆的堆芯不需要进行任何部分换料。新鲜燃料作为单个弹药筒装载，而乏燃料则需要逐个弹药筒卸载。与使用 LBE 反应堆的核潜艇相比，堆芯的设计允许更低的功率密度。这种设计能够利用各种燃料循环。

SVBR 具有多方面的固有安全性：①铅铋合金的沸点高，为正常工作温度的 3 倍左右，发生沸腾的可能性极小；铅铋合金的凝固点低，在常温常压环境下能够产生自封，排除了冷却剂气化，可防止主回路泄漏引起的大量冷却剂丧失事故。铅铋合金化学活性弱，很难与水和空气发生反应，因此不会出现因冷却剂泄漏到反应堆厂房或因 SG 传热管断裂发生火灾或爆炸。②铅的慢化能力差，对堆芯能谱的影响小，对堆的安全和燃料增殖有利。SVBR 是一个快中子反应堆，没有毒化效应，燃耗反应余量低，负温度反应效应值低。再加上控制和保护系统的技术性能，排除了反应堆中中子临界的机会。已布置的纵深防御屏障系统可确保消除向环境中释放的放射性物质。③流程极其简单，有较大的自稳性，无须配置传统核电厂所必需的保护系统，极大地降低了人员失误的概率；反应堆采用整体设计，一回路自然循环能力强，允许非能动排出余热，即使失去其他所有的热排出系统，仍可用环绕容器的空气或水自然循环冷却反应堆容器，避免堆芯极度过热导致堆芯损坏。④铅铋合金凝固，体积几乎不减小，而且塑性较大。总之，SVBR 具有高水平的固有自我保护和非能动安全特性。

### 2.2.4 小型模块化熔盐冷却反应堆

表 2.10 列举了小型模块化熔盐冷却反应堆[20]，其中 MSR 目前进展相对较快。本节主要介绍加拿大 Terrestrial Energy 公司设计的一体化熔盐反应堆（IMSR®）。

表 2.10 小型模块化熔盐冷却反应堆

| 设计 | 功率/MWe | 类型 | 设计单位 | 国家或组织 |
| --- | --- | --- | --- | --- |
| IMSR | 195 | MSR | 陆地能源公司（Terrestrial Energy Inc.） | 加拿大 |
| smTMSR-400 | 168 | MSR | 中国科学院上海应用物理研究所 | 中国 |
| CA Waste Burner 0.2.5 | 20MWt | MSR | 哥本哈根原子能公司（Copenhagen Atomics） | 丹麦 |
| ThorCon | 250 | MSR | 索康国际公司（ThorCon International） | 国际财团 |
| FUJI | 200 | MSR | 国际钍熔盐论坛（International Molten-Salt Forum: ITMSF） | 日本 |
| Stable Salt Reactor-Wasteburner | 300 | MSR | 莫尔泰克斯能源公司（Moltex Energy） | 英国/加拿大 |
| LFTR | 250 | MSR | 飞贝能源公司（Flibe Energy, Inc.） | 美国 |
| KP-FHR | 140 | 熔盐冷却球床堆 | 凯洛斯电力公司（KAIROS Power, LLC.） | 美国 |
| Mk1 PB-FHR | 100 | FHR | 加利福尼亚大学伯克利分校（University of California at Berkeley） | 美国 |

一体化熔盐反应堆(IMSR®)是 440MWth(IMSR400[33])小型模块化熔盐燃料反应堆，IMSR 主要技术参数见表 2.11。

表 2.11 IMSR 主要技术参数[20]

| 参数 | 内容 |
| --- | --- |
| 反应堆类型 | 熔盐反应堆 |
| 冷却剂/慢化剂 | 氟化物燃料盐/石墨 |
| 热/电容量 | 440MWt/195MWe |
| 运行压力(一回路/二回路)/MPa | <0.4 |
| 堆芯入口/出口冷却剂温度/℃ | 620/700 |
| 燃料类型 | 熔盐燃料 |
| 燃料富集 | <5%，低浓缩铀 |
| 燃料循环 | 84 月；在核心部件更换 |
| 主要反应性控制机制 | 短期：负温度系数；长期：在线添加液体燃料 |
| 安全系统方法 | 能动 |
| 设计寿命/年 | 56 |
| 电站占地面积/m² | 45000 |
| 反应堆压力容器高度/直径/m | 10.0/3.7 |
| 反应堆压力容器重量/t | 154000 |
| 抗震设计(SSE) | 0.3g |
| 显著特征 | 核心单元每 7 年作为一个单元完全更换 |
| 设计状态 | 概念设计完成；基础工程正在进行中 |

IMSR®是一体化核反应堆，包括一个完全密封的反应堆容器，该容器集成了泵、换热器和控制棒。IMSR®密封核心单元在其使用寿命结束(通常 7 年)时完全更换。这可以实现工厂生产水平的质量控制和经济性，同时避免在发电厂现场打开和维修反应堆容器。IMSR400 实现了最高水平的固有安全性，在处理异常情况时不依赖于操作员干预、动力机械部件、冷却剂喷射或其支持系统，如电力供应等。

IMSR®电站旨在适应各种负载用户，从基本负载到负载跟踪。使用简单、模块化和可更换的核心单元，可以获得高可靠性。IMSR®专为工厂制造而设计。核组件体积小，可通过公路运输[34]。IMSR®核心单元的设计使用寿命很短，允许专用工厂线半自动生产这些单元，如飞机喷气发动机生产线。

IMSR®主要设计特点[20]如下所述。

(1)设计理念：IMSR®是基于熔盐技术设计的熔盐反应堆，是美国橡树岭国家实验室在 1950～1970 年持续研究的产物。在此期间，进行了包括反应堆材料、设备和反应堆部件等的研发。最终，建造并运行了一个小型原型机，即 8MWt 熔盐实验堆(MSRE)。与MSRE 一样，IMSR®同样采用熔融氟化物燃料盐作为主冷却剂。但是 IMSR®采用了独特的"一体化"反应堆电站架构，其中主泵和主换热器集成在一个密封且可更换的反应堆容器内，这与 MSRE 不同，这一关键创新与其他专有创新一起提供了具有高商业价值和工业价值的反应堆，具有高可靠性和操作实用性。

(2) 反应堆和核心单元：核心单元在工厂制造，然后运到电站现场，最终进行组装后被放置到位于地下反应堆筒仓的保护容器中。IMSR®一回路燃料盐是一种热稳定流体，具有出色的传热性能和高的固有放射性核素保留性能。二回路的冷却盐也是一种氟盐(但没有燃料)，通过二回路换热器将热量从堆芯传递到三回路。

(3) 热功转换系统：三回路熔盐通过熔盐泵提供给蒸汽发生器，产生用于发电的过热蒸汽，或者产生工业所需蒸汽，也可以部分或全部用于工业热应用。

(4) 反应控制：反应堆临界控制是通过负温度反馈来保证的，而负温度反馈是反应堆堆芯中的熔盐燃料的中子行为造成的。这种负温度反馈通过确保临界性控制来避免过热，即使在所有控制系统完全失效的情况下也能发挥作用。熔盐燃料不会因热或辐射而降解，这给熔盐燃料提供了高功率限制。尽管控制棒已集成到 IMSR®核心单元中，但它们是用于操作控制的，而不是安全所必需的。这些控制棒将在失去强制循环时关闭反应堆，并在反应堆失去动力时插入其中。另一个备用关闭机制是配备了可熔化的罐，其中填充了液体中子吸收材料，如果发生过热事件，将永久关闭反应堆。

(5) 裂变产物保留：裂变产物释放的第一道屏障是氟化物燃料盐，这种燃料盐具有化学稳定性，并通过反应堆运行期间产生的大部分放射性裂变产物的化学离子键与熔盐结合。第二道屏障是核心单元。核心单元周围的保护容器安全壳作为额外的密封屏障，防止整体核心单元发生故障。核心单元或安全壳中没有压力源，安全壳不会受到压力的威胁。此外，通过一直运行的内部反应堆容器辅助冷却系统(IRVACS)将热量排出，从而防止安全壳过热。

(6) 燃料处理和堆芯单元更换方法：新的固体燃料盐运送到电站，熔化后添加到 IMSR®堆芯单元中，因此 IMSR 可以在线加料运行。此外，IMSR®与固体燃料反应堆不同，在补给燃料期间不需要去除任何堆芯燃料。在堆芯的 7 年使用寿命期内，所有燃料都封闭在 IMSR®堆芯单元内。在运行过程中，将少量的"补充"燃料盐添加到上部气体增压室中。与其他动力堆系统不同，IMSR®堆芯单元在电站现场从不打开，无论是在启动燃料、补充燃料期间，还是在切换到新堆芯单元期间。大约运行 7 年后，堆芯单元关闭，经过一段冷却期后，用过的燃料盐通过熔盐泵送到位于反应堆安全壳内的储罐中。

(7) 冷却系统：IMSR®独特的冷却系统具有固有的和非能动的热力学特性——高热惯性、大热容量和非能动且连续运行的 IRVACS。燃料盐、反应堆容器金属和石墨慢化剂提供了较大的固有热容量。此外，反应堆容器没有隔热，导致保护容器和最终 IRVACS 持续产生热损失。短期内，反应堆堆芯单元的冷却由熔融氟化物燃料盐的内部自然对流冷却能力保证，燃料盐通过自然和被动循环流经主热交换器。这些固有和非能动冷却机制完全能够吸收瞬态和衰变热。

(8) 燃料特性：IMSR®是一种液体燃料反应堆，反应堆堆芯中没有固体燃料元件。燃料以四氟化铀($UF_4$)的形式熔解在低成本氟化物盐的低共熔混合物中，无须添加锂或铍。这种共晶的好处是可以最大限度地减少氚的产生，但这妨碍了任何在其燃料盐混合物中包含氟化锂(LiF)或二氟化铍($BeF_2$)的熔盐反应堆的设计。IMSR400 液体燃料盐是一个完整的系统，包括核燃料、冷却剂和传热介质，为一个结构更简单、具有许多安全特性的反应堆配置提供了基础。这种盐共晶混合物共同形成燃料和主冷却剂。

IMSR®设计的安全目标是实现高固有安全性和无人值守的安全核电厂。不需要操作者操作，使用电力或外部驱动的机械部件来确保控制、冷却和密封等主要安全功能。IMSR®安全理念的基本原则是消除可能使放射性物质进入环境的因素。反应堆在低压下运行，这是使用热和化学稳定的低挥发性燃料-冷却剂混合物的好处。此外，反应堆系统中没有水或蒸汽，从而消除了反应器系统中所有潜在的物理和化学能量来源。IMSR®通过其集成的无管道、故障安全系统架构进一步增强了这种固有安全性。IMSR®在异常情况下的冷却不依赖于对反应堆减压或需要堆外的冷却剂。所有必需的控制和散热器都存在于需要的地方——IMSR®堆堆芯单元内部和周围。因此，无论是短期还是长期，IMSR®完全消除了对支持系统、阀门、泵、控制或操作人员操作的依赖。这是因为 IMSR®设计将熔盐堆技术与由保护容器包围的整体反应堆设计相结合，该保护容器由连续运行的IRVACS 冷却系统冷却。因此，IMSR®设计提供了最高水平的固有安全性。

## 2.3 第四代核反应堆系统

第四代核反应堆旨在显著改善安全性、降低核电厂总成本、防扩散和减少放射性废物的产生。目的是更好地利用燃料源，包括铀和钍，并在一定程度上利用钍。这种类型的反应堆的另一个特点是能够对次要锕系元素进行某些嬗变，因此能源效率和燃料回收率将比现在高得多。此外，使用这种反应堆不仅可以发电，还可以生产热和其他产品，如制氢及其他工业用途。而颠覆传统设计的小型模块化第四代核反应堆因具备固有安全性高、核燃料可循环、物理防止核扩散和更优越的经济性等特点，成为核能研发和投资的热点。

### 2.3.1 超高温堆

超高温堆是高温气冷堆进一步发展的产物，其系统示意图如图 2.4 所示[24]。采用氦气冷却、石墨慢化、铀燃料一次通过循环方式，堆芯出口温度可以高达 900~1000℃。超高温堆可用于发电、制氢和其他工艺热应用等。超高温堆具有良好的非能动安全特性，热效率超过 50%，易于模块化，经济上竞争力强。超高温堆系统还具有采用铀/钍燃料循环的灵活性、高效率、高燃耗等特点，使该系统能够显著减少核废料的产生。

对高温气冷堆的研究已经持续了半个多世纪，全球建造的部分高温气冷堆见表 2.12[35]。冷却剂出口最高温度可达 950℃，冷却剂压力最高 7MPa，最大电功率 330MWe。Dragon 是第一座建成的高温气冷堆，率先使用三结构各向同性(TRISO)涂层颗粒燃料，该燃料至今仍是标准燃料形式。此外，通过 HTTR(多用途反应堆，日本)、HTR-PM(中国)、NuH2(韩国)和 NGNP(美国)等项目，该项技术正在逐步应用。AVR 测试了额外的燃料设计并积累了广泛的性能数据。FSV 验证了棱柱形堆芯物理设计，在钍燃料上具有高燃耗(90GWd/t)，蒸汽

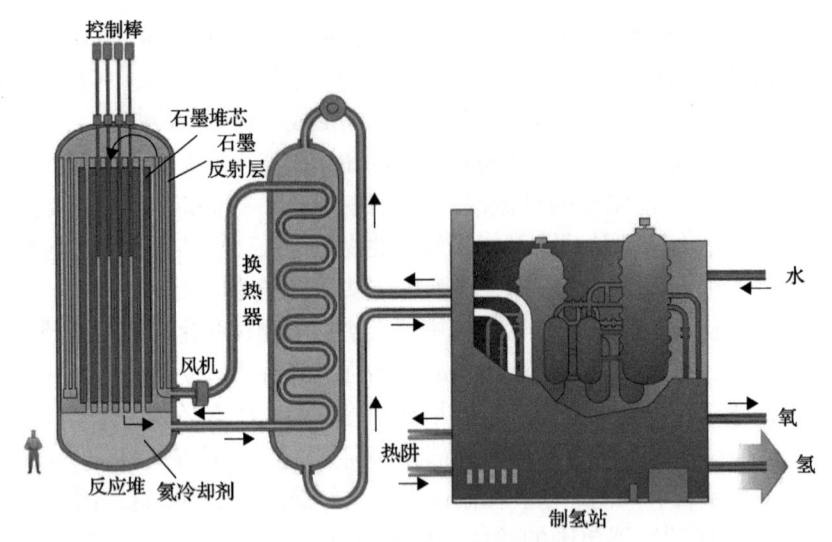

图 2.4 超高温堆系统示意图

轮机发电达到 39%的热效率且易于负载跟踪。日本的 HTTR 验证了 950℃反应堆出口冷却剂的运行和 863℃工艺热的输出,并支持日本原子能机构在 GTHTR300 核电站设计中应用。

我国高温气冷堆技术的研发工作始于 20 世纪 70 年代后期,是以清华大学核能与新能源技术研究院为主开展的。研发大致分为三个阶段:第一阶段是 1974~1990 年,为早期探索阶段,重点进展是高温气冷堆列入国家高技术研究发展计划(简称 863 计划)核能领域的重点项目。第二阶段是 1990~2003 年,是实验堆建设阶段。该阶段建立了清华大学 10MW 高温气冷实验堆 HTR-10。第三阶段是 2003~2020 年。这一阶段在国家高技术研究发展计划的支持下开展 10MW 高温气冷实验堆的运行与安全试验。1995 年 6 月,10MW 高温气冷实验堆浇筑第一罐混凝土。2003 年 1 月实现 10MW 高温气冷实验堆满功率调试运行和验证试验。同时,在国家核能开发计划的支持下开展工业示范电站的前期和关键技术研究,在《国家中长期科学和技术发展规划纲要(2006—2020 年)》中确定的科技重大专项的支持下建设了山东石岛湾 200MW 级核电站示范工程(HTR-PM)。HTR-PM 工程于 2012 年 12 月 9 日正式开工,核岛浇筑第一罐混凝土。2015 年现场土建工程全部完成,厂房封顶,设备开始入场安装和调试。2018 年底,HTR-PM 的主设备研制和生产已基本完成。2021 年 12 月 20 日,HTR-PM 并网发电,这是全球首座球床模块式高温气冷堆核电站。

超高温堆的主要特点[36]如下所述。

(1)参数:在超高温反应堆[37,38]中,冷却剂温度很高,可以达到 1000K。因此,热效率达到 50%是可能的。温度每升高 50℃,热效率提高 1.5%。当温度高于 850℃时,该反应堆除了发电外,还可进行许多其他应用,如制氢、海水淡化、煤气化和高炉炼钢。因此,VHTR 的设计、燃料和结构材料及其他要求均受 VHTR 的高温控制。VHTR 是热反应堆,燃料由铀的碳氧化物(UOC)或二氧化铀($UO_2$)作为 TRISO 颗粒。燃料富集度<20%,可以使用钍基燃料($^{233}$U 与 $^{232}$Th 和 $^{239}$Pu 与 $^{232}$Th)。慢化剂是在高温下稳定的石墨。如果需要更高的中子慢化能力,BeO 也可以用作慢化剂。石墨与水的反应是化学吸

表 2.12 全球建造的高温气冷堆

| | 实验堆 | | | | 示范堆 | | |
|---|---|---|---|---|---|---|---|
| | Dragon | AVR | HTTR | HTR-10 | Peach bottom | FSV | HTR-300 | HTR-PM |
| 国家 | 英国 | 德国 | 日本 | 中国 | 美国 | 美国 | 德国 | 中国 |
| 运行时间 | 1963~1976 年 | 1967~1988 年 | 1998 年至今 | 2000 年至今 | 1967~1974 年 | 1976~1989 年 | 1986~1989 年 | 2021 年至今 |
| 反应堆类型 | 管状 | 球床 | 棱柱状 | 球床 | 管状 | 棱柱状 | 球床 | 球床 |
| 热功率/MWth | 21.5 | 46 | 30 | 10 | 115 | 842 | 750 | 2×250 |
| 冷却剂出口温度/℃ | 750 | 950 | 950 | 700 | 725 | 775 | 750 | 750 |
| 冷却剂压力/MPa | 2 | 1.1 | 4.0 | 3.0 | 2.25 | 4.8 | 3.9 | 7.0 |
| 电功率/MWe | — | 13 | — | 2.5 | 40 | 330 | 300 | 211 |
| 工艺热功率/MWth | — | — | 10 | — | — | — | — | — |
| 工艺热温度/℃ | — | — | 863 | — | — | — | — | — |
| 堆芯功率密度/(W/cm³) | 14 | 2.6 | 2.5 | 2 | 8.3 | 6.3 | 6.0 | 3.2 |
| 燃料设计 | $UO_2$ TRISO | (Th/U) $O_2$,$C_2$ BISO | $UO_2$ TRISO | $UO_2$ TRISO | $ThC_2$ BISO | (Th/U, Th) $C_2$ TRISO | (Th/U) $O_2$ BISO | $UO_2$ TRISO |

注：BISO 表示双层各向同性。

热反应，与空气的氧化反应能力很小。它具有高热容量，因此核心瞬态缓慢且易于控制。氦气用作惰性冷却剂，不会与任何材料发生化学反应，也不会发生辐射活化。

(2)燃料：使用 TRISO 燃料粒子的燃料球如图 2.5 所示。该燃料球在 1600℃下不会熔化，耐高温，包容裂变产物，因此具有较高的安全裕度。因此，TRISO 粒子内核(约 0.60mm 厚)被可承受高温的多层材料覆盖。燃料球直径为 6cm，由约 13000 个直径为 0.92mm 的 TRISO 颗粒组成，嵌入中心部分的石墨中。该中心部分覆盖有约 5mm 的石墨层。燃料颗粒直径通常小于 1mm，内核由 $UO_2$ 或 UOC 组成，燃料颗粒被第一层低密度的热解炭(PyC)缓冲层(厚度 0.06mm)包围。同时，疏松热解炭的大量空隙可以容纳燃耗产生的裂变气体。该层之后是三层结构涂层，一层厚度为 0.025mm 的碳化硅层(SiC)被夹在两层热解炭(PyC)之间，其中内部 PyC 层(IPyC)厚度为 0.03mm，外层 PyC 层(OPyC)厚度为 0.045mm。与传统燃料相比，TRISO 燃料颗粒在结构上更耐高温、耐腐蚀、耐中子辐照和抗氧化。

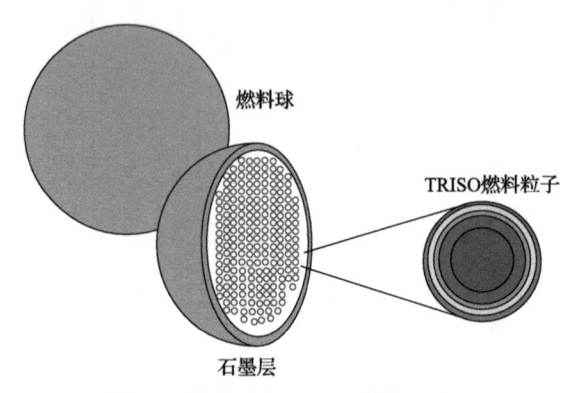

图 2.5　燃料球与 TRISO 结构示意图

(3)冷却剂：超高温堆采用氦气(He)作为冷却剂，He 不会发生相变，不会有沸腾现象，不会出现钠冷快堆和压水堆中的空泡反应性问题。He 中子吸收截面小，He 流失不会引起反应性变化，He 是单原子气体，不会发生辐照分解。He 是惰性气体，不会与石墨发生反应，与燃料和结构材料相容性较好。He 容易净化。用低温吸附法就能去除 He 中的放射性裂变产物及其他杂质。He 导热性好，导热系数大约是 $CO_2$ 的 10 倍。

(4)堆芯配置：超高温堆的堆芯可以采用传统的柱状燃料元件(柱状堆)，也可以使用较为新式的球形元件(球床堆)。从设计上看，球床堆和柱状堆的共同点是燃料与减速剂石墨被铸造成一个整体，但形制不同。两种堆芯配置下更换燃料的机制、换料间隔时间及每次换料量不同。柱状堆必须停堆换料，和使用柱状燃料元件的常规反应堆类似。而球床堆通过堆芯上方的装料机制不断向堆芯送料，堆芯下方的卸料机制出料，因此燃料补充是连续性的。另外，球床堆中的球形燃料元件没有预设的冷却剂通道。He 冷却剂从堆芯上方注入，通过燃料球的间隙，自上而下冷却堆芯。柱状堆的燃料元件留有垂直的冷却剂通道，氦气自上向下流动，带走热量。相比之下，球床堆中冷却剂气体和燃料元件的接触面积比较大，换热过程更加有效。球床堆的控制棒可直接插入球形燃料元件中，无需预留控制棒孔道。而柱状堆设有控制棒孔道。

超高温堆其他特点如下：①石墨材料具有热中子吸收截面小、高温下有较好的机械性能和稳定性、抗热震性能好。②堆芯衰变热通过热传导、自然对流和热辐射等非能动方式排出。③堆芯热容很大，功率瞬变过程中，热惯性很大，温度响应较慢。

超高温堆工艺热应用领域包括区域供热和海水淡化、石油炼制、油页岩加工、天然气重整等。超高温堆用于发电，可匹配蒸汽Rankine循环或者氦气Brayton循环发电机组，发电效率分别约为40%或50%。超高温堆出口温度高达1000℃，远高于一般轻水堆，其产生的高温使得通过热化学硫-碘循环生产氢气等应用成为可能。因此，除发电以外，制氢成为超高温堆热工艺的重要应用。

### 2.3.2 超临界水堆

超临界水堆是运行在水的临界点(374℃、22.1MPa)以上的高温、高压水冷堆，其系统示意图如图2.6所示[24]。超临界水堆使用"超临界水"作冷却剂，这种水既具有液体性质，又具有气体性质，热传导效率远远优于普通的"轻水"。用超临界水作冷却剂可使反应堆的热效率比目前的轻水堆热效率提高约1/3，还可以简化辅助系统。因为反应堆中的冷却剂不发生相变，而且直接与能量转换设备连接，可以大大简化辅助系统。由于系统简化和热效率高(净效率达44%)，在输出功率相同的条件下，超临界水冷堆只有一般反应堆的一半大小，预计建造成本仅900美元/kW。发电成本可望降低30%，仅为0.029美元/(kW·h)。因此，超临界水堆在经济上有极大的竞争力。超临界水堆主要用于发电，也可用于锕系元素管理。超临界水堆既适用于热中子谱，也适用于快中子谱。后者采用快堆的闭式燃料循环。

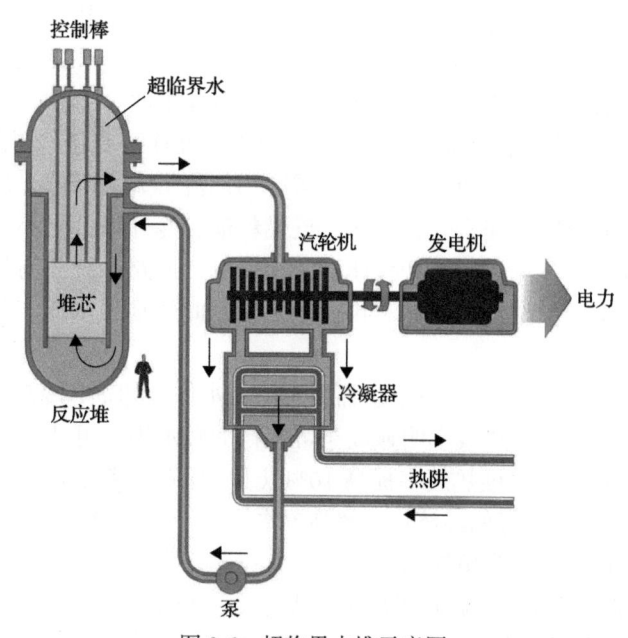

图 2.6 超临界水堆示意图

超临界水堆的概念最先是由美国西屋电气公司和通用电气公司在 20 世纪 50 年代提出，美国和苏联分别于 50 年代和 60 年代做了初步研究。70 年代，美国阿贡国家实验室（ANL）对这一概念作了回顾总结。经过三十多年核能发展的低潮之后，90 年代，日本东京大学的 Oka 教授重新提出超临界水堆这一概念，并且对其做了进一步研究。超临界水堆由于具有较好的经济性和安全性，重新引起了日本、美国、俄罗斯和欧盟等的重视，各国(地区)纷纷开展合作，对超临界水堆进行各方面的相关研究。各国提出了超临界水堆的几种设计概念，见表 2.13，包括超临界压力水冷热中子堆、超临界压力水冷快中子堆、超临界压力水冷混合中子谱堆、超临界压力水冷球床堆和超临界压力重水堆。同时，开展了相应的安全性、稳定性、非能动安全系统、燃料元件和堆芯部件、高温材料、超临界压力水化学、超临界压力条件下的堆芯热工水力和核物理特性等初步分析研究。

我国从 2003 年就开始了对超临界水冷堆技术的跟踪研究。国内主要研究机构包括中国核动力研究设计院、上海交通大学等。研发大致分为五个阶段：第一阶段，基础技术研发（2010～2012 年）；第二阶段，关键技术研发（2013～2016 年）；第三阶段，工程技术研发（2017～2020 年）；第四阶段，超临界水堆工程试验堆设计建造（2020～2023 年）；第五阶段，CSR1000 标准设计研究（2022～2025 年）。2028 年具备批量化建造的条件。在国内首次提出了具有自主知识产权的 CSR1000 技术方案，提出相关总体设计和材料选型方案，完成了典型及复杂通道超临界水热工水力特性、相关力学基础技术和材料性能评价技术、材料的对外性能评价等关键技术研究，为超临界水堆后续研发工作奠定了基础。

超临界水堆的主要特点[39,40]如下所述。

(1) 超临界水堆是六种第四代核反应堆中唯一以轻水作冷却剂的反应堆，它结合了轻水反应堆技术和超临界燃煤电厂技术两种成熟技术。其与运行的水冷堆相比，具有系统简单、装置尺寸小、热效率高、经济性和安全性更好的特点。超临界水堆的参考堆热功率为 1700MWt，运行压力为 25MPa，堆芯出口温度为 510℃（可以达到 550℃），使用氧化铀燃料。超临界水堆的非能动安全特性与简化沸水堆相似。

(2) 超临界水堆的系统结构简化。超临界水由于物性连续变化，不存在相变，可以采用直接循环。其高比焓的特性使得反应堆所需冷却剂流量大大降低，从而使反应堆和安全壳更加紧凑，压力容器、安全壳、厂房、乏燃料池、冷却塔都更小。超临界水堆与传统压水堆相比，取消了蒸汽发生器和稳压器及相关的二回路系统；与传统沸水反应堆相比，取消了蒸汽干燥器、汽水分离器和再循环泵。因此超临界水堆装置流程简单，系统简化。

(3) 超临界水堆的热效率高。采用超临界压力轻水作冷却剂，冷却剂在高温、高压状态下工作，出口温度较高，热效率明显高于可运行的轻水堆，可达 38%～45%。相比传统轻水堆的 33%，超临界水堆热效率提高 10% 以上，节省燃料 25% 左右。

(4) 超临界水堆具有良好的经济性。超临界水堆由于系统简化、设备减少、热效率高及单堆功率大等优点，经济竞争能力突出。

(5) 超临界水堆安全性好。超临界压力水无相变，与传统水冷堆相比，没有沸腾危机问题，排除了堆芯传热状态的不连续性，堆芯无烧毁现象。加上采用非能动安全系统，使

表 2.13 国外提出的超临界水堆主要技术方案

| 方案 | 提出机构 | 方案名称 | 慢化剂 | 额定功率/MW | 出口温度/°C | 压力/MPa | 净效率/% | 备注 |
|---|---|---|---|---|---|---|---|---|
| W21 | 东京大学(日本) | 热中子谱 SCWR | $H_2O$ | 1570 | 508 | 25 | 44 | 直接循环 |
| TWG1 | 水技术工作组(日本) | 快中子谱 SCWR | $H_2O$ | 1728 | 可变 | 可变 | 38~45 | 直接循环,可燃烧铜系元素 |
| W6-1 | 加拿大原子能有限公司(加拿大) | CANDU-X Mark1 | $D_2O$ | 910 | 430 | 25 | 41 | 间接循环,一回路强迫循环 |
| W6-2 | 美国太平洋西北国家实验室(美国) | CANDU-XNC | $D_2O$ | 370 | 400 | 25 | 40 | 间接循环,一回路自然循环 |
| W6-3 | 美国太平洋西北国家实验室(美国) | CANDU-ALX1 | $D_2O$ | 950 | 450 | 25 | 40.6 | 复式循环,超高压透平乏气为传统回路间接回路 SG 供热 |
| W6-4 | 美国太平洋西北国家实验室(美国) | CANDU-ALX2 | $D_2O$ | 1143 | 650 | 25 | 45 | 复式循环,超高压透平乏气为 SG 和堆芯入口加热器供热 |
| W2 | 美国太平洋西北国家实验室(美国) | 球床超临界压力蒸汽 | $H_2O$ | 200 | 540 | 24 | 40 | 碳化硅-热解碳包覆 $UO_2$ 颗粒液化床 |
| — | 爱达荷州国家实验室(美国) | 热谱 SCWR | $H_2O$ | 1600 | 500 | 25 | 44.8 | 直接循环 |
| B500 SKDI | 库尔恰托夫研究院(俄罗斯) | 超临界压力一体化轻水堆 | $H_2O$ | 515 | 381 | 23.6 | 38 | 一体化布置,一回路自然循环 |

得超临界水堆具有很好的安全性。

(6)超临界水堆有利于核燃料利用。通过改变堆芯燃料组件设计,超临界水冷堆可以设计成热中子能谱反应堆(简称热堆),也可以设计成快中子能谱反应堆(简称快堆),具有两种可选的燃料循环方式。如果为热中子能谱反应堆,需要使用重水或者轻水作为慢化剂,使用低富集 U 或者混合氧化物核燃料(MOX)燃料,燃料循环为开循环模式或者改进开循环模式。如果是快中子能谱反应堆,燃料通常使用含有较高含量 Pu 的 MOX 燃料,燃料循环为闭循环模式。超临界条件下需要包壳和结构材料有更好的耐高温、耐腐蚀性能,以及更高的强度(基本用镍基合金替代锆合金)。此外,镍基合金具有较大的中子吸收截面,使得超临界水堆采用的燃料富集度要远大于石墨水冷堆。

超临界水堆根据其运行温度和特点,主要用于发电,可设计成热中子能谱反应堆或快中子能谱反应堆,热效率可达 44%以上。中国发展超临界水堆是更高效率利用和节省铀资源最现实的路径,超临界水堆可能成为支持中国核电可持续发展的重要堆型。

### 2.3.3 气冷快堆

气冷快堆是快中子能谱反应堆,采用氦气冷却、闭式燃料循环,系统示意图如图 2.7 所示[24]。气冷快堆集合了快和氦气冷却的优点,可以实现高温应用。气冷快堆堆芯出口氦气冷却剂温度很高,可以用于发电、制氢和供热。气冷快堆的另一特点是产生的放射性废物极少且能有效利用铀资源。快谱和完全锕系元素再循环相结合,使得气冷快堆大大减少了长寿期放射性废物的产生;与采用一次通过燃料循环的热谱气冷反应堆相比,气冷快堆的快谱也使得其更有效地利用可用的裂变和增殖材料(包括贫铀)成为可能。

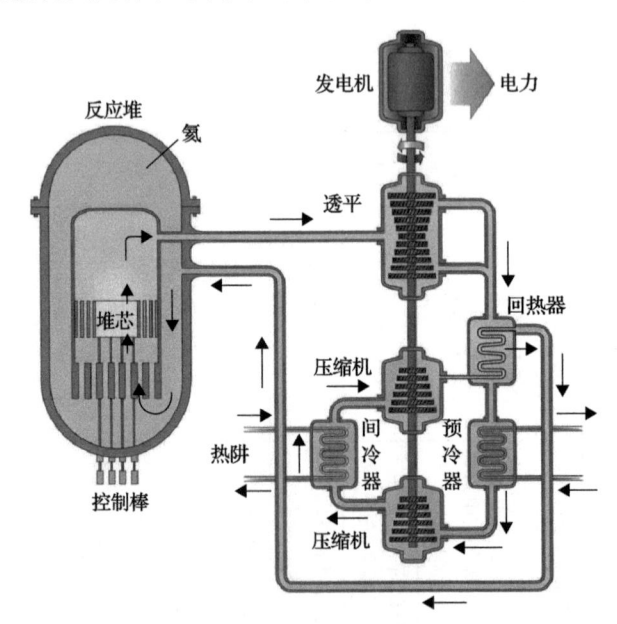

图 2.7 气冷快堆示意图

1962 年,美国通用原子能公司发起了最初概念设计,宣布气冷快速反应堆(GCFR)计划,包括 300MWe 的示范堆、1000MWe 的商业堆,该系列反应堆从 1968 年开始设计,曾计划 1983 年运行。此后,德国、英国和俄罗斯等国对该设计的兴趣在全球范围内扩大。1969 年,"气体增殖堆备忘录"设计了 3 种 GCFR,均采用 He 冷却,无蒸汽和 $CO_2$ 冷却。20 世纪 70 年代,英国开始设计增强型气冷反应堆(ETGBR),采用 $CO_2$ 冷却,功率密度很低。ETGBR 是原型钠冷快堆与 $CO_2$ 冷却热堆(AGR)的技术融合,后来演变成 EGCR(指 ETGBR 后续发展堆型)。早期气冷快堆的研究由于其安全性低的致命缺陷及技术开发难度大等问题,在世界核能事业萎缩的大背景下被搁置下来,只有很少数的国家与研究机构坚持对气冷快堆的研究。

进入 21 世纪以来,随着核能研究回暖,气冷快堆又因其高增殖比及高热效率等特点,重新成为业界的研究热点。2006 年 11 月,美国和欧洲原子能共同体、法国、日本和瑞士共同签署了气冷快堆系统的合作安排。GIF 框架下的气冷快堆见表 2.14。

表 2.14　GIF 框架下的气冷快堆

| 概念 | ETDR | GFR600 | GFR600 | GFR2400 | GFR2400 | JAEA GFR |
| --- | --- | --- | --- | --- | --- | --- |
| 功率/MWt | 50 | 600 | 600 | 2400 | 2400 | 2400 |
| 冷却剂系统 | — | 直接 | 间接 | (间)直接 | 直接 | 直接 |
| 冷却剂 | He | He | He/S-$CO_2$ | He | He | He |
| 功率密度/(MW/m³) | 100 | 103 | 103 | 100 | 100 | 90 |
| 堆芯入口温度/℃ | 250 | 480 | ≈400 | 480 | 480 | 460 |
| 堆芯出口温度/℃ | 525 | 850 | ≈625 | 850 | 850 | 850 |
| 压力/MPa | 7 | 7 | 7 | 7 | 7 | 7 |
| 堆芯高度/直径/m | 0.86/0.86 | 1.95/1.95 | 1.95/1.95 | 1.55/4.44 | 1.34/4.77 | 0.9/5.9 |
| 燃料类型 | 针 | 平板 | 平板 | 平板 | 针 | 块 |
| 燃料材料 | UPUO$_2$ | UPUC | UPUC | UPUC | UPUC | UPUN |
| 结构材料 | AIM1 | SiC | SiC | SiC | SiC | SiC |
| 反射材料 | AIM1 | Zr$_3$Si$_2$ | Zr$_3$Si$_2$ | Zr$_3$Si$_2$ | Zr$_3$Si$_2$ | SiC |
| 冷却剂体积/结构材料体积/燃料体积/m³ | — | 55/20/25 | 55/20/25 | 40/37.6/22.4 | 55/23/22 | 25/55/20 |
| 增殖增益/% | — | −5 | −5 | −5 | 0 | 0.03/0.11 |

国内,清华大学开展了气冷快堆方案的概念设计。在高温气冷堆(热堆)实验堆与示范堆设计和建造的基础上,开展百兆瓦级气冷快堆的设计,燃料采用和热中子气冷堆类似的球床颗粒,冷却剂选用高压氦气,在快中子谱下进行了燃料球的几何、燃料循环方式、气体在堆内压降等的中子和热工优化工作,同时开发了确定论及安全分析方法与模块化设计方法。西安交通大学开展气冷快堆的理论研究和方案设计,提出了堆芯采用燃料棒,以及用 He-Xe 混合气体冷却的方案;开展了气冷快堆的方案设计与性能分析,主要包含高功率密度下堆芯几何优化、热工水力设计(重点是气体压降)、稳态和瞬态性能分析、非能动安全设计评估等工作。

气冷快堆由于研发难度大、技术成熟度低等，在国内外尚处于技术研发阶段，主要解决材料、非能动安全设计方面的科学和技术问题，尚未建造示范堆。

气冷快堆系统是一个具有封闭燃料循环的高温氦冷快谱反应堆，结合了快中子谱系统的优势，包括长期可持续性铀资源和废物最小化(通过燃料多重再处理和长寿命锕系元素的裂变)的优势，以及高温系统(高热循环效率和产生的热量可工业利用，类似于VHTR)的优势。参考堆的电功率为288MWe，堆芯出口氦气温度850℃，采用闭式氦气布雷顿循环直接发电，热效率可达48%。

气冷快堆主要优势[41-43]包括：堆芯燃料和冷却剂布置灵活(球床、金属基体打孔等)；中子能谱较液态金属冷却堆、熔盐冷却堆更硬，有利于钍铀燃料增殖和次锕系核素嬗变；功率密度高，堆芯体积小；气体出口温度高，热电转换效率高；工作气体为惰性混合气体，对系统无腐蚀作用；可采用直接布雷顿循环，减少二回路布置。气冷快堆主要劣势包括：结构材料在高温高压(0.3~3MPa)情况下蠕变；气体泄漏概率高(需要补充气体)；存在高转速可移动部件，其容易磨损，如压缩机；在高温气冷系统中使用不含石墨情况下，非能动安全性低，必须考虑其他解决方案。另外，在没有堆芯慢化剂(石墨慢化剂为高温气冷堆系统提供保护)情况下，还需要考虑快中子剂量对反应堆压力容器的影响。

气冷快堆为了获得更高的热电效率，采用布雷顿循环发电机组。核废料嬗变利用热中子谱与锕系元素的完全再循环。核燃料增殖可利用现有的裂变材料和可转换材料(包括贫铀)。此外，气冷快堆出口温度为850℃，可利用其进行热化学制氢。

### 2.3.4 铅冷快堆

铅冷快堆是采用铅或铅/铋共熔低熔点液态金属冷却的快堆，系统示意图如图2.8所示[24]。燃料循环为闭式，可实现 $^{238}$U 的有效转换和锕系元素的有效管理。铅冷快堆采用完全锕系再循环燃料循环，设置地区燃料循环支持中心负责燃料供应和后处理。可提供

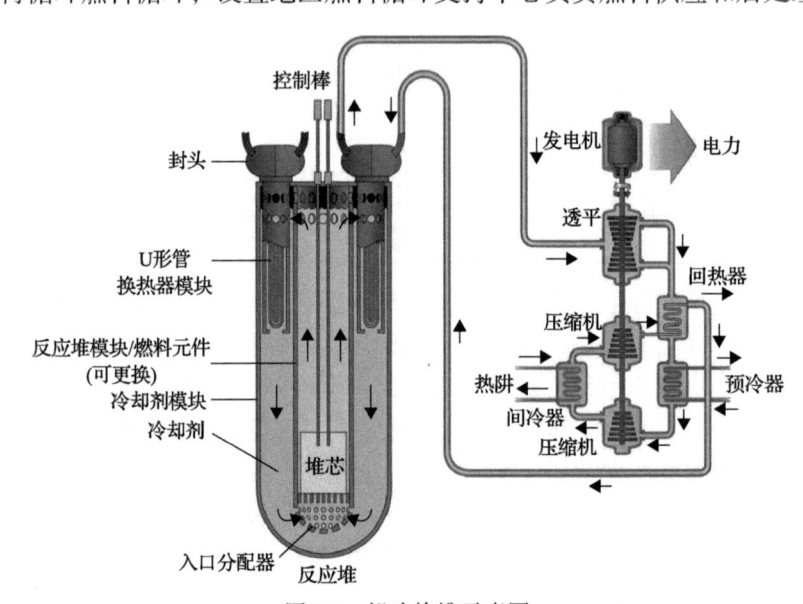

图 2.8　铅冷快堆示意图

一系列不同的电厂容量：50～150MWe级、300～400MWe级和1200MWe级。燃料包含增殖铀或超铀在内的金属或氮化物。铅冷快堆采用自然循环冷却，反应堆出口冷却剂温度为550℃，采用先进材料时该温度则可达800℃。在这种高温下，可用热化学过程来制氢。铅冷快堆除了具有燃料资源利用率高和热效率高等优点外，还具有很好的固有安全和非能动安全特性。因此，铅冷快堆在未来核能系统的发展中可能具有较大的开发前景。

铅基材料首次应用于核裂变反应堆是在20世纪50年代，世界上主要核大国都开展过铅基反应堆的应用研究工作，从军用的核潜艇到商业化核电站，从临界堆到次临界堆都是铅基反应堆的应用对象。20世纪50年代，苏联成功建造8艘铅铋反应堆核潜艇；2000年，俄罗斯推进铅基反应堆的商业应用，SVBR-100（铅铋反应堆）、BRESTOD-300（铅冷反应堆）已经于2021年开始建造。1999年，美国启动铅铋冷却的加速器驱动次临界系统进行核废料嬗变的计划；2001年，开展SSTAR（铅冷反应堆）、ENHS（铅铋嬗变堆）、G4M（铅铋自然循环反应堆）等堆型概念设计。2000年，欧盟逐步形成完整的铅基反应堆发展路线和计划；2013年，比利时签订MYRRHA（铅铋冷却的加速器驱动次临界堆）工程设计合同；2013年，欧盟启动罗马尼亚ALFRED（铅冷示范堆）的设计建造工作。

国内研究铅冷快堆的主要机构包括中国原子能科学研究院和中国科学院核能安全技术研究所。启明星Ⅰ号[快热耦合加速器驱动系统（ADS）次临界反应堆]于2005年7月在中国原子能科学研究院建成临界，并成为国际原子能机构开展ADS实验研究的基准装置；启明星Ⅱ号（铅基双堆芯零功率装置）于2016年12月在中国原子能科学研究院成功实现临界；中国首座铅铋合金零功率反应堆（启明星Ⅲ号）于2019年10月9日实现首次临界。中国科学院核能安全技术研究所建成了KYLIN系列液态LBE实验回路；建成了功能与性能参数国际领先的实验装置群；创新设计了国际首个临界/次临界双模式混合中子能谱CLEAR-I。

由于现有的大规模应用热中子反应堆存在资源利用率低、放射性废物积累和核安全问题，"热堆—快堆—聚变堆"的技术路线成为未来核能发展的主要趋势。目前国际上主要开发的快中子反应堆有三种，即铅冷快堆、钠冷快堆、气冷快堆，这三种快堆都属第四代核反应堆系统六种主要参考堆型中的选项。其中，铅冷快堆有望成为首个实现工业示范的第四代核反应堆系统。

铅冷快堆的主要特点如下所述。

(1)铅具有优良的冷却性能，同时具有吸收中子或减缓中子速度的核特性。铅基材料与其他堆用冷却剂热物性对比见表2.15。铅基材料作为反应堆冷却剂，其优良性能会给反应堆的物理特性和安全运行带来优势[43,44]，主要包括以下几点：①铅基堆中子经济性优良，发展可持续性好。铅基材料具有低的中子慢化能力及小的俘获截面，因此铅基堆可设计成较硬的中子能谱而获得优良的中子经济性，可利用更多富余中子实现核废料嬗变、核燃料增殖等多种功能，也可设计成长寿命堆芯以提高资源利用率和经济性，同时也有利于预防核扩散。②铅基堆热工特性优良、化学惰性强、安全性好。铅基材料具有高热导率、低熔点、高沸点等特性，使反应堆可在常压下运行，可实现高的功率密度。铅基材料的高密度也使得反应堆在严重事故下不易发生再临界，较高的热膨胀率和较低的运动黏度系数确保反应堆有足够的自然循环能力。③铅基材料化学性质较不活泼，几乎不与水和空气反应，几乎消除了氢气产生的可能性。④铅基材料与易挥发放射性核素碘和铯能形成化合物，可降低反应堆放射性源项。这些都是实现可持续性、防扩散、燃料循环经济性及通过自然循环实现燃料冷却而增强其被动安全性的重要特征。

表 2.15　铅基材料与其他堆用冷却剂热物性对比

| 冷却剂 | 密度/(g/cm³) | 熔点/℃ | 沸点/℃ | 比热容/[kJ/(kg·K)] | 热导率/[W/(m·K)] |
| --- | --- | --- | --- | --- | --- |
| 铅(450℃，0.1MPa) | 10.52 | 328 | 1750 | 0.147 | 17.1 |
| 铅铋合金(450℃，0.1MPa) | 10.15 | 125 | 1670 | 0.146 | 14.2 |
| 铅锂合金(400℃，0.1MPa) | 9.72 | 235 | 1719 | 0.189 | 15.14 |
| 钠(450℃，0.1MPa) | 0.844 | 98 | 883 | 1.3 | 71.2 |
| 水(300℃，15.5MPa) | 0.727 | — | 345 | 5.4579 | 0.5625 |
| 氦气(750℃，3MPa) | 0.0014069 | — | — | 5.1917 | 0.368 |

(2) 使用铅作为冷却剂的快堆可以在较高的温度条件下运行，具有较高的发电效率。在铅和铅铋之间，铅铋是一种更好的冷却剂，因为它的熔点比铅低 200℃左右，所以可降低对堆内设备的要求。然而，由于铋的成本较高，以及铅铋合金在辐照过程中会产生具有放射性的钋核素，因此对于大型反应堆，倾向于使用铅作为冷却剂。铅冷却氮化燃料反应堆，冷却剂出口温度可达到 750～800℃。因此，用铅冷快堆生产氢气和其他热应用是可能的。此外，高熔点还容易在设备发生小泄漏时形成自封，阻止铅继续泄漏。

铅冷快堆的劣势[45]包括：高熔点导致的冷却剂凝固风险；熔融铅对结构材料的腐蚀和侵蚀；不透明的液态铅对检查和检测堆芯核心部件及燃料处理等提出挑战；铅的高密度增加系统质量需要更多结构支撑和抗震保护。

铅冷快堆除了用于常规发电外，还可用于核废料嬗变、核燃料增殖[46]。此外，铅锂材料可作为氚增殖剂，而且次临界堆具有固有安全性，因此铅冷快堆可以用于大规模生产氚。我国贫铀富钍，铅冷快堆中子经济性良好，有利于钍铀转换，可以实现钍资源高效利用。此外，铅冷快堆能量密度高且适合小型化，适于海洋开发及电力需求较小的国家或地区，可应用于海洋开发与小型电网供电。

### 2.3.5　钠冷快堆

钠冷快堆是用金属钠作冷却剂的快中子增殖反应堆，系统示意图如图 2.9 所示[24]。钠冷却剂出口温度为 550℃，可得到相对较高的热效率(>40%)。钠冷快堆具有较高的热效率和较高的燃料增殖比，可实现更好的燃料利用。此外，还可以燃烧少量锕系元素，从而减少放射性废料。钠冷快堆重要的安全特性包括：热力响应时间长；到冷却剂发生沸腾时仍有大的裕度；主系统在大气压力附近运行；主系统中的放射性钠与发电厂的水和蒸汽之间有中间钠系统；等等。随着技术的进步，投资成本会不断降低，钠冷快堆也将能服务于发电市场。与采用一次通过燃料循环的热谱反应堆相比，钠冷快堆的快谱也使得更有效地利用可用的裂变和增殖材料(包括贫铀)成为可能。

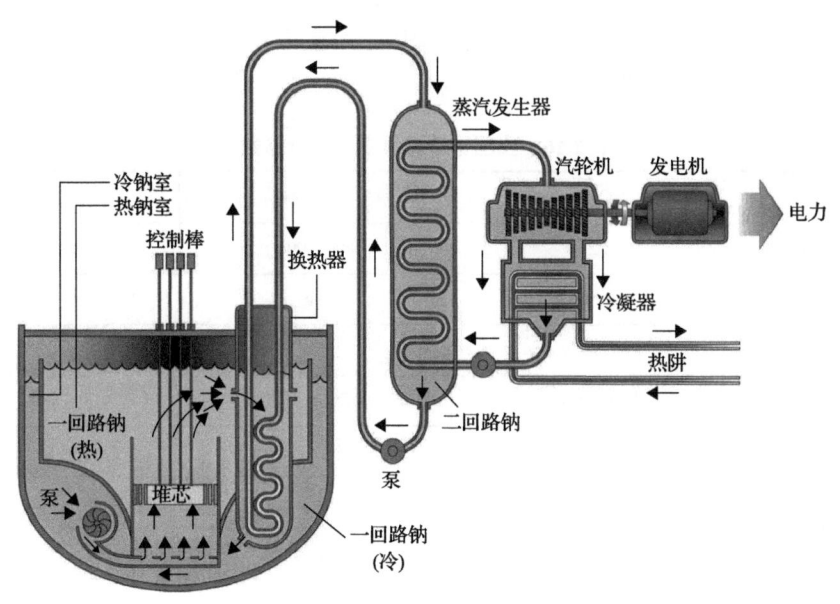

图 2.9　钠冷快堆示意图

20 世纪 50~90 年代，美国成功运行 EBR-I、EBR-II、EFFBR、SEFOR 等快堆。其中，EBR-I 是全世界第一座可发电的使用液态钠钾合金的反应堆，位于美国爱达荷州。80 年代之后，美国停止了快堆建设，其中有经济危机的影响，也有出于对防止核扩散的考虑。而上述各堆由于都是实验堆，在实验完成后，目前已全部退役。

欧洲各国也开展了相关研究。在法国，1967 年，狂想曲堆运行，1983 年关闭；1973 年，凤凰堆（原型发电堆）临界，2009 年底服役期满而关闭；1985 年，超凤凰堆（示范发电堆）临界，1998 年该堆因政治原因而关闭；2017 年，完成 ASTRID（600MWe 原型堆）的详细设计。在英国，1959 年，敦雷快堆（DFR）运行，1977 年关闭；1974 年，原型快堆（PFR）运行，1994 年因政府撤资而关闭。在德国，1977 年，德国 KNK2 运行，1991 年关闭。

俄罗斯也是快堆建设大国。1959 年，BR-5/BR-10 运行，2002 年关闭；1969 年，BOR-60 运行；1980 年，原型堆 BN-600 并网发电，2010 年延长该堆使用期限 10 年；2006 年，开始建造 BN-800，其于 2014 年临界，2015 年 12 月 10 日并网发电。

亚洲各国也开展了相关研究。日本的快中子增殖技术的研究工作起步算是比较晚的。1977 年，日本最初建成的实验反应堆"常阳"快堆临界，2007 年该堆因损坏而停堆；1986 年，文殊堆开始建造，1995 年并网发电，后因故障停运。1985 年，印度试验快堆 FBTR 运行，1987 年关闭，1989 年重启并以低功率运行。

我国开展钠冷快堆系统工程的是中国原子能科学研究院。西安交通大学、哈尔滨工程大学、清华大学等主要开展钠冷快堆基础理论研究。我国钠冷快堆工程发展分三步走：中国实验快堆（CEFR）、中国示范快堆（CDFR）、中国大型高增殖经济验证性快堆（CDFBR）。1970 年，中国原子能科学研究院完成零功率实验装置"东风Ⅵ号"。2000 年，中国实验快堆开工建设，2010 年 7 月 21 日达到首次临界。2017 年 12 月 29 日中国示范快堆土建开工，采用单机容量60万kW的快中子反应堆，目前其已进入设备安装阶段。我国钠冷快堆主要设计参数见表2.16。

表 2.16 我国钠冷快堆主要设计参数

| 参数 | CEFR | CDFR | CDFBR |
| --- | --- | --- | --- |
| 功率/MWe | 25 | 800~900 | 1000~1500 |
| 冷却剂 | Na | Na | Na |
| 一回路结构形式 | 池式 | 池式 | 池式 |
| 燃料 | $UO_2$、MOX | MOX、金属 | 金属 |
| 包壳材料 | Cr-Ni | Cr-Ni、ODS | Cr-Ni、ODS |
| 堆芯出口温度/℃ | 530 | 500~550 | 500 |
| 燃料线功率/(W/cm) | 430 | 480，450 | 450 |
| 燃耗/(MWd/kg) | 60~100 | 100~120 | 120~150 |
| 燃料操作 | 双旋塞直拉式操作机 | 双旋塞直拉式操作机 | 双旋塞直拉式操作机 |
| 乏燃料储存 | 堆内一次储存、水池储存 | 堆内一次储存、水池储存 | 堆内一次储存、水池储存 |
| 安全性 | 主动停堆系统<br>非能动余热排出 | 主动停堆系统<br>非能动停堆系统<br>非能动余热排出 | 主动停堆系统<br>非能动停堆系统<br>非能动余热排出 |

钠冷快堆的主要特点[47,48]如下所述。

(1)钠冷快堆采用钠作为冷却剂。冷却剂钠具有良好的热传输性能和自然循环能力。钠的沸点很高，在失流事故和超功率事故中，出现钠沸腾的可能性很小。钠的慢化能力小、吸收截面小，是合适的快堆冷却剂。

(2)钠冷快堆可分为回路式快堆和池式快堆。在池式快堆中，主冷却剂包含在主反应堆容器中，因此包括反应堆堆芯和热交换器。在回路式快堆中，热交换器位于反应罐外部。早期的快堆中，两种布置方式均有采用，然而近年来从安全角度考虑，快堆的布置方式逐步向池式快堆转变。因此，池式钠冷快堆逐渐成为快堆发展的主流。堆本体采用池式结构，主容器内钠的充装量很大，具有巨大的蓄热能力。在失去热阱的事故中，一回路钠升温缓慢，使得运行人员有足够时间干预。

(3)钠系统在低压状态下工作，其包容容器及管道采用不锈钢材料，因而不易发生脆性断裂和损坏。即使损坏，也不会出现压水堆那样的喷射和闪蒸现象。而且钠不会腐蚀钢的反应器部件，事实上，其可以保护金属免受腐蚀。

钠的主要缺点是它的化学反应性——遇水易燃烧爆炸。这需要特殊的预防措施来防止和抑制火灾。另一个问题是泄漏。高温下的钠与氧气接触会燃烧。这种钠火可以用粉末扑灭，也可以用氮气代替空气来扑灭。

钠冷快堆可用于发电、乏燃料嬗变、城市供热。

### 2.3.6 熔盐堆

熔盐堆是用熔融态的混合盐作为冷却剂的反应堆，系统示意图如图 2.10 所示[24]。该反应堆采用高温熔盐作为冷却剂，具有高温、低压、高化学稳定性、高热容等热物特性，并且无须使用沉重而昂贵的压力容器，适用于建设紧凑、轻量化和低成本的小型模块化反应堆；核燃料既可以是固体燃料棒，也可以溶于主冷却剂中，从而无须制造燃料棒，简化反应堆结构，使燃耗均匀化，并允许在线燃料后处理，燃料利用率高；熔盐堆在超热谱反应堆中产生裂变能，采用熔盐燃料混合循环和完全的锕系再循环燃料。熔盐堆采用无水冷却技术，只需少量的水即可运行，可用于干旱地区实现高效发电。

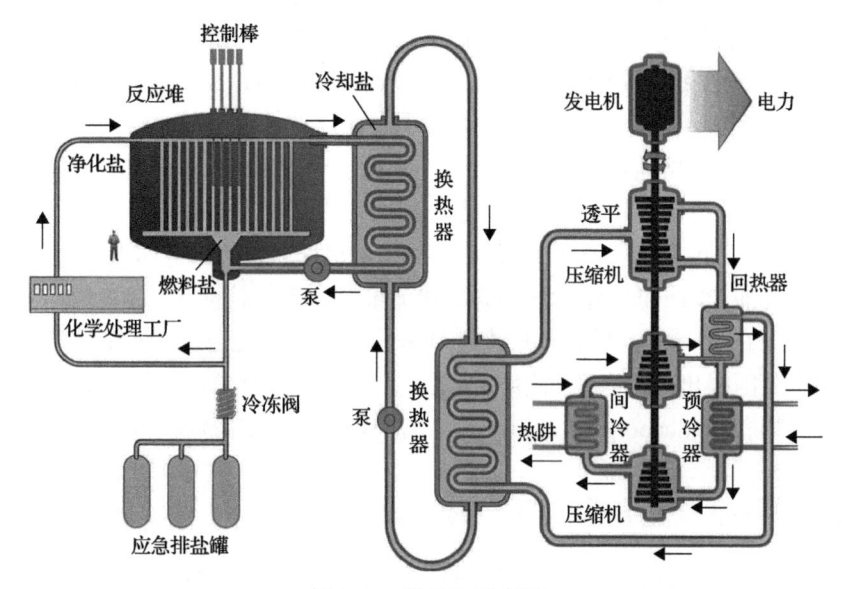

图 2.10 熔盐堆示意图

熔盐堆的历史可以追溯到 20 世纪 50 年代，第二次世界大战后美国橡树岭国家实验室开始负责设计用于核动力太空飞行器的熔盐实验堆 ARE[49]，其使用熔盐作为冷却剂和燃料载体，随后进行了熔盐实验堆的建造与运行[50,51]。液态燃料熔盐堆的各种设计随着熔盐实验堆的建设成功开始发展起来。但是，由于政治性的争论问题，美国原子能委员会(AEC)终止了熔盐堆计划。随后，熔盐堆研究在世界范围内陷入低谷。2001 年开始，提出熔盐单独作为冷却剂用于反应堆的设计，也就是后来的先进高温堆(AHTR)[52]，也称氟盐冷却高温堆。

1954 年，美国橡树岭国家实验室建成第一个液态熔盐堆实验装置飞行器反应堆实验(ARE)，该装置功率为 2.5MWth。1960 年美国橡树岭国家实验室启动 MSRE 设计，堆芯为圆柱形，直径 1.37m，高 1.62m，实际功率为 7.4MWth，主回路的燃料(冷却剂)为 7LiF-BeF$_2$-ZrF$_4$-UF$_4$，中间回路的冷却剂为 FLiBe 盐。1968 年，熔盐实验堆用易裂变材料 $^{233}$U 替代 $^{235}$U，成为第一个使用此种燃料的反应堆。MSRE 在 1965~1969 年运行四年，1970 年，由于政治经济等 MSRE 项目终止。1970~1976 年，美国橡树岭国家实验室进行了一系列关于熔盐增殖反应堆(MSBR)的设计[53,54]，与 ANL 的液态金属快增殖反应堆(LMFBR)进行竞争。2250MWth 的 MSBR 分为单流设计及双流设计。1976～1980 年美国橡树岭国家实验室还开展过非浓缩型熔盐堆[55](DMSR)的研究。DMSR 不需要进行燃料处理，功率密度低，不需要石墨替换，采用一次通过方案，需要提供低浓度铀。1980 年以后，美国对于液态燃料熔盐堆的相关研究进入停滞阶段。

在随后的几十年里，关于液态熔盐堆的研究一直处于理论和实验研究阶段，一些国家相继进行了液态熔盐堆概念设计方面的研究：①法国国家科学研究中心(CNRS)提出的熔盐快堆(MSFR)设计[56]。该设计能够焚烧当前其他反应堆内产生的超铀元素。②日本提出的富士(FUJI)熔盐堆的概念设计[57]。其不需要在线的燃料处理工厂，有较大的负温度反应性系数，结构简单，几乎实现了核燃料的自持循环。③俄罗斯提出燃烧 Pu 和 MAs 的熔盐先进反应堆嬗变器(MOSART)堆，可实现轻水反应堆乏燃料中超铀核素的高效嬗变。④2001 年欧盟的熔盐及熔盐堆技术项目开始建立，由欧洲原子能共同体及其中六个国家参与，评价世界上熔盐堆的发展状况，后续陆续开展了 ALISIA 项目、SUMO 项目、EVOL 计划等。⑤近年来，小型模块化液态堆的设计也层出不穷。例如，加拿大 Terrestrial Energy 公司于 2013 年提出的基于 DMSR(ORNL)设计的 Intergral MSR 一体化熔盐堆设计，采用低富集铀(2%～4%)作为核燃料，单流堆芯布置结构简单；美国 2015 年公布的基于 MSRE 设计的 ThorCon 熔盐反应堆设计采用地下模块化建造，安全性好，且能够实现热能利用；英国提出的静态燃料熔盐堆设计，堆芯内没有泵，依靠对流换热；丹麦提出的西博格废物燃烧(Seaborg waste burner, SwaB)超热谱单流熔盐堆，可装载轻水反应堆卸料及钍燃料。

国际上主要的液态燃料熔盐堆设计参数情况见表 2.17。

表 2.17　国际上主要的液态燃料熔盐堆设计参数

| 堆型(回路数)(快/热谱)(入口/出口温度) | 燃料盐&增殖盐 | 冷却盐 | 慢化剂 | 功率 | 时间 |
| --- | --- | --- | --- | --- | --- |
| ARE(1)(热谱)(860℃运行温度) | $UF_4$ | $ZrF$-$NaF$ | BeO | 2.5MW | 1953～1954 年 |
| MSRE(1)(热谱)(635℃/663℃) | $^7LiF$-$BeF_2$-$ZrF_4$-$UF_4$ | $^7LiF$-$BeF_2$ | 石墨 | 10MW | 1960～1969 年 |
| MSBR(1)(热谱)(566℃/704℃) | $^7LiF$-$BeF_2$-$ThF_4$-$UF_4$ | $NaBF_4$-$NaF$ | 石墨 | 2250MW | 1967～1976 年 |
| MSBR(2)(热谱)(566℃/704℃) | $^7LiF$-$BeF_2$-$UF_4$&$^7LiF$-$ThF_4$-$BeF_2$(blanket fuel) | $NaBF_4$-$NaF$ | 石墨 | 2250MW | 1965～1968 年 |
| MSFR(2)(快谱)(650℃/750℃) | $LiF$-$ThF_4$-$UF_4$&$LiF$ $ThF_4$(blanket fuel) | — | — | 3GW | 2009 年至今 |
| MSFR(2)(快谱)(650℃/750℃) | $LiF$-$ThF_4$-$TRUF_4$&$LiF$ $ThF_4$(blanket fuel) | — | — | 3GW | 2009 年至今 |
| FUJI-12(1)(热谱)(567℃/707℃) | $LiF$-$BeF_2$-$ThF_4$-$U(Pu)F_4$ | $NaBF_4$-$NaF$ | 石墨 | 350MW | 1980 年至今 |

续表

| 堆型(回路数)(快/热谱)<br>(入口/出口温度) | 燃料盐&增殖盐 | 冷却盐 | 慢化剂 | 功率 | 时间 |
|---|---|---|---|---|---|
| MOSART1(1)(快谱)<br>(600℃/720℃) | $LiF-BeF_2-TRUF_3$ | $LiF-NaF-BeF_2$ | — | 2400MW | 2001年至今 |
| MOSART2(2)(快谱)<br>(600℃/720℃) | $LiF-BeF_2-TRUF_3$&$LiF\\BeF_2-ThF_4$(blanket fuel) | $LiF-NaF-BeF_2$ | — | 2400MW | 2001年至今 |

目前中国科学院上海应用物理研究所是国内唯一一家发展熔盐堆技术的单位[58]。其他一些研究单位如上海核工程研究设计院股份有限公司、西安交通大学等对熔盐堆的特性进行了相关基础研究，并没有熔盐堆建造的计划。中国科学院上海应用物理研究所在武威已建成2MW液态熔盐实验堆，目前该实验堆已实验临界并达到满功率。

液态燃料熔盐堆最主要的特性包括：高温；近常压操作；燃料的流动性；可在线添加燃料；可在线/在位去除裂变产物；熔盐物理和化学稳定性；大的比热容；大的燃料温度裕度。液态燃料熔盐堆在堆设计上的特点和性能如下所述。

(1) 高温。可以使用效率更高的超临界水循环发电系统及布雷顿循环系统；但对于高温材料有研发上的需求。

(2) 近常压操作。熔盐的沸点高至1400℃左右，熔盐堆堆内环境为近常压，这将带来如下好处：极大地降低主容器、堆内构件及安全壳等的承压需求，节省部件成本；一些在水堆内发生的事故将可以得到避免，如大破口及双端断裂事故、管道破口导致的冷却剂闪蒸喷发现象等。

(3) 燃料的流动性。极大地简化装料机构和卸料机构，有利于堆的简单化设计和模块化设计；燃料盐排卸装置可作为一套专设安全设施用于停堆控制和余热排出的解决方案。

(4) 可在线添加燃料。可在线添加燃料，反应堆运行时需要的后备反应性低，可极大降低对于反应性控制系统的需求，可提高中子经济性，有利于实验高转换比和核燃料的增殖。

(5) 可在线/在位去除裂变产物。第一层为Xe等气体的在线去除，可在一定程度上提高中子经济性，降低对于反应性控制系统的需求；第二层为部分固态裂变产物的在线(或在位)去除，可提高中子经济性，有利于实验高转换比和核燃料的增殖。

(6) 熔盐物理和化学稳定性。熔盐可作为反应堆的一层安全屏障，熔解滞留大部分裂变产物，特别是气态裂变产物(如 $^{137}Cs$、$^{131}I$ 等)，降低事故对环境的影响；事故情况下，不与其他物质作用，防止新的衍生事故发生，如水堆在高温下锆-水反应产氢的事故、钠冷快堆的钠-水反应带来的火灾等。

(7) 大的热容。液态燃料熔盐堆整堆热容大，事故情况下温度上升缓慢，可以延缓事故发展进程，降低热冲击对部件的影响。

固态燃料熔盐堆主要用于发电、高温制氢。液态燃料熔盐堆主要用于发电、核废料嬗变、核燃料增殖。

## 参 考 文 献

[1] Organisation for Economic Co-Operation and Development, Nuclear Energy Agency(OECD/NEA), Generation IV

International Forum (GIF). Technology road-map update for generation Ⅳ nuclear energy systems[R/OL]. (2014-01-15) [2024-01-30]. https://www.osti.gov/etdeweb/biblio/22252335.

[2] 闫淑敏. 第一代到第四代反应堆[J]. 国外核新闻, 2004 (4): 31-33.

[3] World Nuclear Association. Word nuclear performance report 2022[R/OL]. (2022-07-01) [2024-01-30]. https://www.caea.gov.cn/n6760341/ n6760359/c6840761/attr/7197450.pdf.

[4] 朱继洲, 俞保安. 压水堆核电站的运行[M]. 北京: 中国原子能出版社, 1982.

[5] 里天, 高至. 能源宝库的明珠: 核能发电浅谈[M]. 北京: 中国原子能出版社, 1981.

[6] 夏延龄, 周一东, 黄兴蓉. 核电厂核蒸汽供应系统[M]. 北京: 中国原子能出版社, 2010.

[7] 陈听宽, 章燕谋, 温龙. 新能源发电[M]. 北京: 机械工业出版社, 1982.

[8] 中国核能行业协会. 全国核电运行情况 (2021 年 1-12 月). (2022-01-27) [2024-01-30]. https://china-nea.cn/site/content/39991.html.

[9] 荣健, 刘展. 先进核能技术发展与展望[J]. 原子能科学技术, 2020, 54 (9): 1638-1643.

[10] IAEA. Status of Small Reactor Designs without On-site Refueling[R]. Vienna: IAEA-TECDOC-1536, 2007.

[11] 罗晓秋, 刘伟东, 王放. 核电小堆发展现状及前景展望[J]. 东方电气评论, 2021, 35 (4): 85-88.

[12] 李雪峰, 雷梅芳. 第四代核能系统的产生与发展[J]. 中国核工业, 2018 (2): 29-32.

[13] 哈琳. 六种第四代核反应堆概念[J]. 国外核新闻, 2003 (1): 15-19.

[14] Generation IV International Forum (GIF). GIF R&D outlook for generation Ⅳ nuclear energy systems[R/OL]. (2009-08-21). http://large.stanford.edu/courses/2015/ph240/chen-v2/docs/gif-2009.pdf.

[15] Generation IV International Forum (GIF). GIF R&D outlook for generation Ⅳ nuclear energy systems[R/OL]. (2018-07-01). http://large.stanford.edu/courses/2015/ph240/chen-v2/docs/gif-2009.pdf.

[16] 刘志铭, 丁亮波. 世界小型核电反应堆现状及发展概况[J]. 国际电力, 2005 (6): 27-31.

[17] 张浩, 王建建. 小型反应堆发展现状及推广分析[J]. 中外能源, 2020, 25 (10): 26-30.

[18] IAEA. Advances in small modular reactor technology developments[R]. Vienna: IAEA, 2014.

[19] IAEA. Advances in small modular reactor technology developments[R]. Vienna: IAEA, 2018.

[20] IAEA. Advances in small modular reactor technology developments[R]. Vienna: IAEA, 2020.

[21] Ingersoll D T. Small modular reactors (SMRs) for producing nuclear energy: International developments//Handbook of Small Modular Nuclear Reactors[M]. Duxford: Woodhead Publishing, 2015:27-43.

[22] NuScale Power, LLC. Status Report—NuScale SMR[R]. Portland: United States of America: NuScale Power, 2020.

[23] 张国旭, 解衡, 谢菲. 小型模块式压水堆设计综述[J]. 原子能科学技术, 2015, 49 (S1): 40-47.

[24] Pedraza J M. Small Modular Reactors for Electricity Generation[M]. Vienna: Springer International Publishing, 2017.

[25] 吴宗鑫, 张作义. 世界核电发展趋势与高温气冷堆[J].核科学与工程, 2000 (3): 211-219, 231.

[26] 周苏军,王迎苏,池金铭. 高温气冷堆发电技术的发展和应用前景[J].中国电力, 2001 (12):11-13.

[27] 赵木, 马波, 董玉杰. 球床模块式高温气冷堆核电站特点及推广前景研究[J]. 能源环境保护, 2011, 25 (5): 1-4.

[28] 张浩, 王建建. 模块式高温气冷堆的技术背景及展望[J]. 中国核电, 2021, 14 (3): 419-422.

[29] 王寿君, 齐中英. 高温气冷堆示范电站一回路舱室区域模块化设计研究[J]. 原子能科学技术, 2013, 47 (9): 1614-1619.

[30] Ingersoll D T, Carelli M D. Handbook of Small Modular Nuclear Reactors[M]. Duxford: Woodhead Publishing, 2015.

[31] Petrochenko1 V, Toshinsky G, Komlev O. SVBR-100 nuclear technology as a possible option for developing countries[J]. Nuclear Science and Technology, 2015, 3: 221-232.

[32] 刘泽军, 郑颖. 俄罗斯模块化铅铋冷快堆技术特点及其安全特性[J]. 核科学与技术, 2016, 4: 103-111.

[33] 伍浩松, 李晨曦. 美企公布升级版 IMSR 小堆电厂设计[J]. 国外核新闻, 2021 (10): 8.

[34] Samalova L, Chvala O, Maldonado G I. Comparative economic analysis of the integral molten salt reactor and an advanced PWR using the G4-ECONS methodology[J]. Annals of Nuclear Energy, 2017, 99: 258-265.

[35] Yan X L. Very high temperature reactors// Handbook of Generation IV Nuclear Reactors[M]. Duxford: Woodhead Publishing, 2016: 55-90.

[36] Singh O P. Chapter 12-Nuclear reactors of the future[J]. Physics of Nuclear Reactors, 2021: 695-746.

[37] Wang J. An integrated performance model for high temperature gas cooled reactor coated particle fuel[D]. Nuclear Engineering at the Massachusetts Institute of Technology, 2004.

[38] Kadak A C. A future for nuclear energy: Pebble bed reactors[J]. Critical Infrastructures, 2005, 1(4): 330-345.

[39] Buongiorno J, MacDonald P E. Supercritical-water-cooled reactor(SCWR)[R]. Idaho Falls: Idaho National Engineering and Environmental Laboratory, INEEL/EXT-03-01210, 2003.

[40] Schulenberg T, Leung L. Supercritical Water Cooled Reactor[M]// Handbook of Generation IV Nuclear Reactors. Duxford: Woodhead Publishing Series in Energy, 2016:189-220.

[41] Weaver K D. Interim status report on the design of the gas-cooled fast reactor(GFR)[R]. Idaho Falls: Idaho National Engineering and Environmental Laboratory, 2005.

[42] Tsvetkov P V. Gas-cooled Fast Reactor[M]// Handbook of Generation IV Nuclear Reactors. Duxford: Woodhead Publishing Series in Energy, 2016:91-96.

[43] NEA. Handbook on Lead-bismuth Eutectic Alloy and Lead Properties, Materials Compatibility, Thermal-hydraulics and Technologies[M]. Paris: OECD Publishing, 2015.

[44] Toshinsky G I, Dedul1 A V, Komlev O G, et al. Lead-bismuth and lead as coolants for fast reactors[J]. Nuclear Science and Technology, 2020(2): 65-75.

[45] Allen T R, Crawford D C. The lead-cooled fast reactor systems and the fuels and materials challenge[J]. Science and Technology of Nuclear Installations, 2007.

[46] Smith C F, Cinotti L. Lead cooled fast reactors//Handbook of Generation IV Nuclear Reactors[M]. Duxford: Woodhead Publishing Series in Energy, 2016:119-155.

[47] Ohshima H, Kubo S. Sodium-cooled fast reactors// Handbook of Generation IV Nuclear Reactors[M]. Duxford: Woodhead Publishing Series in Energy, 2016:97-118.

[48] Chikazawa Y, Kotake S, Sawada S. Comparison of advanced fast reactor pool and loop configurations from the viewpoint of construction cost[J]. Nuclear Engineering and Design, 2011, 241: 378-385.

[49] ORNL. Operation of the aircraft reactor experiment[R]. Oak Ridge: ORNL-1845, ORNL, 1955.

[50] Haubenreich P N. Molten salt reactor experiment[R]. Oak Ridge: ORNL-4344, ORNL, 1969.

[51] Scott D, Grindell A G. Components and systems development for molten-salt breeder reactors[R]. Oak Ridge: ORNL-TM-1855, ORNL, 1967.

[52] Forsberg C W, Peterson P F, Pickard P S. Molten-salt-cooled advanced high-temperature reactor for production of hydrogen and electricity[J]. Nuclear Technology, 2003, 144(3): 289-302.

[53] Robertson R C, Briggs R B, Smith O L, et al. Two-fluid molten-salt breeder reactor design study[R]. Oak Ridge: ORNL-4528, ORNL, 1970.

[54] Robertson R C. Conceptual design study of a single-fluid molten-salt breeder reactor[R]. Oak Ridge: ORNL-4541, ORNL, 1971.

[55] Engel J R, Bauman H F, Dearing J F, et al. Conceptual design characteristics of a denatured molten-salt reactor with once-through fueling[R]. Oak Ridge: ORNL/TM-7207, ORNL, 1980.

[56] Merle-Lucotte E, Heuer D, Le Brun C, et al. The TMSR as actinide burner and thorium breeder[R]. Grenoble: LPSC/INZPS/CNRS-INPG/ENSPG-UJF, 2007.

[57] Furukawa K, Minami K, Mitachi K, et al. Compact molten-salt fission power stations(FUJI-series)and their developmental program[J]. ECS Proceedings Volumes, 1987, 7: 896-905.

[58] Zhang D. Generation IV concepts: China// Handbook of Generation IV Nuclear Reactors[M]. Duxford: Woodhead Publishing, 2016: 373-411.

# 第 3 章

# 熔盐物理化学和熔盐储热

## 3.1 熔盐的种类

熔融盐(简称熔盐)是无机盐的熔融态,一般是由碱金属和碱土金属等的阳离子与卤化物、硝酸根、碳酸根、硫酸根等阴离子组成的离子熔体。表 3.1 和表 3.2 分别按照元素所在主族(A)和副族(B)分类,总结了构成熔盐的主要阳离子和阴离子。

表 3.1 构成熔盐的主要阳离子

| 主要元素所在族 | 主要阳离子 | | | | |
|---|---|---|---|---|---|
| ⅠA | 锂($Li^+$) | 钠($Na^+$) | 钾($K^+$) | 铷($Rb^+$) | 铯($Cs^+$) |
| ⅡA | 铍($Be^{2+}$) | 镁($Mg^{2+}$) | 钙($Ca^{2+}$) | 锶($Sr^{2+}$) | 钡($Ba^{2+}$) |
| ⅢA | 硼($B^{3+}$) | 铝($Al^{3+}$) | | | |
| ⅣA | 锗($Ge^{4+}$) | 锡($Sn^{2+}$) | 锡($Sn^{4+}$) | 铅($Pb^{2+}$) | 铅($Pb^{4+}$) |
| ⅤA | 砷($As^{3+}$) | 锑($Sb^{3+}$) | 铋($Bi^{3+}$) | | |
| ⅠB | 铜($Cu^+$) | 铜($Cu^{2+}$) | 银($Ag^+$) | | |
| ⅡB | 锌($Zn^{2+}$) | 锌($Zn^{4+}$) | 镉($Cd^+$) | 镉($Cd^{2+}$) | |
| ⅢB | 钪($Sc^{3+}$) | 钇($Y^{3+}$) | | | |
| ⅣB | 钛($Ti^{4+}$) | 锆($Zr^{4+}$) | | | |
| ⅤB | 钒($V^{3+}$) | 钒($V^{5+}$) | 铌($Nb^{5+}$) | | |
| ⅥB | 铬($Cr^{2+}$) | 铬($Cr^{3+}$) | 铬($Cr^{4+}$) | | |
| ⅦB | 锰($Mn^{2+}$) | 锰($Mn^{3+}$) | | | |
| Ⅷ | 铁($Fe^{2+}$) | 铁($Fe^{3+}$) | 钴($Co^{2+}$) | 钴($Co^{3+}$) | 镍($Ni^{2+}$) |

表 3.2 构成熔盐的主要阴离子

| 主要元素所在族 | 主要阴离子 | | | | |
|---|---|---|---|---|---|
| ⅦA | 氟($F^-$) | 氯($Cl^-$) | 溴($Br^-$) | 碘($I^-$) | 氯酸根($ClO_3^-$) |
| ⅥA | 氧($O^{2-}$) | 硫($S^{2-}$) | 硒($Se^{2-}$) | 碲($Te^{2-}$) | 硫酸根($SO_4^{2-}$) |
| ⅤA | 硝酸根($NO_3^-$) | 亚硝酸根($NO_2^-$) | 磷酸根($PO_4^{3-}$) | 多磷酸根($P_xO_y^{-2y+5x}$) | |

续表

| 主要元素所在族 | 主要阴离子 | | | | |
|---|---|---|---|---|---|
| ⅣA | 碳酸根<br>($CO_3^{2-}$) | 硅酸根<br>($SiO_4^{4-}$) | 偏硅酸根<br>($SiO_3^{2-}$) | 二硅酸根<br>($Si_2O_5^{2-}$) | 多硅酸根<br>($Si_xO_y^{-2y+4x}$) |
| Ⅲ | 硼酸根<br>($BO_3^{3-}$) | 多硼酸根<br>($B_xO_y^{-2y+3x}$) | | | |
| ⅥB | 铬酸根<br>($CrO_4^{2-}$) | 重铬酸根<br>($Cr_2O_7^{2-}$) | 钼酸根<br>($MoO_4^{2-}$) | 重钼酸根<br>($Mo_2O_7^{2-}$) | 钨酸根<br>($WO_4^{2-}$) | 重钨酸根<br>($W_2O_7^{2-}$) |

根据阴离子分类，常见的熔盐可分为氟化物熔盐、氯化物熔盐、硫酸熔盐、硝酸熔盐和碳酸熔盐。下面以碱金属熔盐和碱土金属熔盐为例进行分析。一般来说，单一的氟化物熔盐（LiF、NaF、KF、BeF$_2$、MgF$_2$、CaF$_2$）的工作温度范围为 900~1200℃，具有较高的熔点和熔化热，且氟化物熔盐与结构材料的相容性较好。但氟离子有毒，氟化物熔盐在固-液转变时体积变化较大，应尽量在闭合系统中操作使用。氯化物熔盐的种类繁多、储量丰富、成本低廉、蓄热能力大，可按照要求制成不同熔点的混合盐，其工作温度可达到 1000℃甚至更高。但氯化物熔盐，特别是碱土金属氯化物（MgCl$_2$、CaCl$_2$ 等）易挥发、易潮解，导致其在高温下对结构材料的腐蚀性强，热稳定性有待提高。大多数硫酸熔盐都很稳定，加热时不易分解（热分解温度大于 860℃），但其流动性较碱金属氯化物熔盐差，如 Na$_2$SO$_4$ 的黏度 4.63cP[①]（1187K）远大于 NaCl 的黏度 0.88cP（1150K）。碱金属硝酸熔盐（KNO$_3$-NaNO$_3$ 和 KNO$_3$-NaNO$_3$-NaNO$_2$ 等）的熔点低、比热容大、腐蚀性低，工作温度一般为 150~600℃，现已被广泛应用于工业余热回收和太阳能热发电等领域。碳酸熔盐的腐蚀性小、密度大，使用温度高达 800~1000℃，非常适合作为高温传蓄热介质。但碳酸熔盐高温易分解、熔点高、黏度大等特点在一定程度上限制了其应用。

## 3.2 熔盐的物理化学性质

大气压下物质由固态转化为液态的温度称为熔点（$T_m$）。具有明显的熔点是晶体物质特别是无机盐的一种特征。结晶是与熔融相反的过程，是熔盐由液态向固态的转变，也是在严格固定的温度下进行的。熔点和结晶温度（或初晶点）均称为相变温度，单位为开尔文（K），二者可通过差示扫描量热仪（DSC）测量得到。纯盐的熔点和初晶点完全相同。盐的相变温度与晶格的牢固程度有关，归根到底是与形成该晶格的各离子键的性质有关。晶体达到其熔点时，其离子间排列的远程规律逐渐消失，只留下熔体所具有的近程规律；而熔体结晶时呈现远程规律，恢复其原有的硬度[1-3]。

如果说盐的熔点定性地表明了盐类由固态转变为液态的难易程度，那么沸点（$T_b$，单位为 K）则表明盐类由液态转化为气态的难易程度。由于盐类蒸发成气相时，是以单个分

---

① 1cP=10$^{-3}$Pa·s。

子逸出，温度的升高能促进熔盐内部结构趋向于分子类型的结构。在蒸发过程中，每个离子对都应该先克服熔体中相邻离子的吸引力，而这种力随着离子电荷数的增加及离子半径的减小而增大。极化作用会导致离子间键能削弱，沸点降低。比如，F⁻对于大体积Cs⁺的极化作用，使得其沸点低于LiF。另外，饱和蒸气压($P$)是物质的一种特征常数，是当相变过程达到平衡时物质的蒸气压力，单位为帕斯卡，简称帕(Pa)。因为熔盐体系各组分的挥发性不同，测定中很难长时间地维持成分恒定，且大多数熔盐的蒸气压较低，故常采用沸点法、相变法和气流携带法测定其蒸气压。熔盐的蒸气压随液相组成而变化，蒸气压越高，沸点越低。

固态盐在熔化时要消耗一定的热量，而单位质量的固态物质在熔点时变成同温度的液态物质所需吸收的热量称为熔化潜热($\Delta H_f$)，单位为焦耳每克(J/g)；同理，熔盐结晶时则向周围介质放出等量的热，称为凝结潜热。对DSC曲线中的吸热峰和放热峰积分可以分别得到熔化和凝结潜热，但实际测试中，由于加热过程某些组分或杂质挥发，二者往往略有差别。比热容($c$)是使1g物质升高1K时所必须供给的热量，单位为焦耳每克开尔文[J/(g·K)]；根据加热条件的不同，可以将比热容分为定容比热容($c_v$)和定压比热容($c_p$)。在定容情况下，传给物质的热仅用于提高其内能；而在定压情况下，物质增高内能除了要消耗热以外，还会因物质升温膨胀而反抗外压做功，所以$c_v$比$c_p$小。比热容也可以通过DSC直接测量得到。由于固态盐加热时体积变化不大，两种比热容的数值相差很小。此外，物质的热容并不恒定，而是随温度变化呈非线性变化。在工业应用中，通常在某一温度范围内采取平均热容来计算热容。

密度($\rho$)是单位体积的质量，单位为克每立方厘米(g/cm³)，是熔盐基本的物理化学性质之一，无论是在生产实践中还是在理论研究中都具有重要的意义。例如，在熔盐电解中电解质与金属液体的分离，火法冶金中不同熔体间的分层，生产中许多动力学现象，以及理论模型的初步校验都与熔盐的密度密切相关。对于大部分纯熔盐来说，密度与温度存在线性关系。采用阿基米德法和最大气泡法两种方法测得熔盐密度，一方面可以相互验证测量结果的准确性，另一方面可以根据实际的实验条件和研究需求选择合适的测量方法。纯熔盐的密度与温度呈平方关系，如$K_2WO_4$和$K_2MoO_4$。黏度与密度类似，表征熔盐的流变性质，表现为一种抗拒熔体流动的内部摩擦力或黏滞阻力。动力黏度($\eta$)定义为单位速度梯度下作用在单位面积流质层上的切应力，单位为帕斯卡秒(Pa·s)，工程上常用厘泊(cP)表示。在实际生产中，金属液滴及固体粒子是否滞留在熔盐中与熔盐黏度的大小直接相关，黏度大的熔盐电解质不能应用于金属的电解、熔炼及精炼中，因为溶质粒子被熔盐包裹很难分离出来。大的黏滞阻力也会造成压头损失，使熔盐泵组的功耗增加，消耗的能量转变成热量，导致液压系统温度升高，熔盐性能变差。适合测定熔盐黏度的方法有毛细管法、扭摆法、旋转柱体法和落球法。另外，黏度与熔盐的组成及结构有一定的关系，且黏度大的熔盐常常具有较低的电导率。

熔盐的电导率($\lambda$)与离子的运动直接相关，取决于离子的本性和离子间的相互作用。研究熔盐的电导率有助于了解熔盐的结构。摩尔电导率是指把含有1mol电解质的溶液置于相距为单位距离的电导池的两个平行电极之间，这时所具有的电导，符号为$\sigma_m$。在实际应用中，熔盐电解在一定电流密度和温度下进行时，电导率越大，两极间距离越大，电流效率越高；并且在相同极间距离下，提高熔盐的电导率可以降低电能能耗。熔盐的电导率与离子半径相关：离子半径越小，离子迁移的电流越大，电导率越高；温度升高，离子动能增加，单位体积内导电离子的数目增加，黏度下降，离子运动受到的阻力减小，更容易克服离子间的吸引力，便于在电场的作用下移动，使离子电导率增加。熔盐的电导率常常用高频交流电桥法测定，熔盐具有较大的腐蚀性，所以在测定电导率时除了需要选择耐腐蚀的容器外，必须对电导池的设计给予特别的注意，如要求有较大的电导池常数。

熔体表面的质点受到一个指向熔体内部的合力作用，若要增大熔体的表面积，就要克服离子间的吸引力，而产生 $1cm^2$ 新表面积时所做的功就是表面张力$(\sigma)$，单位为牛每米(N/m)。熔盐表面层的质点比内部的质点具有更多的能量，这个多余的能量称为表面能。在金属的冶炼过程中，金属和炉渣的界面、电解质与金属的界面、电解质与电极的界面等在许多情况下都起着非常重要的作用。而几乎所有的冶炼反应都是多相反应，界面性质对界面反应及物质通过界面的扩散和迁移都有明显的影响。研究表面张力可以帮助了解界面的反应机理，提供熔盐中质点间的作用力及熔盐表面结构。一般来说，温度升高导致各粒子间的距离增大，相互间的作用力减弱，熔盐的表面张力逐渐减小。表面张力和熔盐组成、晶体结构及晶格能密切相关，即使只存在微量溶质，对熔盐的表面性质也有很大的影响。晶格能越大，表面张力的值越大。此外，表面张力与离子半径有关，阳离子半径越大，盐类的表面层中聚集的离子数目就越少，处于熔体内部的离子对于表面离子的吸引力越小，表面张力就越小。常用的表面张力测定方法有气泡最大压力法和静滴法，对于硅酸盐体系，常用拉筒法和滴量法。

热导率$(\kappa)$又称导热系数，单位为瓦特每米开尔文[W/(m·K)]，是熔体的重要热物性参数之一，表征熔体的热传导能力。在换热器的设计、热力过程工作介质的选择中均有重要的意义。热导率定义为物体内部垂直于导热方向取两个相距 1m 的平行平面，两个平面的温度相差 1K，在单位时间内通过单位水平截面积所传递的热量。测量热导率的方法可以分为稳态法和非稳态法：稳态法是指待测试样的温度场分布达到稳定状态后进行实验测量，可直接得到材料的热导率，测量的公式虽简单，但实验时间长；非稳态法是指在试样温度随时间变化的过程中测量，只能间接得到材料的热导率，测量的公式一般比较复杂，但实验时间短。对于熔盐体系的热导率测量最常用的是激光闪光法，热导率一般与温度无关。

熔盐虽是液体，却有诸多不同于水、有机溶液和液态金属的性质。表 3.3 中列出了几种熔盐(773K)和 Na(773K)、Hg(573K)液态金属，以及由联苯及二苯醚以 26.5wt%:73.5wt%混合而成的有机液体导热姆(DOWTHERM)(623K)与蒸馏水(298K)之间理化性质的比较，其中黏度的单位为厘泊(cP)，表面张力的单位为毫牛每米(mN/m)。另外，$NaNO_3$-$KNO_3$-$NaNO_2$(NNaKNa, 7mol%:44mol%:49mol%[①])、KCl-$MgCl_2$(ClKMg, 68mol%:32mol%)和 NaCl-KCl-$MgCl_2$(ClNaKMg, 33.0mol%:21.6mol%:45.4mol%)为光热发电系

---

① mol%表示摩尔分数。

统中不同温度段的候选盐，Li$_2$CO$_3$-Na$_2$CO$_3$-K$_2$CO$_3$（CLiNaK，41mol%：36mol%：23mol%）由熔融碳酸盐燃料电池（MCFC）的电解质组成，LiF-NaF-KF（FLiNaK，46.5mol%：11.5mol%：42mol%）和 LiF-BeF$_2$（FLiBe，66mol%：34mol%）为工业中熔融盐炉和熔盐堆的介质体系。从表 3.3 中可见，熔盐具有较宽的使用温度范围、较高的沸点、较低的饱和蒸气压、较大的熔化热和密度、较低的黏度、良好的导电和导热性能。此外，熔盐还具有高温下的热稳定性和化学稳定性及溶解各种物质（金属、裂变产物等）的能力。

表 3.3 熔盐与液态金属、有机溶剂和水的理化性质比较[4-8]

| 物质 | $T_m$/K | $T_b$/K | $P$/Pa | $\Delta H_f$/(J/g) | $c_p$/[J/(g·K)] | $\rho$/(g/cm$^3$) | $\eta$/(Pa·s) | $\lambda$/(S/m) | $\sigma$/(N/m) | $\kappa$/[W/(m·K)] |
|---|---|---|---|---|---|---|---|---|---|---|
| NNaKNa | 415 | >923 | — | 82.0 | 1.560 | 1.790 | 1.3~1.6 | — | 107 | 0.51~0.61 |
| CLiNaK | 672 | >873 | — | 250.2 | 1.730 | 2.017 | 2.0 | 3.927 | 234 | 0.55 |
| ClKMg | 708 | 1691 | <1.3×10$^4$ | 205.9 | 1.159 | 1.664 | 1.4 | 0.871 | 86 | 0.40 |
| ClNaKMg | 656 | >1173 | — | 280.0 | 1.145 | 1.820 | 2.1 | — | — | 0.71 |
| FLiNaK | 727 | 1843 | 10(1100K)* | 403.8 | 1.883 | 2.020 | 2.9 | 1.023 | 195 | 0.92 |
| FLiBe | 733 | 1730 | 3.8×10$^{-3}$ | 447.9 | 2.414 | 1.940 | 5.6 | 1.540 | 200 | 1.00 |
| Na | 371 | 1156 | 10$^{-4}$~10$^{-3}$ | 114.7 | 1.078 | 0.820 | 0.2 | 2.1×10$^7$ | 157 | 62.00 |
| Hg | 234 | 630 | 400(600K) | 11.3 | 0.135 | 12.880 | 1.5 | 10 | 470 | 13.80 |
| DOWTHERM | 285 | 531 | 4.8×10$^5$ | 206.4 | 2.500 | 0.750 | 0.2 | 9.7×10$^{-5}$ | 98 | 0.08 |
| 蒸馏水 | 273 | 373 | 8.6×10$^6$ | 334.0 | 4.184 | 1.000 | 1.0 | 5.0×10$^{-6}$ | 73 | 0.89 |

*表中除以加括注的之外，有关指标均是在正文所述的温度下测得的。

## 3.3 熔盐相图

熔盐相图是用图形的方式表示熔盐体系处于热力学平衡状态下的各相关系，研究熔盐体系处于相平衡状态下熔盐各相如何随温度、压力、熔盐组分等变量变化而发生改变，对基础科学研究和现实应用具有重要意义。例如，熔盐堆用一回路燃料盐（如 LiF-BeF$_2$-ThF$_4$-UF$_4$ 或 LiF-BeF$_2$-ZrF$_4$-UF$_4$）配比的设计，需根据堆用熔盐相图而设计出合理的熔盐配比。多种天然熔盐（如盐湖盐、海盐等）或人工合成的熔盐（如硅酸盐如陶瓷、水泥等）主要是多相系统，开发、设计并利用属于多相的熔盐体系，都需参考熔盐的相平衡知识。

### 3.3.1 相平衡原理

处于相平衡状态的熔盐体系，具有相同的温度（$T$）、压力（$P$），且任何一种物质在含有该物质的各个相的化学势（$\mu$）相等，此时体系的吉布斯（Gibbs）自由能最低。多相平衡分为固-气平衡、液-气平衡和固-液平衡，这里主要介绍固-液平衡。熔盐体系的相平衡遵从吉布斯相律[9-13]，即

$$f + \Phi = C + n \tag{3.1}$$

式中，$f$ 为自由度；$\varPhi$ 为相数；$C$ 为独立组分数；$n$ 为能够影响体系相平衡的个数，如温度、压力、磁场、重力场等。若体系的平衡状态只受温度、压力两个外界因素影响（大多熔盐体系的确如此），则 $n=2$，相律表示为

$$f + \varPhi = C + 2 \tag{3.2}$$

一般熔盐体系中，外界压强对相平衡状态的影响很小，此时可看作只有温度是影响体系相平衡的外界因素，则 $n=1$，相律表示为

$$f^* + \varPhi = C + 1 \tag{3.3}$$

式中，$f^*$ 为条件自由度。从式(3.1)可以得到，自由度数随着独立组分数的增加而增加，而随着相数的增加而减少。一个熔盐体系处于相平衡状态，自由度数会有差别。若自由度数为 3，表示在 $P\text{-}T\text{-}x$ 空间中有三个参量可独立变化，称为三变平衡；若自由度数为 2，表示在 $P\text{-}T\text{-}x$ 空间中只有两个参量可独立变化，故称为双变平衡；若自由度数为 1 和 0，分别称为单变平衡和零变平衡。

### 3.3.2 熔盐相图分类

熔盐体系可经历熔融、转熔、液相分层、析晶、生成化合物等多种过程。一个复杂的熔盐体系是由几个基本二元相图组合而成。二元相图不仅是研究多元熔盐相图的重要基础，也是研究其热力学与热化学性质的重要理论工具。本部分主要介绍常见的二元熔盐相图类型。

1) 匀晶相图

两个组元的液相与固相都完全互溶，并形成全温度范围内的置换固溶体，如 ThF$_4$-UF$_4$、KF-RbF、CsF-RbF、KCl-RbCl 都为匀晶体系。ThF$_4$-UF$_4$ 二元熔盐相图见图 3.1。此外，若二元熔盐体系的液相和固相混合焓的数值较大，会出现极值型匀晶相图，即

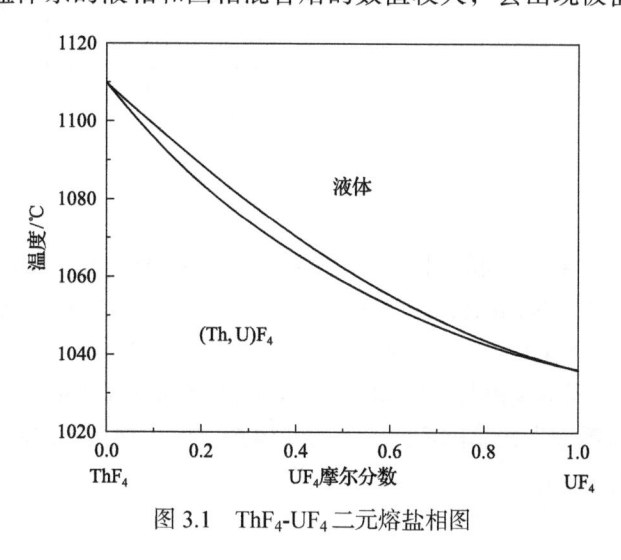

图 3.1 ThF$_4$-UF$_4$ 二元熔盐相图

极大值匀晶相图与极小值匀晶相图。具有极小值的体系有 $UCl_3$-$PuCl_3$、LiCl-LiBr。图 3.2 为 $UCl_3$-$PuCl_3$ 二元熔盐相图。另外，LiCl-NaCl、NaCl-KCl、LiBr-NaBr、KI-NaI 也为极小值匀晶体系，不过这些熔盐体系的固相却不完全互溶，如图 3.3 所示。

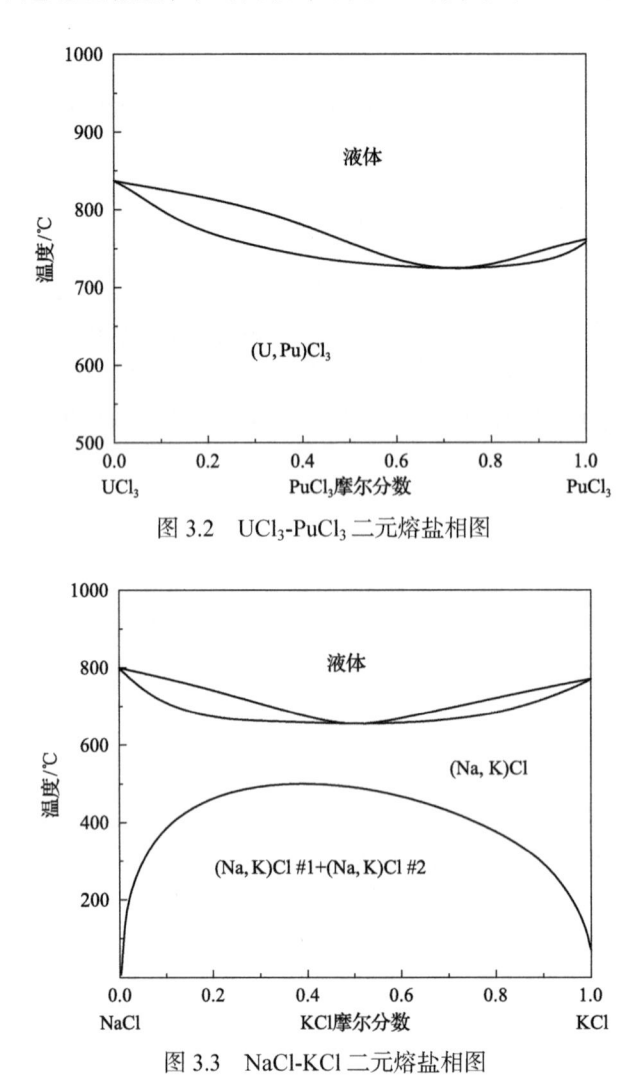

图 3.2 $UCl_3$-$PuCl_3$ 二元熔盐相图

图 3.3 NaCl-KCl 二元熔盐相图

2) 共晶相图

一个液相分解为两个不同的固相，共晶反应为 $L \longleftrightarrow \alpha + \beta$。NaF-RbF、NaF-CsF、CsCl-NaCl、KBr-LiBr、NaBr-RbF、CsBr-NaBr、KI-LiI、CsI-NaF、LiCl-LiF、LiBr-LiF、LiF-LiI、NaBr-NaF、NaCl-$NaNO_3$、NaCl-$Na_2SO_4$、$NaNO_3$-$Na_2SO_4$ 都为简单共晶体系，图 3.4 为 NaF-RbF 二元熔盐相图。NaF-KF、CsF-KF、NaCl-RbCl、$MgCl_2$-$CaCl_2$、CsBr-KBr、NaI-RbI、CsI-KI 体系也为共晶体系，不过这些体系在固相存在一定的固溶度。图 3.5 为 $MgCl_2$-$CaCl_2$ 二元熔盐相图。

图 3.4 NaF-RbF 二元熔盐相图

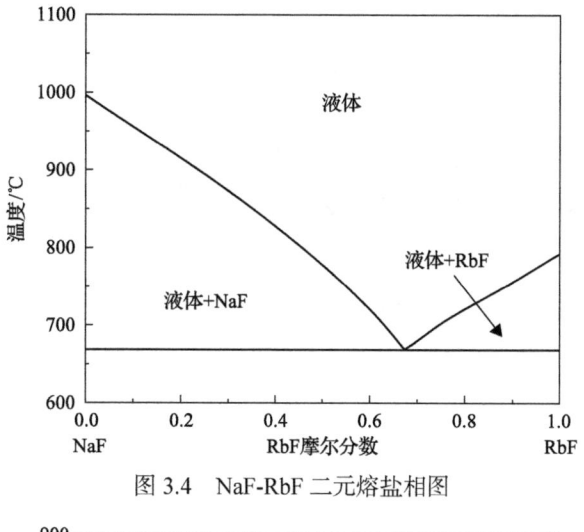

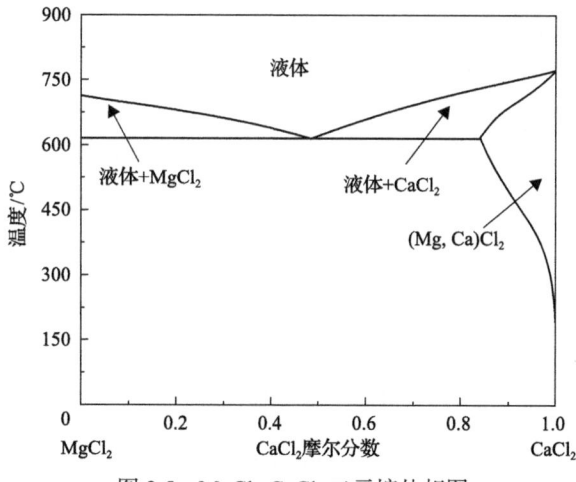

图 3.5 MgCl₂-CaCl₂ 二元熔盐相图

形成具有中间相的相图：两个纯组元 A、B 会形成一个中间相 $A_mB_n$。根据该中间相的熔化行为可将其分为一致熔化和不一致熔化。具有一致熔化的中间化合物具有特定的熔点，该中间相的液相组成与固相组成是一致的，即 L ⟷ $A_mB_n$；若把中间相 $A_mB_n$ 看成一个组元，则 A-B 相图分解为 A-$A_mB_n$ 与 A-$A_mB_n$ 两个简单共晶相图，如 LiF-CrF₃、NaF-CrF₃、KF-CrF₃、CsF-LiF、LiNO₃-RbNO₃ 为含有一致熔化中间化合物的相图，图 3.6 为 LiF-CrF₃ 相图[14]。

包晶相图：一个液相和一个固相形成另外一个新的固相，包晶反应为 L+α ⟷ β。KF-ZnF₂、RbF-ZnF₂、LiI-RbI、LiBr-RbBr、NaF-CrF₃ 都包含包晶反应[15]，图 3.7 为 NaF-CrF₃ 二元熔盐相图。

偏晶相图：一个液相分解为一个新的液相和固相，偏晶反应为 $L_1$ ⟷ $L_2$+α。该类型的液相不完全互溶，具有一定程度的液相分层现象，LiF-BeF₂ 相图即属于该类相图，如图 3.8 所示[16,17]。

图 3.6 LiF-CrF$_3$ 相图

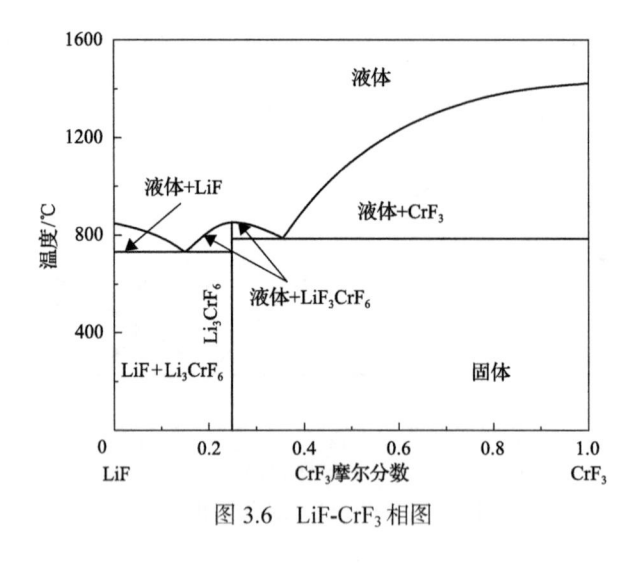

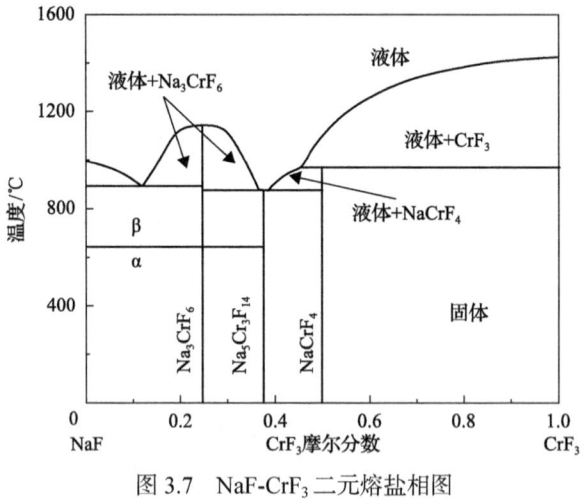

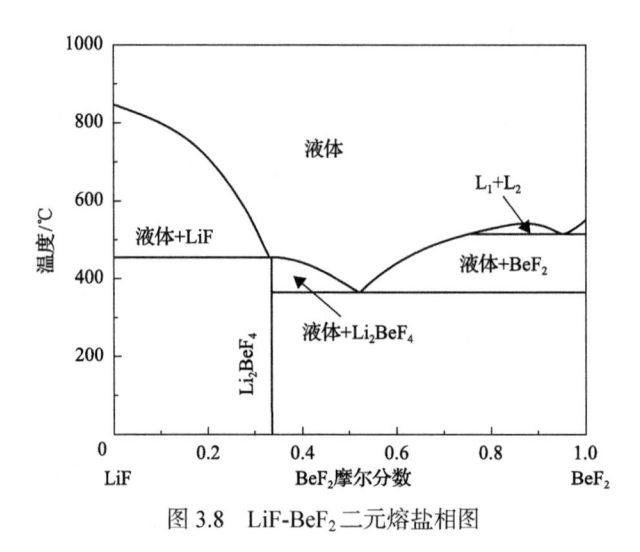

图 3.7 NaF-CrF$_3$ 二元熔盐相图

图 3.8 LiF-BeF$_2$ 二元熔盐相图

### 3.3.3 熔盐相图研究方法

**1. 相图测定**

熔盐相图主要是依靠实验数据绘制出来的,实验方法分为静态法和动态法。静态法的原理是使熔盐体系在特定的实验条件下达到热力学平衡,采用高温显微镜、高温 X 射线衍射仪等研究相的组成,以确定相图的相区,或者采用淬冷的方式冷却到室温,采用相关实验仪器表征样品的相成分、相结构及相性能。

典型的动态法是热分析法,研究样品在加热和冷却过程中产生的热效应与温度间的关系。如果体系在加热和冷却过程中产生热效应,则在温度-时间曲线上出现转折或水平现象,根据这些特点以便确定相边界。图 3.9 为形成共晶反应的冷却曲线和相图。

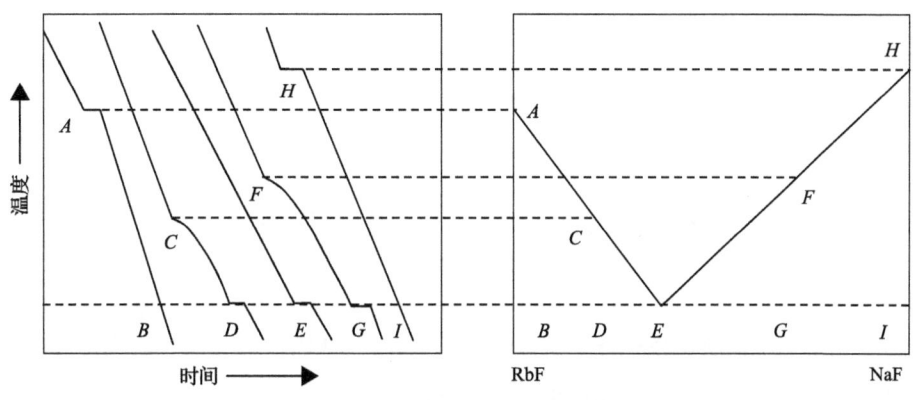

图 3.9 步冷曲线和对应的相图

*A*-高温液态熔盐开始冷却的起点,此时熔盐完全处于液态;*A→B*-熔盐处于液态,温度均匀下降;*B*-从单一液相开始转变为液相和固相共存的状态;*B→C*-体系处于固-液两相共存状态;*C*-新的固相或相转变发生;*C→D*-仍然是液-固两相共存,但相的组成或结构可能发生了变化;*D*-第三个转折点,又有新的相转变发生;*D→E*-液-固两相共存,温度下降;*F*-第五个转折点;*F→G*-液-固两相共存;*H*-另一个高温液态熔盐开始冷却的起点

由于熔盐具有吸湿性,熔盐相图的实验测定过程中一定要严格控制实验环境,防止水氧进入熔盐影响熔盐的性质,进而直接影响熔盐相图的实验测定。熔盐相图的实验测定一般在含有高纯惰性气氛的手套箱中,或者将含有熔盐的容器置于真空环境中。相图的测定是一项难度很大且非常重要的工作,实际中需要将静态法和动态法两种方法结合才能得到准确的结果。

**2. 相图计算**

熔盐相图的测定工作量巨大,仅仅依靠熔盐相图测定不能满足实际需求。测量一个未知的二元熔盐相图需要巨大的实验工作量,若测量一个四元的熔盐相图则需要更大的工作量。计算相图的研究非常有必要,建立热力学函数与相图间的关系,即基于少量准确测量的实验数据并选用合适的热力学模型对相图进行计算,可得到全范围内的相图结果。相图计算是一门重要的学科:首先查阅并评估该相图的相平衡与热化学数据;其次根据熔盐相图的特征选用合适的热力学模型;最后基于热力学模型建立熔盐体系中各个相的热力学函数与相图的关系,采用合适的方法进行计算,直至计算值与实验值吻合。图 3.10 为相图计算的一般流程[18]。

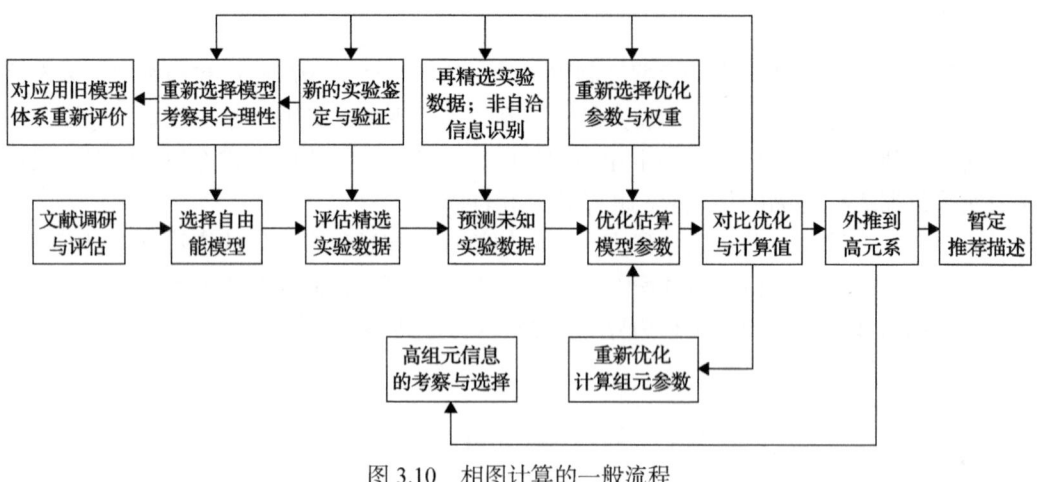

图 3.10　相图计算的一般流程

## 3.4　熔盐结构研究和谱学分析

研究熔盐结构有助于深入理解熔盐的宏观物理化学性质如黏度、导热系数等,不仅能够预测未知熔盐体系的理论特性,而且对控制熔盐与结构材料界面处的腐蚀、提高电解过程的电能效率等具有重要的理论价值和现实意义。

### 3.4.1　液态熔盐的微观结构

法拉第(Faraday)最早提出了熔盐结构的概念,指出熔盐由阴离子和阳离子组成。过去,熔盐微观结构的理论是建立在"液态与气态相似"的基础上,认为组成熔盐的液态粒子在取向及排列上与气态粒子相似,处于无序状态且没有规律性。不过,这种理论具有一定的局限性,仅在接近临界温度时的低压、高温、亦具有较小密度的条件下适用。

近代,熔盐微观结构理论认为液态熔盐的结构与晶体结构有一定的联系。特别是接近初晶温度时,组成液态熔盐的粒子排列很有规律,与相应晶体特有的排列很接近。事实上,大部分熔盐在熔化时,体积平均增大约 10%,等同于质点间的平均距离增大约 3%,表明液态熔盐质点间的排列与固态中质点的排列相似。此外,熔盐液态密度与固态密度相差不大,熔盐熔化时热容量变化不大,这些实验结果也证实了该理论。熔盐熔化时,晶体特有的远程规律消失,但近程规律仍在一定程度上保留着。当然,熔盐熔化后,其液态微观结构与固态的晶体结构具有一定的差别。晶体中,粒子热运动的平衡位置相对不变,液态熔盐中粒子的热平衡位置则是变化的;液态熔盐中粒子间的相互作用会发生变化,可能会产生固态晶体中不存在的新的离子团;液态熔盐的自由活动空间变大,活动性会增强。

现代,熔盐微观结构理论认为液态熔盐是离子体系,由阴阳离子组成。离子间的相互作用力包括库仑力、范德瓦耳斯力及近程排斥力,其中库仑力处于主要地位,决定熔盐的热力学和结构性质。切姆金提出：据对阴阳离子在液态熔盐中的统计分布，二者间可以相互交换位置，不过该理论具有一定的局限性，并不适合所有熔盐体系[19]。叶辛则指出液态熔盐阴阳离子具有不均匀性，它们不能随机均匀分布于熔体中，离子间不同的相互作用使得离子重新排列，进而形成固体晶体熔盐中并不存在的强相互作用的新离子团[20]。

液态熔盐结构和固态晶体盐结构间的联系如图3.11的径向分布函数所示。径向分布函数一般指的是给定某个粒子(在图3.11中为阳离子)的坐标，以及其他粒子(在图3.11中为阴离子)在空间的分布概率，反映的是物质的内部结构。如图3.11所示，固态晶体盐中阴离子在$r_0$、$2r_0$、$3r_0$、…处出现的概率相同，说明固态晶体盐为长程有序。而液态熔盐在$r_0$处，阴离子出现的概率最大，随着距离的增大阴离子出现的概率变小，说明液态熔盐的离子排布不存在长程有序，只存在短程有序。同时，在短程范围内，液态熔盐与固态晶体的离子排布也存在着差异[21-23]。

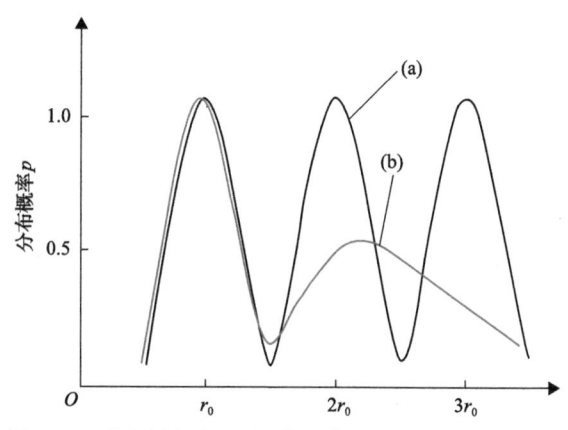

图3.11 液态熔盐(b)和固态晶体盐(a)的径向分布函数

### 3.4.2 液态熔盐的结构模型

近年来，研究者从物理学角度建立了液态熔盐结构的理论模型。这些模型大多与固态、气态的理论具有一定的相似性，一定程度上可以合理解释液态熔盐的物理化学特性，主要包括准晶格模型(quasi-lattice model)、空穴模型(hole model)、有效结构模型(significant structure model)、自由体积模型(free volume model)等[24-28]。

1. 准晶格模型

该种模型是从固体晶格结构转化来的。该模型认为每个离子占据一个格子点，并在该格子点处做微小振动。离子振动的振幅会随着温度的升高而增大，有些离子会跳出平衡位置，留下空位，即"点缺陷"。这种"点缺陷"分为两种：一种缺陷是离子从正常格子点处跃到另外一个空格子点处，称为肖特基(Schottky)缺陷；另外一种缺陷是离子从正常格子点处跳跃到格子间隙位置，称为弗仑克尔(Frenkel)缺陷。该模型可以解释熔盐熔化后局部的短程有序、离子的配位数减小、自由体积增大等现象。不过，当应用于分子熔盐时，使用该模型计算的熔化熵仅为实验测试值的一半。

## 2. 空穴模型

该模型认为液态熔盐中存在许多大小不一的空穴，它们的分布是随机的，且指出离子分布不是完整的格子点，而是能够自由移动的。随着离子不断地运动，液态熔盐会出现局部"密度起伏"和"空穴呼吸"现象，即单位体积内离子数目和空穴大小会发生变化。热运动会挪走某个离子，离子离去位置处产生一个空穴，致使局部密度下降，但又不影响其他离子间的距离，如图 3.12 所示。空穴模型与准晶格模型的不同是由于 Frenkel 缺陷产生的空位不同，Frenkel 缺陷是离子发生了跳跃，而空穴模型是离子发生了移动。该模型可以解释熔盐熔化时离子间距离减小而体积增大的现象。该模型没有涉及单独的离子，而是用宏观物理量如表面张力、体积等表示。

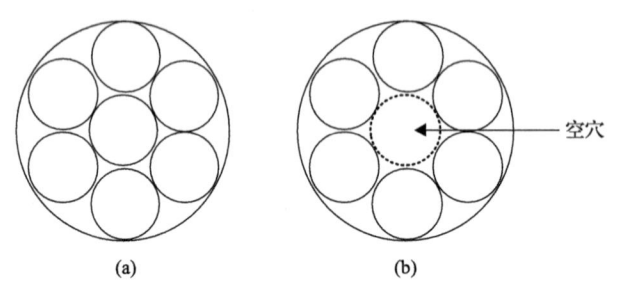

图 3.12 空穴形成前(a)及空穴形成后(b)

## 3. 有效结构模型

该模型是由空穴模型推导出来的，认为熔盐熔化过程中会产生位错和空穴两种缺陷，空穴包括 Schottky 缺陷和 Frenkel 缺陷。本质上，这两种有效结构与爱因斯坦(Einstein)固体离子相同，熔盐中的粒子存在一个与位错相关的离子通道，离子通过该通道可以随意移动，或者说熔盐中的离子在缺陷附近存在一个变形区域，如图 3.13 所示。也就是说，该理论中假设存在两种具有不同自由度的粒子，一些粒子像晶体中的

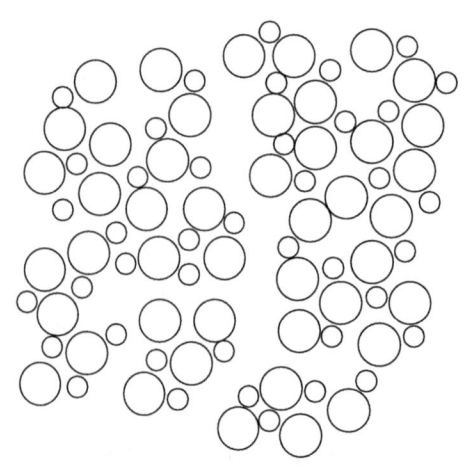

图 3.13 有效结构模型

粒子在平衡位置附近做热振动，另一些粒子像气体中的粒子做无规则随机运动。该模型能用数学方法进行处理，根据定义的有效结构采用配分函数进行直接计算，可得到有效结构的分布。Blomgren[29]采用该模型计算得到了 KCl 熔盐的热膨胀系数。此外，利用该模型还能计算离子的电导率、摩尔体积等参数。

4. 自由体积模型

该模型是由 Zernick 和 Prints[30]根据压缩气体原理提出的。在压缩气体中，大部分时间内分子拥有一定的自由体积，自由体积比分子占据的空间小，而粒子在一定范围内能够移动的有效体积与粒子体积存在差值。假设液态熔盐的总体积为 $V$，含有 $N$ 个粒子，胞腔自由体积为 $V/N$。粒子只在胞腔内运动，定义粒子体积为 $V_0$，粒子在包腔内的自由体积为 $V_f$，则胞腔内没有被粒子占据的自由空间为 $V_f=V/N-V_0$。胞腔模型如图 3.14 所示。然而，若根据该模型，熔盐熔化时体积增大，胞腔内的自由体积也增大，意味着离子间距离也增大，这与实验结果不符。后来，Cohen 与 Turnbull[31]提出了修正模型，指出熔盐熔化后自由体积不是平均分配给各离子，即各离子所拥有的自由体积不同，且这些自由体积可以相互转让。若一个运动的胞腔发生膨胀，其相邻的胞腔则会被压缩，由此产生自由体积的起伏，最终达到规则分布，如图 3.15 所示。依据该模型，可以计算得到熔盐的离子电导率、剪切黏度等传输性质。

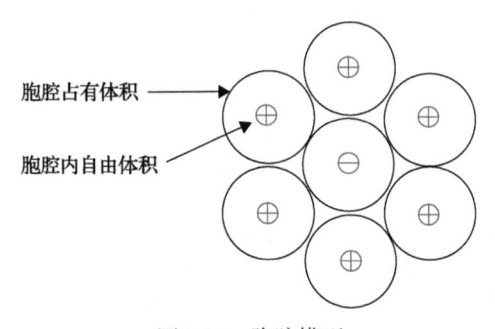

图 3.14　胞腔模型

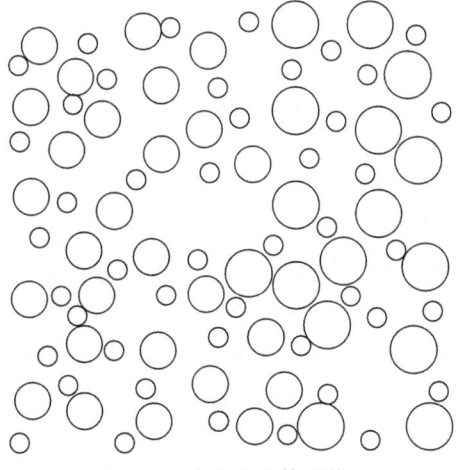

图 3.15　熔盐自由体积模型

### 3.4.3 液态熔盐的结构分析方法

由于液态熔盐短程无序、长程有序的特征，加上高温不确定性因素大、部分熔盐腐蚀性强的特性，难以像表征固体样品那样采用一些常规手段就能得到其微观结构，也不能像气体利用统计热力学方法得到其结构描述。液态熔盐微观结构的实验测试相对困难。经过多年的探索，研制出了研究高温液态熔盐的实验装置，主要包括高温激光拉曼光谱、高温红外光谱、高温核磁共振、高温同步辐射 X 射线吸收精细结构谱(XAFS)等。

1. 高温激光拉曼光谱

拉曼光谱法是基于印度科学家拉曼(Raman)所发现的拉曼散射效应，通过分析与入射光频率不同的散射光谱得到物质的振动、转动信息，用于研究物质的结构信息。高温激光拉曼光谱是原位研究液态熔盐微观结构的重要手段。特别是随着科技的进步，高温激光拉曼光谱仪的精度和可靠性都有了质的飞跃，能够实现对样品的非破坏、非侵入式的原位测量，在高温熔盐结构表征领域发挥越来越重要的作用。目前的高温激光拉曼光谱仪不仅可以配置多种不同波段的激光，方便实验测量，而且可配置高精度的 $XYZ$ 自动显微平台，快速升温、精准控温的加热台，以及电荷耦合器件(CCD)型电子耦合检测器等相关配件，显著提高了实验测试的灵敏度和准确度。采用高温激光拉曼光谱仪研究熔盐结构的单位主要有中国科学院上海应用物理研究所、上海大学、东北大学等。图 3.16 为高温激光拉曼光谱仪及其配件的实物图。

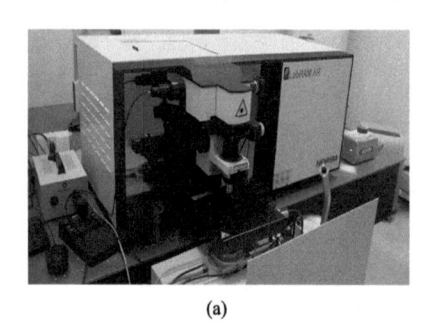

图 3.16 高温激光拉曼光谱仪(a)、$XYZ$ 自动显微平台(b)、高温加热台(c)的实物图

高温激光拉曼光谱表征发现 $Cr^{3+}$ 在 FLiNaK-CrF$_3$ 熔盐中主要以 $[CrF_6]^{3-}$ 形式存在[32]；316 不锈钢在 LiF-NaF-KF-Li$_2$O 熔盐中 650℃腐蚀 100h 后熔盐中的腐蚀产物主要为 LiCrO$_2$、Fe$_2$O$_3$，这为研究腐蚀机理提供了直接依据[33]；$Cr^{3+}$ 在 LiCl-KCl-CrF$_3$ 熔盐中也主要以 $[CrCl_6]^{3-}$ 形式存在，随着不断地向 LiCl-KCl-CrF$_3$ 熔盐中添加 LiF，$[CrCl_6]^{3-}$ 逐步转化为 $CrCl_{6-x}F_x^{3-}(x\leqslant 3)$[34]。$Sc^{3+}$ 在 LiF-NaF-KF-ScF$_3$(20mol%)熔盐中，主要以 $ScF_5^{2-}$ 和 $ScF_6^{3-}$ 两种形式存在，随着不断地向 LiF-NaF-KF-ScF$_3$(20mol%)熔盐中添加 Li$_2$O，其主要以 $Sc_2OF_6^{2-}$ 形式存在，当 Li$_2$O 添加量达到 40mol%时，其主要以 $Sc_2O_2F_6^{4-}$ 和 $Sc_2O_2$ 形式存在[35]。不过，如果熔盐结构类似，特别是高温下的拉曼峰会出现信号较宽、信号重叠等问题，无法获得精准的结构信息，还需要结合其他表征手段才能得到准确的液相结构信息[36]。

## 2. 高温红外光谱

红外光谱是基于分子间内部原子间振动、转动等信息来研究物质分子结构的分析方法。目前,市场上还没有商业化地用来研究液态熔盐结构的高温红外光谱,因此,需要根据实际工作的需求,自行设计并研制高温红外光谱[37-42]。早期,ORNL 搭建过高温红外装置[37]。2012 年,Mc Krell 课题组搭建了一套高温熔盐吸收光谱设备,波长范围为 250~1100nm[43]。为了研究液态熔盐结构,中国科学院上海应用物理研究所搭建了高温红外光谱仪[44],该光谱仪拥有近红外(波数为 2000~14500cm$^{-1}$)和远红外(波数为 400~7800cm$^{-1}$)两个波段的光源,根据需要可自由切换。测试室温下的 $H_2O$ 和液态下的 $NaNO_2$ 红外光谱变化(图 3.17,图 3.18)来验证高温红外光谱仪测试结果的准确性和可靠性。采用高温红外光谱仪表征了 $NaNO_3$-$KNO_3$-$NaNO_2$(简称 HTS)、HTS+NaOH(1wt%)的红外吸收光谱,研究了水、温度、实验预处理等条件对实验结果的影响。从该实验中得出水分对实验结果影响较大,由于熔盐的强吸湿性,测试红外光谱前必须对熔盐进行预处理,以减小杂质对实验结果的影响。通过该装置还测试了 470℃下,Fe、Cr 分别在 $ZnCl_2$ 熔

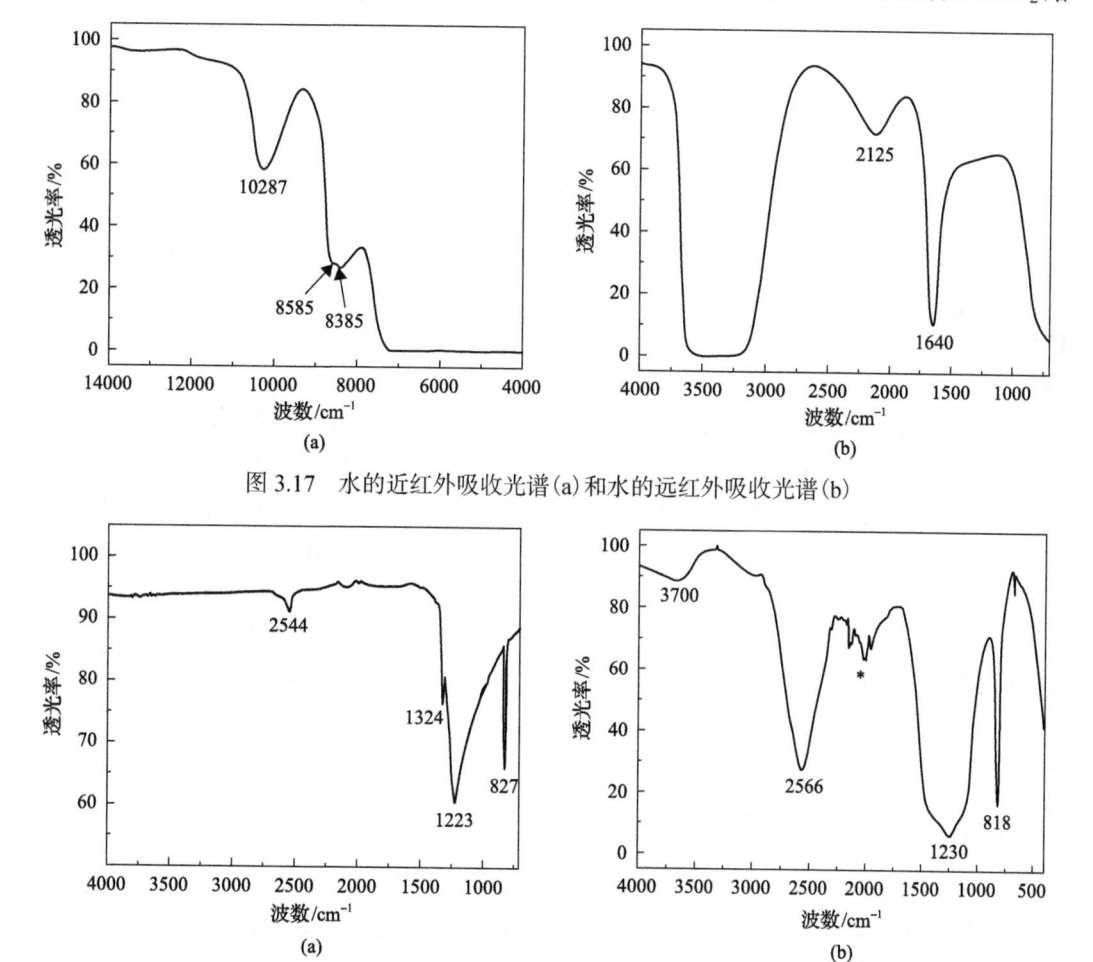

图 3.17 水的近红外吸收光谱(a)和水的远红外吸收光谱(b)

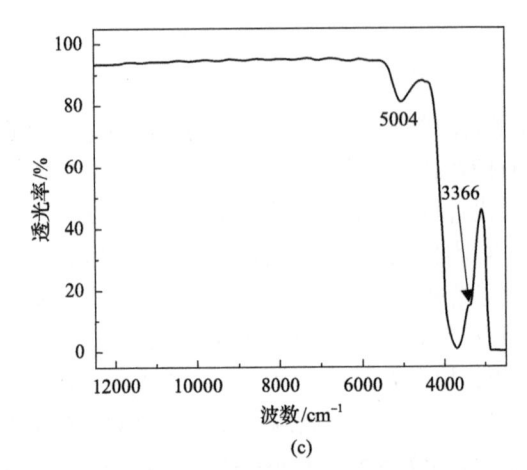

图 3.18　常温(25℃)固态 NaNO$_2$ 的红外吸收光谱(a)、300℃下薄液膜中的红外吸收光谱(b)、
300℃下液态 NaNO$_2$ 的近红外吸收光谱(c)
*由于受金刚石窗片在该位置强吸收峰的影响而产生的杂峰

盐中的存在形式。随着高温红外测试技术的日趋成熟，其在液态熔盐结构表征方面将继续发挥越来越重要的作用。

### 3. 高温核磁共振

核磁共振(NMR)指磁矩非零的原子核在外加磁场中共振吸收一定波长的电磁波，发生磁能级跃迁的物理过程。核磁共振谱图测定的是同位素的原子核因环境不同而产生的化学位移，可以反映原子核及其所在环境的化学信息，判别物质的微观结构。目前，熔盐的核磁共振分析法是通过与具备完美结构的固相比较来进行的。广泛商用的核磁共振谱仪的温度检测范围通常不高于 100℃。若测试高温下熔盐的液态结构，需要对仪器进行改造并设计、研制相应的适用于高温下核磁共振测试用的样品池[45]。

中国科学院上海应用物理研究所采用自主研发的氮化硼陶瓷样品池可有效降低在测试过程当中熔盐与空气中水氧的接触，并且可以用于具有轻度挥发性的熔盐体系的核磁共振高温测试。通过标准样品的温度标定，样品加热温度可以达到 500℃左右，可以满足很多熔盐体系的原位测试。国际上只有极少数的课题组利用高温 NMR 对熔盐体系进行了相关的研究。Rollet 等[46]利用高温核磁共振技术发现 LiF-KF 二元熔盐中 $^{19}$F 化学位移会随 Li/K 含量的变化产生偏移；此外，该课题组利用高温 NMR 的 $^{19}$F 和 $^{139}$La 实验对比了 LaF$_3$-LiF 在固相和熔融相中 F$^-$ 的分布以及 La$^{3+}$ 的络合结构。Lacassagne 等[47]利用 $^{17}$O 富集的 Al$_2$O$_3$ 成功发现两种氟氧铝离子络合态，即 Al$_2$OF$_6^{2-}$ 及 Al$_2$O$_2$F$_4^{2-}$。Bessada 等[48]研究了 $^{27}$Al 化学位移的演化。

### 4. 高温同步辐射 X 射线吸收精细结构谱

高温同步辐射 XAFS 技术是研究熔盐局域结构最强有力的工具之一，通过对熔融态的熔盐进行原位 XAFS 研究，可获得熔盐的局域结构(如空间构型、配位数、价态、键长)等重要的信息，从而能深入理解熔盐的液相结构。上海同步辐射光源线站已开展了熔盐原位结构表征的相关研究，并完成了原位熔盐装置的搭建，可采用近边 X 射线吸收精细结构与扩展 X 射线吸收精细结构谱(EXAFS)技术对熔盐液态的分子结构和电子结构进行深入研究，探索微观结构。对实验数据进行分析(Demeter 软件包)后构建初始结构模型，结合谱学计算(FEFF9.6 程序)详细分析实验结果。通过 XAFS 表征得到 $ThF_4$-LiF 与 $ThF_4$-LiF-$BeF_2$ 液态熔盐中存在$[ThF_7]^{3-}$、$[ThF_8]^{4-}$、$[ThF_9]^{5-}$三种络合离子，其中$[ThF_8]^{4-}$占据主导地位[49]。Okamoto 与 Motohashi[50]采用 XAFS 技术发现在 LiCl-KCl 液态熔盐中，$Zr^{4+}$主要以$[ZrCl_6]^{2-}$形式存在。

综上，测量液态熔盐结构的实验手段很多，并且各有特点，可从不同侧面反映液态熔盐的微观结构信息，互补而不能替代，因此实际应用可以综合使用多种表征手段，完善液态熔盐的微观结构信息。

尽管随着实验手段和计算技术的发展，在熔盐结构的实验和理论方面开展了一些工作，对熔盐的结构有了进一步的了解，但由于高温下熔盐中离子或分子间的相互作用复杂多变，人们对熔盐的微观结构还没有形成普适统一的认识，亟须对熔盐结构开展广泛且深入的研究。

## 3.5 熔盐储热

### 3.5.1 熔盐储热原理

目前热能储存分为 3 种方式，分别为显热储存、潜热储存和化学反应储存。其中，显热高温蓄热材料性能比较稳定、价格相对低廉，但装置体积相对较大；潜热高温蓄热材料虽然存在价格高、高温腐蚀等问题，但具备蓄热密度高、蓄热装置结构简单紧凑的特点，所以应用较为广泛。储热技术的关键与核心是储热材料。在众多的储热材料中(表 3.4)，熔融盐具有传/储热性能好、使用温度高、系统压力小等优点，既可以作为聚光式太阳能热发电站(CSP)的传/储热介质，也可以利用固、液相变时吸热和放热特点，作为相变储热介质，是目前研究和应用较多的一种传/储热材料。

表 3.4 不同传/储热材料的优缺点比较

| 材料 | 优点 | 缺点 |
| --- | --- | --- |
| 水蒸气 | 经济方便，可直接带动蒸汽轮机，省去中间换热环节 | 系统压力大(>10MPa)，蒸汽传热能力差，容易发生烧毁事故 |
| 导热油 | 流动性好，凝固点低，传热性能较好 | 价格贵，寿命短(3~5 年)，使用温度低，泄漏易着火、有污染，压力高(1MPa 左右) |
| 液态金属 | 流动性好，传热性能强，使用温度高，使用温度范围广 | 价格昂贵，腐蚀性强，易泄漏，易着火甚至爆炸，安全性能差 |
| 热空气 | 经济方便，能够直接带动空气轮机，使用温度可达 1000℃以上 | 传热能力差，比热容小，散热造成温度快速下降，高温难以维持 |
| 熔盐 | 传热均匀稳定，系统压力小，使用温度较高，价格低，安全可靠 | 熔点偏高，易发生管路冻堵 |

自 20 世纪 80 年代起,西班牙的 Cesa-1(1MWe)和美国的 Msee/Cat B(1MWe)项目,以及 90 年代美国的 Solar two(10MWe)塔式太阳能电站,均采用熔融硝酸盐作为传热或储热介质。我国于 2016 年 8 月,由青海中控太阳能发电有限公司(简称"青海中控")在青海省德令哈市建成的 10MWe 塔式太阳能电站,该电站也采用硝酸盐作为传热储热介质,储热时间 2h,并实现了并网发电,电站实景图如图 3.19(a)所示。随后由中国广核集团有限公司建成的 50MWe 塔式太阳能热发电站(concentrated solar power, CSP Tower)也采用熔融硝酸盐作为储热介质。熔盐储热基本原理如下所述。

(a) 青海中控塔式电站实景图

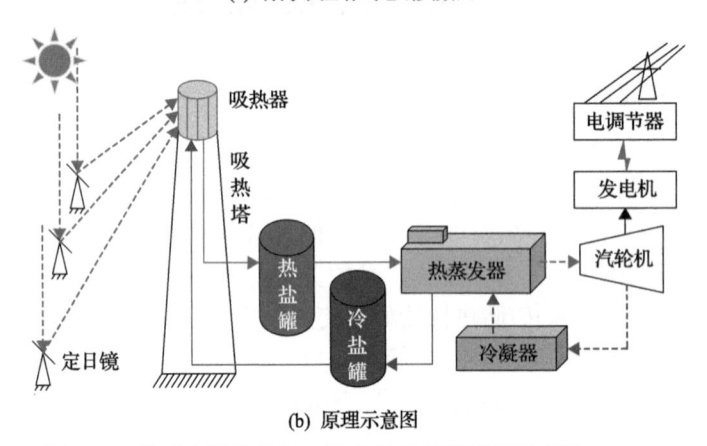

(b) 原理示意图

图 3.19 塔式太阳能热发电站实景照片及原理示意图

(1)CSP 熔盐储热技术:低温熔盐被熔盐泵输送到吸热器,被加热为高温熔盐流回热盐罐,实现热能储存。热盐罐的高温熔盐再流经换热器,熔盐释放热量,加热二次回路中的水,产生高温蒸汽,可用于推动蒸汽轮机运转,实现热能到机械能的转化。释放热能后的低温熔盐流入冷盐罐,再经熔盐泵送到吸热器,再次加热。上述过程循环进行,实现热能的传输与储存,且无机盐始终保持熔融态。以塔式太阳能热发电站为例,熔融盐传热与储热技术原理如图 3.19(b)所示。

热能的传输与储存均伴随熔融盐温度变化,吸收、储存和释放的热量均被称为显热。假设忽略熔盐质量随温度变化,流量为 $m$ kg/s 的熔盐系统,每秒传输或储存的热量值 $Q$(J/s)如式(3.4)所示:

$$Q = m \cdot \int_{T_1}^{T_2} c_p(T) \mathrm{d}T \tag{3.4}$$

式中，$T_1$ 和 $T_2$ 分别为熔盐加热前和加热后的温度（即进入吸热器前后的温度），可以近似用冷盐罐和热盐罐温度代替，K；$c_p(T)$ 为该熔融盐在 $T_1 \sim T_2$ 的比热容，J/(kg·K)。

(2) 熔盐相变储热技术：材料发生一级相变时，将发生潜热的吸收与释放。无机盐被加热熔化时，将吸收热量；凝固时，将释放热量。因为该过程伴随相变发生，所以利用该原理进行储热的技术被称为熔融盐固-液相变储热技术，简称"熔盐相变储热技术"，该无机盐被称作无机盐相变储热介质。

恒温恒压条件下，无机盐相变储热介质储存的热量只与储热介质质量 $M$(kg)、熔化潜热（或凝固潜热）$L$(J/kg)有关。质量为 $M$ 的相变储热介质储存的热量 $Q_L$(J)如式(3.5)所示：

$$Q_L = M \cdot L \tag{3.5}$$

熔盐相变储热技术不仅具有储热和放热恒温特点，而且储热密度比显热储热大，但熔融盐热导率低，储热和放热缓慢。目前 CSP 系统均采用熔融盐显热储热形式，且该储热熔融盐一般也作为传热介质。

### 3.5.2 常用的储热熔盐

储热熔盐按照主要成分可以分为硝酸盐、碳酸盐、氯化盐、氟化盐和混合盐熔盐体系等。通常根据不同的应用要求，对熔盐体系的选取各不相同，而且有时即使选取相同的熔盐体系，熔盐的配比也会有所不同。

硝酸盐价格低、腐蚀性小、具有优良的传热和流动特性，并且极易溶解无机物，是太阳能热发电站使用的主要熔盐体系。当前国内外太阳能热发电站使用的硝酸盐熔盐体系主要为太阳盐(Solar Salt)熔盐(40wt%KNO$_3$-60wt%NaNO$_3$)和 Hitec 熔盐(7wt%NaNO$_3$-53wt%KNO$_3$-40wt%NaNO$_3$)。表 3.5 列出了目前常用及候选储热熔融硝酸盐的物性参数。硝酸盐的缺点主要为使用温度偏低（最高使用温度不超过 600℃），相变潜热较小(20~30kcal/kg)，且热导率低[0.7kcal/(m·h·℃)]，使用时易发生局部过热。针对硝酸盐熔盐，众多学者一直在不断研究如何降低熔盐的熔点，提高其最高使用温度，以达到提高效率、降低成本的目的。彭强等[51]以 NaNO$_3$-KNO$_3$-NaNO$_2$ 为基元加入 5%添加剂 Additive A，可以使熔盐的最高操作温度提高到约 570℃，提高了混合熔盐的蓄热效率；Raade 和 Padowitz[52]开发出了一种新型五元混合硝酸盐，其熔点为 65℃，最高使用温度为 500℃；Olivares 和 Edwards[53]以 KNO$_3$-LiNO$_3$-NaNO$_3$ 为基元添加改性剂，制备出了一种新型熔盐，取得了良好的效果。

碳酸盐价格较低、相变潜热高、腐蚀性小、比热和密度大，并且能够提供一种高温、无水和无氧的反应环境，可满足太阳能热发电高温传蓄热和生物废料热解的要求。太阳能热发电高温传蓄热领域，碳酸盐熔盐用作高温燃料电池的电解质，不必使用贵金属催化剂，可采用的燃料种类多，发电效率和热效率高。Bischoff[54]的研究表明，熔融碳酸盐燃料电池的发电效率高达 47%，如应用该系统产热，总效率可达 80%。在 400~850℃的

表 3.5 目前常用及候选储热熔融硝酸盐的物性参数

| 序号 | 名称(熔盐成分) | 熔点 /℃ | 比热容 /[kJ/(kg·K)] | 黏度 /cP | 使用温度上限(空气中) /℃ | 热导率 /[W/(m·K)] | 成本 /(元/kg) | 工程应用 | 管道选材及合金腐蚀(温度、速率、气氛) |
|---|---|---|---|---|---|---|---|---|---|
| 1 | Solar Salt (40wt%KNO$_3$-60wt%NaNO$_3$) | 221 | 1.50 (300℃) | 3.26 (300℃) | 600 | 0.33 (300℃) | 3.5~9.5 | 美国 Solar Two, 西班牙 Solar Tres 和 Andasol, 中国青海中控 10MWe 和 50MWe | 碳钢: A516(310℃, 11μm/a, 空气); 低 Cr 钢: P91、T11、T22; 不锈钢: 304、316、321、347(500℃, 7.1μm/a, 空气); Ni 基合金: In625 等 |
| 2 | Hitec (40wt%NaNO$_2$-7wt%NaNO$_3$-53wt%KNO$_3$) | 142 | 1.56 (300℃) | 3.16 (300℃) | 535 | 约 0.2 (300℃) | 5.0~12.1 | 意大利 Eurelios, 西班牙 CESA-1 等 | |
| 3 | Hitec-XL (NaNO$_3$-43wt%KNO$_3$-42wt%Ca(NO$_3$)$_2$) | 120 | 1.45 | 6.37 (300℃) | 500 | 0.52 (300℃) | 7.8 | 意大利 CSP-ORC PLUS | 304、316(570℃; 6~10μm/a, Ar) |
| 4 | NaNO$_3$-52wt%KNO$_3$-20wt%LiNO$_3$ | 130 | 1.09 | 0.03 (300℃) | 600 | | ~7.8 | | |
| 5 | KNO$_3$-(0~25) wt%LiNO$_3$-(10~45) wt%Ca(NO$_3$)$_2$ | <80 | | ~4.0 (190℃) | ~500 | 0.43 | 4.3~5.7 | | |
| 6 | Sandia Mix (NaNO$_3$-(40~52)wt%KNO$_3$-(13~21)wt%LiNO$_3$-(20~27)wt%Ca(NO$_3$)$_2$) | <95 | 1.16~1.44 (247℃) | 5~7 (300℃) | 500 | 0.654 (300℃) | 4.4~5.8 | | |
| 7 | Halotechnics SS-500 (NaNO$_3$-23wt%KNO$_3$-8wt%LiNO$_3$-44wt%CsNO$_3$-19wt%Ca(NO$_3$)$_2$) | 65 | 1.22 | | 500 | | | | |

高温温度段，碳酸盐具有很大的优势，但是碳酸盐的熔点较高且液态碳酸盐的黏度较大，有些碳酸盐容易分解，一定程度上限制了其规模化应用。此外，熔融碳酸盐也可为处理煤及生物质合成燃料提供良好的环境氛围。

氯化盐种类繁多，价格低廉，具有较大的比热容和导热系数、低黏度、使用温度范围广、稳定性好、成本低等优点。氯化盐熔盐体系是太阳能热发电和聚光太阳能热化学利用的理想传蓄热介质。作为一种性能较好的传蓄热工作介质，其已成为光热电站实现长时间稳定发电的体系基础。2017 年美国能源部在太阳能热发电示范工程路线图中正式提出发展超高温太阳能热发电系统，并定义其为第三代 CSP，其中采用氯化物熔盐作为传蓄热介质的高温熔盐蓄热储能技术是三代 CSP 的关键。当前对于氯化盐体系的研究，主要集中在氯化钠和氯化镁的二元或三元熔盐体系，如 $NaCl-MgCl_2$、$KCl-MgCl_2$ 和 $NaCl-KCl-MgCl_2$ 体系。华北电力大学的 Li 等[55]系统研究了 $NaCl-MgCl_2$、$NaCl-KCl-MaCl_2$、$KCl-MgCl_2-ZnCl_2$、$NaCl-MgCl_2-ZnCl_2$、$NaCl-CaCl_2-ZnCl_2$ 和 $NaCl-KCl-ZnCl_2$ 六种二元和单元氯化盐体系的热物性(比热容、密度、黏度和导热系数)，并与理论预测的热物性结果作对比，从而获取了氯化盐详细可靠的热物性数据，为氯化盐的应用提供了技术指导与支持。华南理工大学魏小兰教授[56]领导的课题组优选了价格低廉、性能优异的几种常见氯化物来构建多元体系($NaCl-CaCl_2-MgCl_2$、$NaCl-CaCl_2-CuCl$、$CaCl_2-MgCl_2-CuCl$)，通过纯盐热力学数据和共型离子液体模型计算多元体系相图，确定了多元体系的低共熔点和最佳配比。

氟化盐主要为碱金属或碱土金属及某些其他金属的难熔氟化物，它们通常具有高熔点、高熔融热和低黏度等特点，是储热介质、电解技术应用的熔盐体系之一。氟化盐是一种高温型储热材料，作为储热介质时，一般由集中氟化物复合形成低共熔物来调节其相变温度及出热量，如 $LiF-NaF-KF$、$NaF-CaF_2-MgF_2$ 体系等，它们与金属容器材料的相容性较好。氟化盐用于高温相变材料(PCM)时缺点也很明显，如体积收缩率大，热导率低，易出现"热脱落"(thermal ratcheting)和"热斑"(thermal spot)现象。

随着应用需求的日益提高和研究的不断深入，众多学者开始重视熔盐组分的功能性，组成不同系列的混合熔盐来达到不同的目的，如降低熔点、增加离子液体中自由离子含量、提高熔盐活性及溶解度等。亓永新和李木森[57]在 $NaCl-BaCl_2$ 体系中渗钒，发现 $NaF$ 的加入可以提高熔盐体系的活性。

## 3.6 熔盐腐蚀

熔盐具有良好的热物性与传蓄热性能，是公认的高温下传蓄热介质的首选。然而，高温下熔盐的强腐蚀性已成为实际应用中的一大关键问题。尽管熔盐的腐蚀性已有报道，但由于腐蚀会受熔盐、材料和环境等多种因素影响，腐蚀机理也不尽相同，采取的防护措施也不同。本节主要从熔盐腐蚀类型、熔盐腐蚀性、熔盐腐蚀的研究手段三方面简要介绍。

### 3.6.1 腐蚀类型

从热力学方面考虑,纯净的熔盐没有腐蚀性。引起熔盐腐蚀的主要影响因素分为以下4类[58]。

(1)本征腐蚀:指熔盐体系与合金组分发生反应引起的腐蚀[59]。相比合金组分形成相应熔盐的生成Gibbs自由能,熔盐本身的生成Gibbs自由能更低,如图3.20所示,难以引起合金在熔盐中的腐蚀。因此,合金在纯净熔盐中的本征腐蚀很微弱。

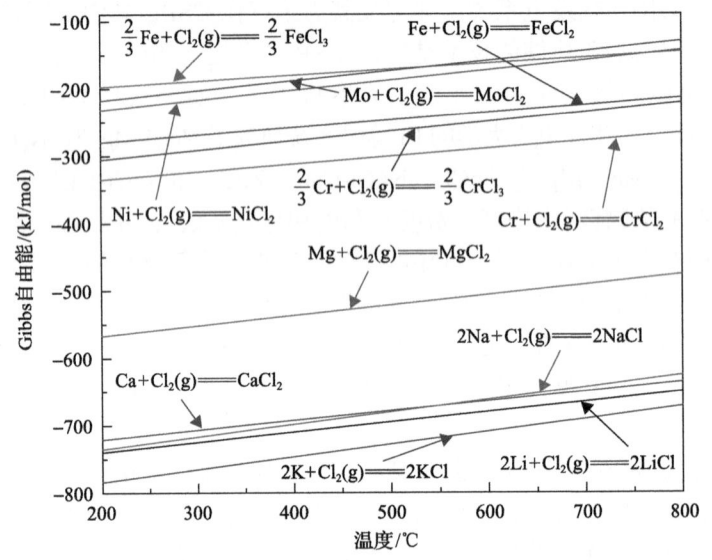

图3.20 氯化盐中、结构材料中常见元素与1mol $Cl_2$ 反应形成相应氯化盐的生成Gibbs自由能随着温度变化趋势图

(2)温差腐蚀:合金组分在熔盐中的溶解度和扩散系数随着温度的升高而增加。当熔盐中有温度梯度存在时,不同区域腐蚀产物的浓度差异会引起质量迁移,形成浓差电池。高温段作为阳极发生氧化溶解反应,低温段作为阴极发生沉积,如图3.21所示。该类腐蚀与经典的熔盐热腐蚀拉普-戈拉(Rapp-Goto)准则相似,导致合金持续腐蚀。

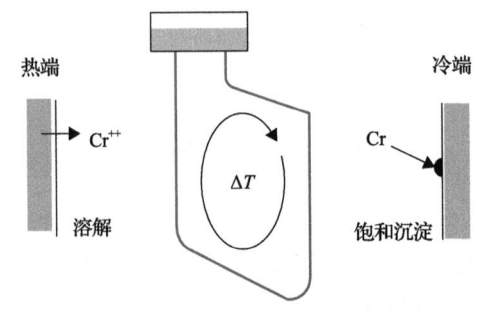

图3.21 温度梯度引起的结构材料在熔盐中的腐蚀

(3)电偶腐蚀:高温熔盐是一种具有良好导电性的离子液体,当系统中多种材料共存时,由于具有不同的氧化还原电位而形成不同的腐蚀原电池,活性金属发生氧化反应被

溶解，相对惰性的金属表面发生沉积，结构材料持续腐蚀，实际工程的设计应用中应避免使用异质材料来抑制电偶腐蚀。

（4）杂质腐蚀：熔盐具有吸湿性，熔盐中常见的杂质 $H_2O$、熔盐原料中的杂质（如 $SO_4^{2-}$、$PO_3^-$、$O_2$ 等）、运行一段时间后熔盐中的腐蚀产物（如 $Cr^{2+}$、$Fe^{2+}$ 等），它们通过式(3.6)~式(3.9)的反应促进结构材料的熔盐腐蚀。

$$H_2O + 2MeCl \Longrightarrow Me_2O + 2HCl(g) \tag{3.6}$$

$$xHCl(g) + Me \Longrightarrow MeCl_x + \frac{x}{2}H_2 \ (Me=Cr、Fe、Ni\ 等) \tag{3.7}$$

$$SO_4^{2-} + 2Me \Longrightarrow Cr_2O_3 + S + O^{2-} \ (Me=Cr) \tag{3.8}$$

$$MeCl_2 + Cr \Longrightarrow CrCl_2 + Me \ (Me=Fe、Ni\ 等) \tag{3.9}$$

杂质是结构材料在熔盐中腐蚀的原始驱动力，因此实际应用前必须通过特定的净化工艺对熔盐进行净化，以除去熔盐中的杂质从而降低杂质引起的腐蚀。如图 3.22 所示，腐蚀初期，杂质引起的腐蚀处于主导地位，腐蚀速率明显增加；随着腐蚀时间的延长，熔盐中杂质不断地被消耗，腐蚀速率逐渐下降，后期腐蚀以合金中活性元素的扩散为主。

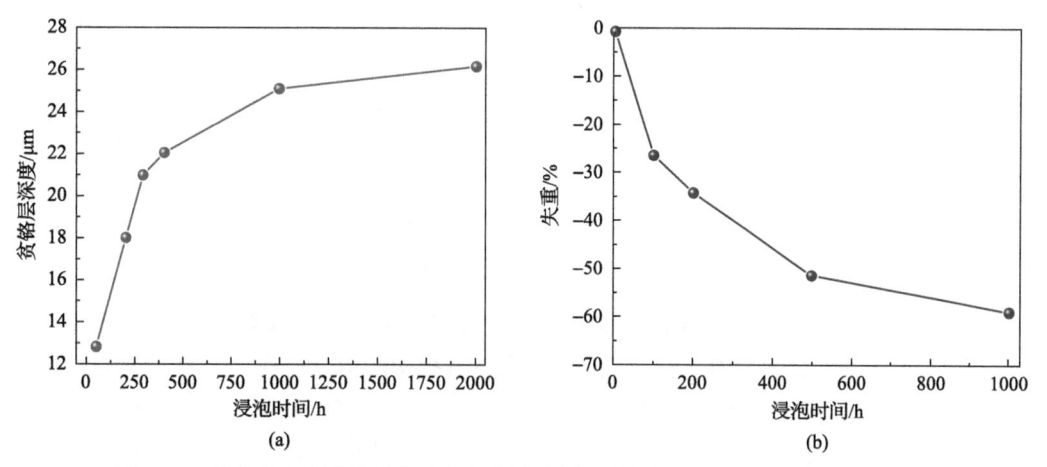

图3.22 镍基合金在熔盐中的贫铬层深度(a)与平均失重(b)随着时间的变化趋势

## 3.6.2 不同熔盐的腐蚀性

熔盐腐蚀的影响因素极其复杂，熔盐种类是影响其腐蚀性的主要因素。本节主要介绍4种常见的熔盐如硝酸盐、氟化盐、氯化盐、碳酸盐的腐蚀性。

### 1. 硝酸盐的腐蚀性

结构材料在硝酸盐中的腐蚀主要是发生氧化反应，如式(3.10)~式(3.14)所示。由于结构材料在硝酸盐中发生氧化反应而在结构材料表面生成氧化膜如 $Fe_3O_4$ 等，可阻止结构材料在硝酸盐中的进一步腐蚀。

$$NO_3^- + 2e^- \longrightarrow NO_2^- + O^{2-} \tag{3.10}$$

$$Fe + O^{2-} \longrightarrow FeO + 2e^- \tag{3.11}$$

$$3FeO + O^{2-} \longrightarrow Fe_3O_4 + 2e^- \tag{3.12}$$

$$NO_3^- + O^{2-} \longrightarrow NO_2^- + O_2^{2-} \tag{3.13}$$

$$2NO_3^- + O_2^{2-} \longrightarrow 2NO_2^- + 2O_2^- \tag{3.14}$$

不过，由于氧化还原反应过程生成 $O_2^{2-}$ 或 $O^{2-}$，会在一定程度上增强结构材料在熔盐中的腐蚀。一般来说，结构材料在硝酸盐中的腐蚀不是很强，这也是目前商用的太阳能光热电站使用硝酸盐的一个重要原因。

2. 氟化盐的腐蚀性

结构材料在氟化盐中的腐蚀特征与在传统水溶液中不同，其表面形成的钝化膜不稳定且会溶解到氟化盐中进而促进结构材料的腐蚀[60,61]。美国国家宇航局(NASA)研究表明：熔融氟盐中常见合金添加元素的腐蚀速率从小到大的顺序为 Ni＜Co＜Fe＜Cr，元素 Cr 最易被氟化盐腐蚀，如式(3.15)、式(3.16)所示。结构材料在氟化盐中腐蚀的本质过程可以表述为 Cr 元素的溶解、杂质驱动[如式(3.13)～式(3.16)所示]和扩散控制。熔盐中的温度梯度、异质材料等因素，会改变熔盐中的 Cr 离子价态和浓度分布，进而影响合金在氟化盐中的腐蚀行为[62-70]。

$$Cr - 2e^- \longrightarrow Cr^{2+} \tag{3.15}$$

$$3Cr^{2+} \longrightarrow 2Cr^{3+} + Cr \tag{3.16}$$

因此，氟化盐在实际应用中除了必须严格控制环境外，还必须对其进行净化。$H_2$-HF 的混合气是净化氟化盐的常用方法，目的是除去氟盐中的氧化性杂质，降低氟化盐的腐蚀性。同时，实际应用中还会研制缓释盐——采用特定的缓蚀剂调节氟化盐的氧化还原电位，控制结构材料在氟盐中的腐蚀，ORNL 采用该法已将氟盐化的腐蚀性降低到极低水平。

3. 氯化盐的腐蚀性

结构材料在氯化盐中的腐蚀与在氟化盐中相似，合金表面难以形成钝化膜[71,72]。合金中的活性元素在氯化盐中发生选择性溶解，促进其腐蚀。研究结果表明：常见合金的添加元素在熔融氯化盐中的活性顺序为：Mo＜Ni＜Fe＜Cr，Cr 最容易被腐蚀。从热力学上考虑，与其他熔盐相比，氯化盐与杂质 $H_2O$ 反应会生成 HCl，如式(3.17)所示，导致它的腐蚀性很强。

$$Cl^- + H_2O \longrightarrow HCl + OH^- \tag{3.17}$$

与氟化盐一样,除了严格控制环境外,氯化盐应用前必须净化。目前,可采用 HCl、$CCl_4$、Cd-Mg、Mg 等对氯盐进行净化[73-75],以降低熔盐中的杂质引起的腐蚀驱动力。此外,还会采用一些多价态的稀土金属(如 Tm(Ⅲ/Ⅱ)、Sm(Ⅲ/Ⅱ)、V(Ⅲ/Ⅱ)、Yb(Ⅲ/Ⅱ)和 Eu(Ⅲ/Ⅱ)的氯化物)调节氯化盐的氧化还原电位,抑制氯化盐的腐蚀。不过,上述这些净化方法还处于实验室阶段,尚未见在实际中应用过。

4. 碳酸盐的腐蚀性

碳酸盐作为传蓄热材料的腐蚀性研究相对较少。结构材料中的 Fe 基合金研究相对较多,在碳酸盐中会发生如式(3.18)~式(3.20)所示的反应,进而在结构材料表面形成氧化膜。不过,氧化膜的稳定性除了受碳酸盐种类的影响外,还受结构材料中的 Cr 含量的影响。高 Cr 的不锈钢表面可形成稳定性好的 $LiFeO_2$ 和富 Cr 内层,优于含有较低 Cr 含量的不锈钢遭受的腐蚀。然而,当 Cr 含量高于 20%时,不锈钢表面会形成可溶性的 $K_2CrO_4$,导致合金中 Cr 流失,进而降低合金的耐蚀性[76,77]。

$$2CO_3^{2-} + O_2 \longrightarrow 2O_2^{2-} + 2CO_2 \tag{3.18}$$

$$Me + O_2^{2-} \longrightarrow O^{2-} + MeO \tag{3.19}$$

$$O^{2-} + CO_2 \longrightarrow CO_3^{2-} \tag{3.20}$$

相比卤化盐(氟化盐、氯化盐),由于结构材料在碳酸盐中会形成一定的氧化膜,碳酸盐的腐蚀性较低,不过相比硝酸盐的腐蚀性强。关于碳酸盐的腐蚀性,还需要进一步系统、深入的研究。

### 3.6.3 熔盐腐蚀的研究手段

1. 电化学技术

电化学技术是一种能够快速、准确、原位研究结构材料腐蚀行为及其腐蚀机理的测试方法。在熔盐中,采用电化学法主要研究结构材料在熔盐中的开路电位、极化曲线、电化学阻抗谱等信息。图 3.23 为常用的电化学技术测试熔盐腐蚀的三电极体系示意图。扫描时间稳定的开路电位即近似为结构材料在熔盐体系的腐蚀电位 $E_{corr}$。通过塔费尔(Tafel)外推法得到结构材料的腐蚀电流密度 $I_{corr}$,进而通过式(3.21)获得腐蚀速率。

$$CR_{腐蚀速度}(\mu m/a) = 3.27[\mu m \cdot g/(\mu A \cdot cm) \cdot a] \times A_{原子量} I_{corr}(\mu A)/A_{面积}(cm^2) \rho_{密度}(g/cm^3) \tag{3.21}$$

式中,$A_{原子量}$为材料的原子量;$\rho_{密度}$为材料的密度;$A_{面积}$为材料的面积。

测试体系的电化学阻抗谱,通过等效电路对实验数据进行分析可以得到熔盐阻抗与扩散系数等信息。基于这些信息可以快速得到结构材料在熔盐体系的腐蚀行为,为揭示腐蚀机理提供直接依据。

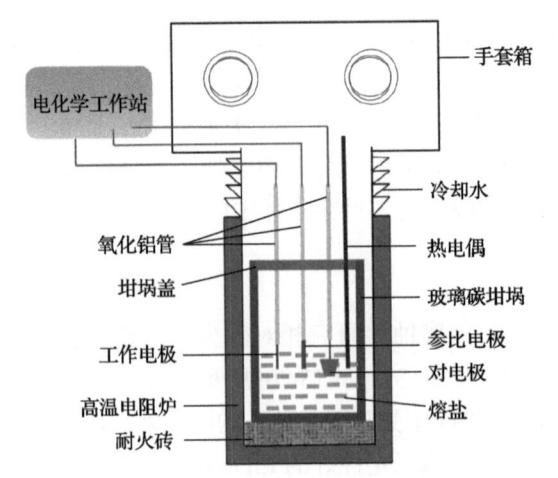

图 3.23 电化学技术测试熔盐腐蚀的三电极体系示意图

## 2. 静态浸没法

高温熔盐中电化学技术的参比电极使用寿命较短（一般≤100h），难以真实反映结构材料在高温熔盐中长期的腐蚀行为。静态浸没法可以作为电化学测试法的互补方法。静态浸没法是研究结构材料在熔盐中腐蚀的经典实验方法，特别适用于研究结构材料在熔盐中的长期腐蚀（≥100h）。不仅可以得到结构材料在氟化盐中的腐蚀动力学，而且能预测结构材料在熔盐中的长期腐蚀行为。常用静态浸没法的实验装置如图 3.24 所示。

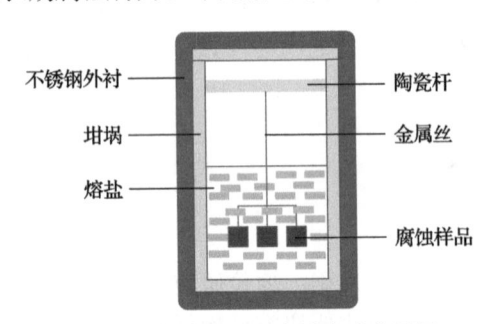

图 3.24 静态浸没法腐蚀实验装置图

腐蚀实验结束后，采用电感耦合等离子体光谱仪(ICP-OES)分析腐蚀前后熔盐中的杂质及其含量，判断出合金易腐蚀物质及其腐蚀量；通过重量法与深度法分别研究合金在熔盐静态腐蚀不同时间后的失重与腐蚀深度随着相应时间的变化趋势，获得合金在熔盐中的腐蚀速率；采用光学显微镜、电子背散射衍射、扫描电镜、透射电镜等多种跨尺度表征手段，研究从宏观毫米尺度到微观纳米尺度的合金组织结构和形貌变化。

尽管电化学法和静态浸没法在一定程度上可以研究合金在熔盐中的腐蚀行为，为实际应用中的熔盐制备、合金选材、机理研究等提供重要的参考。不过，实际中结构材料在熔盐中的腐蚀受很多因素如温差、流速、应力、杂质等的耦合影响，静态实验中得到的腐蚀行为与实际中的腐蚀有一定的差别，难以反映真实的腐蚀行为。相比静态腐蚀，动态回路中的腐蚀更接近真实的腐蚀行为。

### 3.6.4 太阳能热发电中的熔盐化学

太阳能光热发电技术有着比传统发电技术独特的优势,研究热度较高。在太阳能光热发电中运用较好的储能技术成为光热发电技术的关键,而应用于光热发电中的储能技术以潜热储存和显热储存为主[78]。作为太阳能光热发电的高温储热材料,应具备相变温度比循环最高温度高 20~50℃,相变潜热高、密度大,密度、体积随相变的变化不大,热导率与液相比热维持在较高水平,且能满足长期稳定等特性。高温熔盐在众多蓄热材料中以其独特的优势成为蓄热储能材料中最具发展潜力的材料。

作为太阳能光热发电中的一种蓄热储能材料,混合熔盐一般分为二元、三元、四元[52,55,79-83]。目前新建的光热发电站大多采用质量比为 6:4 的 $NaNO_3$ 和 $KNO_3$ 二元混合熔盐,该混合熔盐在 221℃开始熔化,在 600℃以下热稳定性较好,成本也较低。朱教群等对三元硫酸盐进行了研究,以 $MgSO_4$、$Na_2SO_4$ 和 $K_2SO_4$ 三种盐为原料制备了混合熔盐。该三元混合熔盐的熔点为 668~670℃,比二元混合熔盐($Na_2SO_4$-$K_2SO_4$)的熔点降低约 160℃;当 $MgSO_4$ 质量分数为 30%时,三元混合熔盐的相变潜热最大达到 94.3J/g,比热容最大达到 1.13J/(g·℃),导热系数为 0.41W/(m·℃),经过 50 次循环其相变潜热降低约 4.5%,而其熔点基本不变,具有良好的热稳定性[84]。Fernández 等[85]研究了由 $LiNO_3$、$KNO_3$、$NaNO_3$ 和 $Ca(NO_3)_2$ 组成的四元硝酸盐结构。此混合硝酸盐的使用温度为 132~553℃,比热容为 1.52J/(g·℃),在温度高于 170℃时其黏度与现在应用于太阳能光热发电中的熔盐几乎一致。孙李平[86]的研究表明,当 NaCl、KCl、$MgCl_2$ 三种盐的质量比为 1:7:2 时,其蓄热成本最低、经济性最好。随着科技的发展,采用添加剂可使熔盐的熔点大大降低,而其热稳定性基本不变,因此硝酸盐复合材料发展迅速。在二元硝酸盐体系中添加石墨,发现当石墨的质量分数为 15%~20%时复合材料的热导率明显提高,是熔盐热导率的 20 倍左右,同时不影响其相变潜热和相变温度。加入硫酸改性膨胀石墨可以提高熔盐的热导率,但是将石墨添加到熔盐中的大规模工业应用还存在一定的问题。在长期的高温储热条件下,熔盐势必会对反应器及管路产生腐蚀,这就要求熔盐反应器及管路应具备更强的防腐性,所以反应器及管路的材料也成为限制蓄热发展的瓶颈。将来,新能源光热发电势必会成为主流,因此寻求一种更好的熔盐混合物作为传热载体、要求更好的蓄热储能从而提高发电量、在满足经济性的同时减少相变的能源消耗将成为研究的焦点[87,88]。

## 3.7 核能中的熔盐化学

核能是人类历史上一项伟大的发明,正确地利用核能对人们的生活有着巨大的帮助。人们对反应堆的研究从未停止过,目前的核反应堆一般为轻水反应堆。轻水反应堆虽然可以实现最终发电,但也存在待解决的问题,如燃料棒的频繁更换和储存问题、反应堆发生过热熔毁现象等。与轻水反应堆相比熔盐反应堆的优势更为明显,熔盐反应堆不用固体铀作为燃料,而是以液体为燃料,从而降低了堆芯熔毁的可能。熔盐反应堆可在接近大气压的条件下工作,并且熔盐的沸点非常高,其工作时很难产生蒸汽,从而避免了蒸汽爆炸,因此其具有极高的安全性和经济性,而且还具有较高的换热效率。同时燃料的直接热交换方式使其具备可以小型化的优势,从而具有为舰船和航空器提供动力的光明前景。熔盐反应堆以熔盐作为热载体和燃料的新一代核反应堆,以其独特的优势迅速发展起来。在 2002 年熔盐反应堆被确定为重点发展的第四代核反应堆。

20 世纪 60～70 年代,美国 ORNL 就对熔盐增殖堆进行了研究,但由于经费问题该项目最终终止。虽然 ORNL 对熔盐堆的研究有一定的经验积累,但也存在一定的问题有待解决。熔盐堆运行温度很高,且具有很高的放射性和腐蚀性,因此对容器材料的要求很高。这就出现了对耐腐蚀材料的研究,作为反应堆的结构材料,要求其必须具有超高的耐氟化物腐蚀性和足够好的力学性能及抗高温氧化性能。纯 Ni 就具有良好的抗氟化物腐蚀性,但其高温强度太差,所以人们开始研究镍基高温合金。Inconel 是一种含 Cr 的镍基合金,最初人们发现其性能明显优于非镍基合金而被用于核动力飞机计划中,但其在长期运行中腐蚀严重。后来 ORNL 发现了一种含 Mo 的镍基合金 Hastelloy-B(29%Mo,5%Fe,其余为 Ni),其在 900℃左右时腐蚀率很小,比 Inconel 合金优越。但是这种材料 Mo 含量高达 29%(质量分数),使其加工难度增大。同时,材料中没有 Cr,使其抗高温氧化性能提高。为更好地解决这一问题,ORNL 研究人员将 Mo 与 Cr 重新配比开发出新的合金 Hastelloy-N(17%Mo,7%Cr,5%Fe,其余为 Ni)。虽然耐腐蚀材料的研制取得了成功,但是这种材料在中国很少有人研究,其特性还需要进一步考证,而且还存在需要解决的问题,如熔盐堆要求系统具有完全的密封性,在阀门的密封性上也存在待解决的问题。Mo 和 Ni 由于具有优越的抗氟化物腐蚀性能,目前已被应用于耐腐蚀涂层材料中。另外,熔盐在线处理也存在需要解决的问题。

中国在熔盐反应堆领域的研究起步较晚,2011 年中国科学院提出钍基熔盐堆(TMSR)目标:用 20 年左右的时间研发第四代核反应堆,所有技术具有全部的知识产权,培养出一支具备工业化能力的钍基熔盐堆核能系统科技队伍,开发一整套具有国际先进水平的完善体系。2014 年中国科学院上海应用物理研究所戴志敏在报告中介绍了目前承担的钍基熔盐堆发展计划,于 2017 年开始建设 2MW 固态和液态熔盐反应堆,于 2025 年开始 10MW 钍基熔盐反应堆项目的建设。目前各项工作都在按照计划进行,已经突破和解决了一些技术问题,但在抗腐蚀材料方面还需要进一步研究,未来耐腐蚀合金领域、耐腐蚀涂层领域的研究还有很长的路要走。

## 3.8 熔盐的其他应用

### 3.8.1 燃料电池中的熔盐化学

燃料电池是一种将氧化还原反应的化学能转化为电能的装置。燃料电池能量转化效率高、安装地点灵活、占地面积小、建设周期短,属于环境友好型发电装置。用熔融体盐类作为电解质的燃料电池技术的研发在十多年前就已经开始了。目前熔融碳酸盐型电池和磷酸盐型电池应用最为广泛，但前者与后者相比具有明显的优势。MCFC 是由多孔陶瓷阴极、多孔陶瓷电解质隔膜、多孔金属阳极、金属极板构成的燃料电池。电解质为熔融态碳酸盐（$Na_2CO_3$、$Li_2CO_3$、$K_2CO_3$）。美国在 MCFC 领域一直处于领先水平，20 世纪 70 年代就开始研发，21 世纪开始大规模运行。美国蒙大拿州的一座 250kW 熔融碳酸盐发电系统的发电效率接近 60%。未来美国在 MCFC 领域将重点研究如何降低成本，使其更具市场竞争力。日本、韩国也在 2014 年实现了 250kW 级 MCFC 发电系统的成功运行。意大利 Ansaido 燃料电池公司（AFCo）也完成了 200kW 级 MCFC 发电系统的研发工作。国内从事 MCFC 研究的单位主要有中国科学院、上海交通大学、北京科技大学、清华大学、中国华能集团有限公司等。中国科学院大连化学物理研究所针对 MCFC 进行了研究，其研究了 $LiAlO_2$ 粉料制备方法、$LiAlO_2$ 隔膜制备，对用烧结 Ni 为电极组装的单电池进行了测试。电池经过多次循环后性能不变，工作时电流密度为 $100mA/cm^2$ 时其电压为 0.95V，燃料利用率为 80%时其能量转化效率为 61%。中国华能集团有限公司采用带铸法制备电解质膜片，解决了大面积 MCFC 中电解质分布不均等问题；同时在电池组装前对电解质膜片进行预处理，将电解质膜片放在马弗炉中在 260℃下恒温处理 5h，在隔膜焙烧的温度区间内将其升温速度控制在 0.5℃/min 左右。测试结果表明，采用该方法制备的电解质膜片组装的 MCFC 单电池，使用纯氢燃料时电池性能良好。上海交通大学燃料电池研究所成功研制且组装 MCFC 单体电池并成功发电，到目前为止中国的千瓦级熔融碳酸盐燃料电池已成功运行，但也存在诸多待解决的问题。例如，高温的熔盐电解质具有强腐蚀性，对电池材料的长期腐蚀影响电池的寿命；电池的性质造成电池边缘的密封难度较大，大多是在阳极区容易遭受到严重的腐蚀。另外，电池系统中有循环，将阳极析出的金属离子重新输送到阴极，这就增加了系统结构的复杂性。

MCFC 是未来绿色大型发电厂的一种首选模式。伴随着 MCFC 系统一些关键问题的解决，其优越性能正在越来越多地被人们关注，其将成为未来最具发展前景的燃料电池之一。

### 3.8.2 生物质的熔盐化学

生物质主要指植物通过光合作用合成的有机物质，包括一次生物质即生物原材料和二次生物质。二次生物质是指通过吸收和转化一次生物质能量的有机体，如动物和生物质衍生物。生物质能是一种可再生能源，同时也是唯一可再生的碳源。生物质具有可再生、低污染、分布广泛和储量丰富等优点。目前，生物质能的利用途径分三类：一是生物质直接燃烧技术，如高效节能炉灶燃烧生物质技术和成型固体生物质燃烧技术；二是通过微生物发酵方法制取液体或气体燃料的生物化学转化方法，如生物质水解液化和生物沼气技术；三是采用热化学转化方法将生物质能转化为高品位能源的热化学转化技术，如高温干馏和生物质热裂解气化/液化技术。直接燃烧技术带来区域污染，生物化学转化技术反应速率慢，相比之下，热化学转化技术转化速率快且过程可控。对以熔盐为介质的热裂解生物质的研究始于 20 世纪 80 年代。熔盐导热系数大、热稳定性好、热容量大、熔解能力高、黏度低、化学性质稳定，可用作生物质热裂解的热载体、催化剂和分散剂，易实现工业化和规模化。目前，熔盐热裂解生物质的研究焦点集中于制备生物油和富氢气体两方面。

在 500~600℃、隔绝氧气的条件下，生物质（木秸秆等）颗粒迅速与熔盐接触，发生热裂解，产生的气体产物迅速冷凝形成生物油。与生物质原料相比，生物油具有能量密度高、热值高、易存储和易运输等特点，是一种潜在的液体燃料和化工原料，具有广阔的应用前景。有报道利用熔盐热裂解木质素获得含酚类化合物的生物油。近几年，基于熔盐裂解液化生物质的工业应用前景，国内外开展了熔盐裂解实际生物质制生物油的研究，目前集中于 450~550℃和常压条件下，以一元、二元或三元熔融氯化物为介质，热裂解生物质或生物质制取生物油。熔盐热裂解生物质制生物油，可通过改变熔盐组成调控生物油产率和生物油含水量，在一定程度上控制产品。相对于其他热化学热解生物质液化技术，熔盐热解生物质制生物油技术的油收率还有较大提升空间，且油中水含量还有较大降低空间。因此，筛选适宜的熔盐和匹配适合的复合熔盐是未来的主要研究方向。

氢能是一种优越的新能源，具有无污染、能实现真正的零碳排放（燃烧后只产生水）的优点；此外，氢气燃烧热值高(143MJ/kg)，约为汽油的 3 倍，被视为未来化石能源最理想的替代品，在未来几十年内有可能成为举足轻重的二次能源。熔盐热裂解生物质制氢具有原料适应性强、氢产率较高、气体产物组成简单、能耗低等优点。沈琦等[89]利用碱性熔融盐热解生物质制备富氢气体，气体产物中仅含有 $H_2$ 和 $CH_4$，反应温度为550℃时，氢气产率为 70.82g/kg。生物质本身所含的氢元素以氢气形式释放出来，同时碱性熔融盐与热解产生的 CO、$CO_2$ 等气体发生反应，抑制 $C_nH_m$ 化合物、残炭和焦油的产生。

## 参 考 文 献

[1] 丁静, 魏小兰, 彭强, 等. 中高温传热蓄热材料[M]. 北京: 科学出版社, 2013.

[2] 别略耶夫 А И, 热姆邱仁娜 Е А, 费尔散诺娃 Л А. 熔盐物理化学[M]. 胡方华, 译. 北京: 中国工业出版社, 1963.

[3] 谢刚. 熔融盐理论与应用[M]. 北京: 冶金工业出版社, 1998.

[4] Janz G J, Tomkins R P T. Physical properties data compilations relevant to energy storage. Ⅳ. Molten salts: Data on additional single and multi-component salt systems[R]. Gaithersburg: National Institute of Standards and Technology, 1981.

[5] Sohal M S, Ebner M A, Sabharwall P, et al. Engineering database of liquid salt thermophysical and thermochemical properties[R]. Idaho Falls: Idaho National Laboratory (INL), 2010.

[6] Souček P, Lisý F, Tuláčková R, et al. Development of electrochemical separation methods in molten LiF-NaF-KF for the molten salt reactor fuel cycle[J]. Journal of Nuclear Science and Technology, 2005, 42(12): 1017-1024.

[7] 程进辉. 传蓄热熔盐的热物性研究[D]. 上海: 中国科学院上海应用物理研究所, 2014.

[8] 王立娟. 高温混合碳酸盐的热物性及腐蚀性实验研究[D]. 北京: 北京建筑大学, 2016.

[9] 王崇琳. 相图理论及其应用[M]. 北京: 高等教育出版社, 2008.

[10] 傅献彩, 沈文霞, 姚天扬. 物理化学[M]. 北京: 高等教育出版社, 2005.

[11] Campbell F C. Phase diagrams-understanding the basics[R]. Metals Park: ASM International, 2012.

[12] Hillert M. Phase Equilibria, Phase Diagrams and Phase Transformations[M]. Cambridge: Cambridge University Press, 2008.

[13] 梁敬魁. 相图与相结构[M]. 北京: 科学出版社, 1993.

[14] Yin H Q, Zhang P, An X, et al. Thermodynamic modeling of LiF-NaF-KF-$CrF_3$ system[J]. Journal of Fluorine Chemistry, 2018, 209: 6-13.

[15] Yin H Q, Wu S, Wang X, et al. Thermodynamic description for the NaF-KF-RbF-$ZnF_2$ system[J]. Journal of Fluorine

Chemistry, 2019, 217: 90-96.

[16] Beneš O. Thermodynamics of molten salts for nuclear applications[D]. Prague: Institute of Chemical Technology, 2008.

[17] Sangster J, Pelton A. Phase Diagrams and thermodynamic properties of the 70 binary alkali halide systems having common ions[J]. Journal of Physical and Chemical Reference Data, 1987, 16(3): 509.

[18] Li X, Fei Z, Wang Y, et al. Experimental investigation and thermodynamic modeling of the NaCl-NaNO$_3$-Na$_2$SO$_4$ ternary system[J]. Chemical Research in Chinese Universities, 2018, 34(3): 475.

[19] Freyland W. Liquid metals, molten salts, and ionic liquids: Some basic properties. Coulombic Fluids[J]. Springer Series in Solid-State Sciences, 2011, 168: 5-44.

[20] Hayes R, Warr G G, Atkin R. Structure and nanostructure in ionic liquids[J]. Chemical Reviews, 2015, 115(13): 6357.

[21] Li X, Xie L. Experimental investigation and thermodynamic modeling of the LiNO$_3$-RbNO$_3$-AgNO$_3$ system and its subsystems[J]. Journal of Alloys and Compounds, 2018, 736: 124.

[22] Liu Z K, Wang Y. Computational Thermodynamics of Materials[M]. Cambridge: Cambridge University Press, 2016.

[23] Saunders N, Miodownik A P. CALPHAD (Calculation of Phase Diagrams): A Comprehensive Guide[M]. Amsterdam: Elsevier, 1998.

[24] 徐祖耀, 李麟. 材料热力学[M]. 北京: 科学出版社, 2005.

[25] 郝士明, 蒋敏, 李洪晓. 材料热力学[M]. 北京: 化学工业出版社, 2010.

[26] 王常珍. 冶金物理化学研究方法[M]. 北京: 冶金工业出版社, 2002.

[27] 段淑贞, 乔芝郁. 熔盐化学: 原理和应用[M]. 北京: 冶金工业出版社, 1990.

[28] 张明杰, 王兆文. 熔盐电化学原理与应用[M]. 北京: 化学工业出版社, 2006.

[29] Blomgren N M. The effect of ionic size on the conductivity and mobility of ions in molten salts[J]. Journal of Electrochemistry, 2002, 149(8): 18-20.

[30] Zernick Z S, Prints V I. The theory of the free volume in liquids[J]. Journal of Physical Chemistry, 1936, 40(12): 1091-1100.

[31] Cohen M H, Turnbull D. Molecular transport in liquids and the Arrhenius equation[J]. Journal of Chemical Physics, 1959, 31(5): 1164-1169.

[32] Peng H, Shen M, Wang C, et al. Electrochemical investigation of the stable chromium species in molten FLiNaK[J]. RSC Advances, 2015, 5(94): 76689.

[33] Ai H, Shen M, Sun H, et al. Effects of O$_2$- additive on corrosion behavior of Fe-Cr-Ni alloy in molten fluoride salts[J]. Corrosion Science, 2019, 150: 175.

[34] Zhu T, Wang C, Fu H, et al. Electrochemical and Raman spectroscopic investigations on the speciation and behavior of chromium ions in fluoride doped molten LiCl-KCl[J]. Journal of the Electrochemical Society, 2019, 166: H463.

[35] Wang C, Chen X, Wei R, et al. Raman spectroscopic and theoretical study of scandium fluoride and oxyfluoride anions in molten FLiNaK[J]. The Journal of Physical Chemistry B, 2020, 24(30).

[36] Young J, White J. High-temperature cell assembly for spectrophotometric studies of molten fluoride salts[J]. Analytical Chemistry, 1959, 31(11): 1892.

[37] James D. Vibrational spectra of molten salts[R]. Tennessee: ORNL Report No. 3414, 1963.

[38] Greenberg J, Hallgren L. Techniques for measuring the infrared absorption spectra of fused salts[J]. Review of Scientific Instruments, 1960, 31(4): 444.

[39] Wilmshurst J. Infrared spectra of highly associated liquids and the question of complex ions in fused salts[J]. Journal of Chemical Physics, 1962, 39(7): 1779.

[40] Gallei E, Schadow E. Ultrahigh-vacuum, high pressure and temperature infrared-ultraviolet-visible spectrophotometer cell[J]. Review of Scientific Instruments, 1974, 45(12): 1504.

[41] Li J, Dasgupta P. A simple instrument for ultraviolet-visible absorption spectrophotometry in high temperature molten salt media[J]. Review of Scientific Instruments, 2000, 71(6): 2283.

[42] Gorbaty Y, Venardou E, Garcia-Verdugo E, et al. High-temperature and high-pressure cell for kinetic measurements of supercritical

fluids reactions with the use of ultraviolet-visible spectroscopy[J]. Review of Scientific Instruments, 2003, 74(6): 3073.

[43] Passerini S, Mckrell T. A facile apparatus for the high temperature measurement of light attenuation in nearly transparent liquids/molten salts[J]. Journal of Nanofluids, 2012, 1(1): 78.

[44] 刘舒婷, 苏涛, 张鹏, 等. 高温原位氟化熔盐红外吸收光谱装置的研制[J]. 核技术, 2017, 40(7): 73.

[45] Sarou-Kanian V, Rollet A, Salanne M, et al. Diffusion coefficients and local structure in basic molten fluorides: In situ NMR measurements and molecular dynamics simulations[J]. Physical Chemistry Chemical Physics, 2009, 11(27): 11501-11508.

[46] Rollet A, Godie S, Bessada C. High temperature NMR study of the local structure of molten LaF$_3$-AF(A=Li, Na, K and Rb) mixtures[J]. Physical Chemistry Chemical Physics, 2008, 10(23): 3222-3230.

[47] Lacassagne V, Bessada C, Florian P, et al. Structure of high-temperature NaF-AlF$_3$-Al$_2$O$_3$ melts: A multinuclear NMR study[J]. Journal of Physical Chemistry B, 2014, 118(2): 545-556.

[48] Bessada C, Rollet A L, Rakhmatullin A, et al. In situ NMR approach of the local structure of molten materials at high temperature[J]. Comptes Rendus Chimie, 2006, 9(3-4): 374-380.

[49] Sun J, Guo X, Zhou J, et al. Investigation of the local structure of molten ThF$_4$-LiF and ThF$_4$-LiF-BeF$_2$ mixtures by high-temperature X-ray absorption spectroscopy and molecular-dynamics simulation[J]. Journal of Synchrotron Radiation, 2019, 26(6): 1733-1742.

[50] Okamoto Y, Motohashi H. XAFS study of molten ZrCl$_4$ in LiCl-KCl eutectic[J]. Zeitschrift Fur Naturforschung Section A-A Journal of Physical Sciences, 2002, 57(5): 277.

[51] 彭强, 魏小兰, 丁静, 等. 多元混合熔融盐的制备及其性能研究[J]. 太阳能学报, 2009, 30(12): 6.

[52] Raade J W, Padowitz D. Development of molten salt heat transfer fluid with low melting point and high thermal stability[J]. Journal of Solar Energy Engineering, 2011, 133(3): 91-96.

[53] Olivares R, Edwards W. LiNO$_3$-NaNO$_3$-KNO$_3$ salt for thermal energy storage: Thermal stability evaluation in different atmospheres[J]. Thermochimica Acta 2013(560): 34-42.

[54] Bischoff M. Molten Carbonate Fuel Cells: Research, Stack and System Technology[C]. International Symposium on Molten Salt Chemistry and Technology MTU Friedrichshafen GmbH, Munich, 1998.

[55] Li Y Y, Xu X K, Xiao B, et al. Survey and evaluation of equations for thermophysical properties of binary/ternary eutectic salts from NaCl, KCl, MgCl$_2$, CaCl$_2$, ZnCl$_2$ for heat transfer and thermal storage fluids in CSP[J]. Solar Energy, 2017, 152: 57-59.

[56] Wei X L. Thermodynamic modeling of multi-ionic systems: Applications in environmental science[J]. Environmental Science & Technology, 2023, 57(15).

[57] 亓永新, 李木森. NaF 在中性盐浴渗钒中的作用[J]. 山东工业大学学报, 1999, 29(4): 4.

[58] 杨德钧, 沈卓身. 金属腐蚀学[M]. 北京: 冶金工业出版社, 1999.

[59] Patel N S, Pavlík V, Boča M. High-temperature corrosion behavior of superalloys in molten salts–A review[J]. Critical Reviews in Solid State and Materials Sciences, 2017, 42(1): 83-97.

[60] Zheng G. Corrosion behavior of alloys in molten fluoride salts[D]. Madison: University of Wisconsin-Madison Doctoral Dissertation, 2015.

[61] Ambrosek J. Molten chloride salts for heat transfer in nuclear systems[D]. Madison: University of Wisconsin-Madison Doctoral Dissertation, 2011.

[62] Ruiz-Cabañas F J, Prieto C, Osuna R, et al. Corrosion testing device for in-situ corrosion characterization in operational molten salts storage tanks: A516 Gr70 carbon steel performance under molten salts exposure[J]. Solar Energy Materials. Solar Cells, 2016, 157: 383-392.

[63] Fernández A G, Pérez F J. Improvement of the corrosion properties in ternary molten nitrate salts for direct energy storage in CSP plants[J]. Solar Energy, 2016, 134: 468-478.

[64] Fernández A G, Galleguillos H, Pérez F J. Corrosion ability of a novel heat transfer fluid for energy storage in CSP plant[J]. Oxidation of Metals, 2014, 82: 331-345.

[65] Pavlik V, Kontrik M, Boča M. Corrosion behavior of Incoloy 800H/HT in the fluoride molten salt FLiNaK+MF$_x$ (MF$_x$=CrF$_3$,

FeF$_2$, FeF$_3$ and NiF$_2$)[J]. New Journal of Chemistry, 2015, 39: 9841-9847.

[66] Wang Y L, Wang Q, Liu H J. Effects of the oxidants H$_2$O and CrF$_3$ on the corrosion of pure metals in molten (Li, Na, K) F[J]. Corrosion Science, 2016, 103: 268-282.

[67] Ye X X, Ai H, Guo Z, et al. The high-temperature corrosion of hastelloy N alloy (UNS N10003) in molten fluoride salts analysed by STXM, XAS, XRD, SEM, EPMA, TEM/EDS[J]. Corrosion Science, 2016, 106: 249-259.

[68] Yin H, Qiu J, Liu H, et al. Effect of CrF$_3$ on the corrosion behaviour of Hastelloy-N and 316L stainless steel alloys in FLiNaK molten salt[J]. Corrosion Science, 2018, 131: 355-364.

[69] Liu Q, Sun H, Yin H, et al. Corrosion behavior of 316H stainless steel in molten FLiNaK salt with graphite particles[J]. Corrosion Science, 2019, 160: 108174.

[70] Shaffer J H. Preparation and handling of salt mixtures for the molten salt reactor experiment[R]. Oak Ridge: Oak Ridge National Lab. (ORNL), ORNL report No. 4616, 1971.

[71] Guo L, Liu Q, Yin H, et al. Excellent corrosion resistance of 316 stainless steel in purified NaCl-MgCl$_2$ eutectic salt at high temperature[J]. Corrosion Science, 2020, 166: 108473.

[72] Sun H, Wang J, Li Z, et al. Corrosion behavior of 316SS and Ni-based alloys in a ternary NaCl-KCl-MgCl$_2$ molten salt[J]. Solar Energy, 2018, 171: 320-329.

[73] Susskind H, Hill F B, Green L, et al. Corrosion studies for a fused salt-liquid metal extraction process for the liquid metal fuel reactor[R]. Upton: Brookhaven National Laboratory, 1960.

[74] Johnson T R, Teats F G, Pierce R D. A method for the purification of molten chloride salts[R]. Illinois: Argonne National Laboratory, 1969.

[75] Sun H, Wang J Q, Tang Z, et al. Assessment of effects of Mg treatment on corrosivity of molten NaCl-KCl-MgCl$_2$ salt with Raman and Infrared spectra[J]. Corrosion Science, 2020, 164: 108350.

[76] Spiegel M, Biedenkopf P, Grabke H J. Corrosion of iron base alloys and high alloy steels in the Li$_2$CO$_3$-K$_2$CO$_3$ eutectic mixture[J]. Corrosion Science, 1997, 39(7): 1193-1210.

[77] Biedenkopf P, Spiegel M, Grabke H J. High temperature corrosion of low and high alloy steels under molten carbonate fuel cell conditions[J]. Materials Corrosion, 1997, 48(8): 477-488.

[78] 张静如, 韦安柱. 熔盐在太阳能热发电中的应用与发展前景[J]. 石油商技, 2017, 35(2): 16-21.

[79] Peng Q, Wei X, Ding J, et al. High-temperature thermal stability of molten salt materials[J]. International Journal of Energy Research, 2008, 32(12): 1164-1174.

[80] Bischoff M. Molten carbonate fuel cells: A high temperature fuel cell on the edge to commercialization[J]. Journal of Power Sources, 2006, 160(2): 842-845.

[81] 路阳, 彭国伟, 王智平, 等. 熔融盐相变储热材料的研究现状及发展趋势[J]. 材料导报, 2011, 25(21): 38-42.

[82] Wei X, Song M, Wang W, et al. Design and thermal properties of a novel ternary chloride eutectics for high-temperature solar energy storage[J]. Applied Energy, 2015: 156: 306-310.

[83] Mehos M, Turchi C, Vidal J, et al. Concentrating solar power Gen3 demonstration roadmap[R]. Golden: National Renewable Energy Laboratory, 2017.

[84] Li Y, Zhou S H, Wang S, et al. Preparation and thermal properties of a novel ternary molten salt/expanded graphite thermal storage material[J]. Journal of Energy Storage, 2023, 74.

[85] Fernández A G, Ushak S, Galleguillos H, et al. Thermal characterization of an innovative quaternary molten nitride mixture for energy storage in CSP plants[J]. Solar Energy Materials and Solar Cells, 2015, 132: 172-177.

[86] 孙李平. 太阳能高温熔盐优选及腐蚀特性实验研究[D]. 北京: 北京工业大学, 2007.

[87] 郑天新, 梁精平, 李慧, 等. 熔盐技术在新能源中的应用现状[J]. 无机盐工业, 2018, 50(3): 11-15.

[88] 孙华, 苏兴治, 张鹏, 等. 聚焦太阳能热发电用熔盐腐蚀研究现状与展望[J]. 腐蚀科学与防护技术, 2017, 29(3): 282-290.

[89] 沈琦, 何咏涛, 姬登祥, 等. 熔融碱热解生物质制氢[J]. 化工进展, 2010(S1): 5.

# 第 4 章
# 固体氧化物电解水制氢技术

氢能是公认的清洁能源，被誉为 21 世纪最具发展前景的二次能源，在解决能源危机、全球变暖及环境污染等问题方面将发挥重要的作用，也将成为我国优化能源消费结构、保障国家能源供应安全的战略选择。氢气除了作为现有工业的原料外，未来其市场需求还集中在交通运输业、发电领域、工业能源、热电联供、先进化工及直接炼铁等新兴领域。据权威机构预测，到 2030 年，我国氢气的年需求量将达到 3715 万 t，在终端能源消费中占比约为 5%。到 2060 年，我国氢气的年需求量将增至 1.3 亿 t 左右，在终端能源消费中的占比约为 20%。

当前工业生产所需氢气的主要来源包括化石燃料重整和电解水制氢，前者存在大量的温室气体排放，后者主要基于常温电解水制氢技术，能耗和成本高。与常温电解水制氢技术相比，基于固体氧化物电解池的高温(600～1000℃)电解水蒸气制氢技术具有显著优势(图 4.1)：在高温状态下电解过程中的电能消耗降低 20%～30%，电解效率可以达到 90%～100%，因此可以与具有高温热源的能源系统联用，有效利用廉价的高温工艺热和电能来进行大规模制氢。可以利用价格低廉的金属氧化物来取代贵金属作为电极材料，降低制氢设备成本。

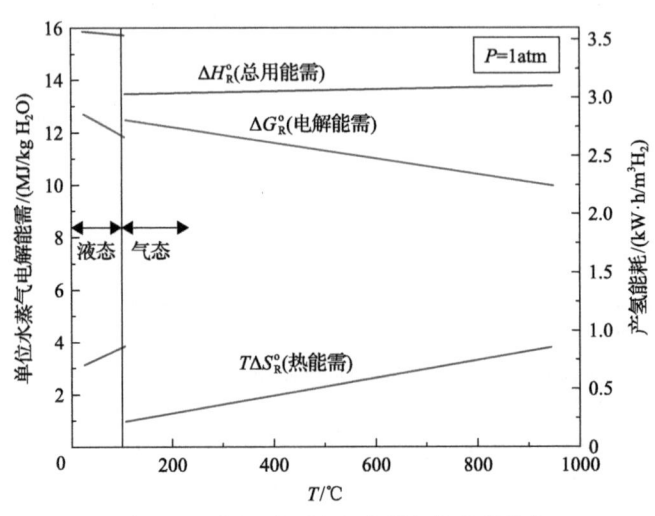

图 4.1 不同温度下电解水制氢的能量需求

1atm=1.01325×10⁵Pa

小型模块化第四代核反应堆系统是先进核能的发展趋势，正在逐渐成熟并开始示范应用。通过核能高温电解制氢、高温热利用、核能供热、海水淡化等核能综合利用技术，可以实现核能用途多样化，将在确保我国能源安全和可持续性发展方面发挥巨大作用。

## 4.1 国内外的优势企业

目前从事 SOEC 技术的企业较少，能够提供商业化产品和解决方案的企业有限，主要有美国的 Bloom Energy（BE）公司、燃料电池能源（FuelCell Energy）公司、康明斯公司，德国的 Sunfire、丹麦的 Haldor Topsoe 等，国内主要有上海氢程科技有限公司（简称上海氢程科技）、潮州三环（集团）股份有限公司、浙江氢邦科技有限公司（简称浙江氢邦科技）等。

### 4.1.1 美国 BE 公司

BE 公司成立于 2001 年，由前美国国家航空航天局（NASA）科学家 Sridhar 博士创立，总部位于加利福尼亚州圣何塞市。BE 公司已在美国 NASA 艾姆斯研究中心（Ames Research Center）运营全球最大规模的 SOEC 装置。该装置位于加利福尼亚州历史悠久的莫菲特机场研究基地（Moffett Field），采用高温、高效率的电解技术，每兆瓦的电力输入可生产比低温电解槽（如质子交换膜或碱性电解槽）多 20%～25% 的氢气，典型产品如图 4.2 所示。该 4MW SOEC 每天可产出超过 2.4t 氢气（图 4.3）。该项目于 2023 年 5 月启动建设，仅用两个月便完成制造、安装和投运。这一示范项目展示了固体氧化物技术的成熟度、效率及商业化可行性，为大规模清洁氢气生产提供了可靠的解决方案。

除示范项目外，BE 公司开展的项目主要包括：

（1）2020 年 11 月，BE 公司宣布将与韩国合作伙伴 SK 生态工厂（SK EcoPlant）合作，向韩国昌原的一个工业园区供应电解池。为支持昌原 RE100 倡议，创建可再生生态系统，该项目计划分阶段部署总容量为 1.8MW 的氢燃料电池，于 2022 年前完成。

（2）2021 年 5 月，BE 公司宣布与美国爱达荷州国家实验室合作，测试利用核能通过

图 4.2 BE 公司产品

图 4.3　BE 公司在加利福尼亚州 NASA 艾姆斯研究中心部署的 4MW 电解槽示范项目

SOEC 电解池制造清洁氢气。BE 公司的 SOEC 可以利用核电站产生的多余电力和蒸汽生产低成本的零碳氢气，而不是在电网有多余能源的情况下降低发电量，在需要时提供清洁能源，同时为核电站提供过剩电力的收入来源。装置额定功率为 100kW，制氢能耗比为 37.7kW·h/kg $H_2$。至 2023 年 5 月，已经在满功率条件下运行 4500h。

(3) 2021 年 5 月，BE 公司宣布与能源技术公司贝克休斯公司合作，将 BE 的 SOEC 技术与贝克休斯在压缩技术方面的专长相结合，以提升氢气的生产、压缩、运输与储存的效率。本次合作的重点包括：①氢能解决方案：开发高效的氢气生产与利用一体化方案；②碳捕集与封存：推进减少工业过程碳排放的相关技术；③热管理：提升各类应用中的能源利用效率。通过发挥双方在各自领域的专业优势，为能源行业提供更加高效、更具成本效益的解决方案。至 2022 年 8 月，贝克休斯为加拿大埃德蒙顿的空气产品公司(Air Products)净零氢能综合体完成了氢气涡轮机的制造与测试工作。

### 4.1.2　德国 Sunfire

德国 Sunfire 是欧洲 SOEC 的技术代表，总部位于德国萨克森州。该公司成立于 2010 年，并在次年收购了一家 SOFC 公司作为其后来发展的技术核心，Sunfire 在 2021 年 11 月获得了 1.09 亿欧元的 D 轮融资(之前其已获得超过 1 亿欧元的融资)，并于 2023 年建成 200MW 的 SOEC 电解槽产能。目前可以提供百千瓦到兆瓦级产品，其产品已开始应用于燃油、氢冶炼、生物精炼等领域，该公司的主要项目和装置如下所述。

1. 可逆式 RSOC 系统

在 2016 年摩洛哥马拉喀什召开的 COP22 气候大会上，Sunfire 公司展示了其创新的可逆固体氧化物电池(RSOC)技术。该技术可在电解模式(SOEC 模式)和发电模式(SOFC 模式)之间切换。在电解模式下，电解效率超过 80%；在发电模式下，通过余热回收后系统总效率可达 80%以上。该系统特别适合阳光充足、风能丰富的沿海地区，实现电能的高效转化与存储。该系统已在波音公司合作中首次示范运行，此后该技术被应用于 GrInHy 项目中。

2019年，Sunfire公司完成可逆式RSOC系统研制，如图4.4所示，在SOFC模式下，发电功率达到50kW；在SOEC模式下，电解功率为120kW。该系统包括电解模块、氢气压缩、储存、配电系统、控制系统等，运行时间超过10000h，产氢速率为40Nm³/h，衰减率<1%/1000h。制氢能耗低至3.9kW·h/Nm³ $H_2$，并实现动态模式切换以适应电网调峰需求。

图4.4 50kW SOFC/120kW SOEC系统

## 2. GrInHy2.0项目

GrInHy2.0项目是萨尔茨吉特(Salzgitter)公司低二氧化碳炼钢SALCOS计划的一部分，该计划的目标是在钢铁生产过程中显著减少二氧化碳排放，实现综合钢铁生产路线的逐步转型，从基于高炉炼铁的碳密集型钢铁生产向直接还原铁和电炉路线转变，包括灵活地逐步利用氢气，项目整体概念如图4.5所示。

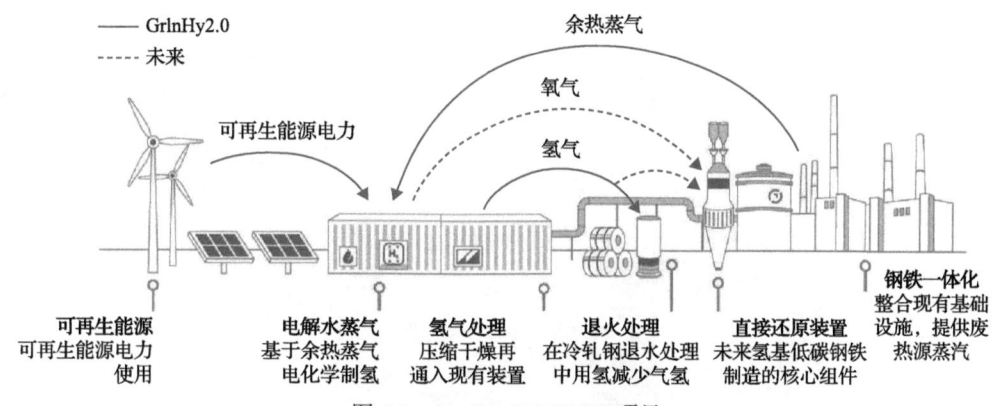

图4.5 Sunfire GrInHy2.0项目

该项目从2019年1月开始动工建设720kW SOEC装置(图4.6)，直至2021年3月已完成13000h运行，2022年底项目正式结束。该装置产氢率为200Nm³/h，制氢电耗约39.7kWh/kg，利用可再生电力生产至少100t绿氢。Salzgitter Flachstahl工厂计划将这种绿氢用于退火工艺，以替代天然气。在之后阶段，还将向直接还原铁厂提供绿氢。

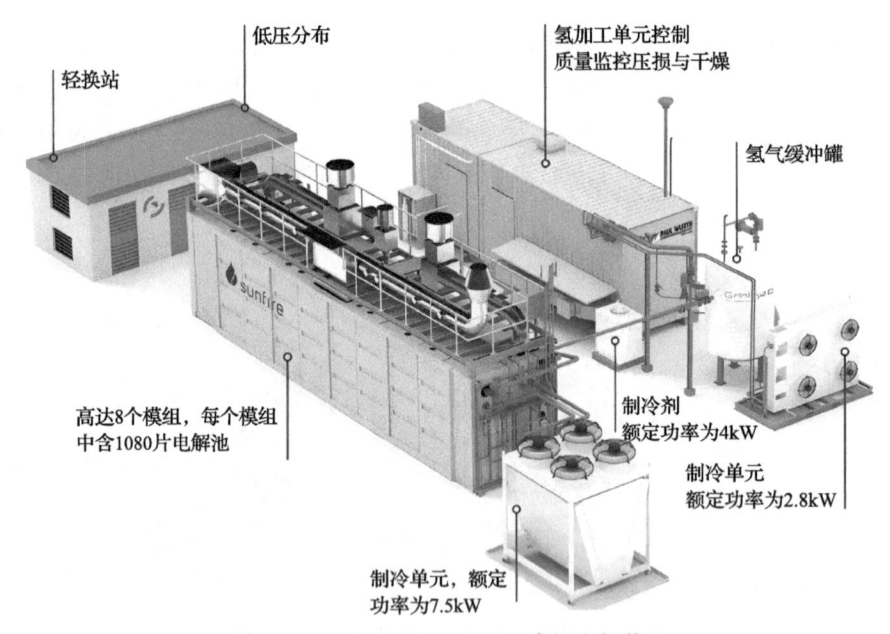

图 4.6  Sunfire 720kW SOEC 高温电解装置

3. MultiPLHY 项目

继 GrInHy2.0 项目之后，Sunfire 公司继续投入第三代 Sunfire-HyLink SOEC 技术研发。2023 年，Sunfire 公司又在 Kopernikus P2X 研究项目中成功投运了一套高温共电解装置，电解功率达 220kW（图 4.7），电效率超过 85%（LHV）。此后在荷兰鹿特丹的耐斯特（Neste）可再生品炼油厂开展 MultiPLHY 项目。该项目由多方共同参与：法国燃气苏伊士集团（ENGIE），负责供应绿色电力；芬兰耐斯特油业集团，以旗下一家位于荷兰鹿特丹的生物炼制厂作为项目场地，并提供废热以获得高温蒸汽；Sunfire 公司提供一套 2.6MW 的高温固体氧化物电解设备，其概念设计如图 4.8 所示；法国原子能和替代能源委员

图 4.7  Sunfire 250kW 电解池模块

图 4.8 Sunfire 兆瓦级电解系统示意图

会(CEA),提供技术支持;卢森堡工程公司保尔沃特(Paul Wurth),负责建设工作[①]。作为在欧盟开展的创新绿色项目,MultiPLHY 项目很顺利地获得了来自欧盟"Horizon 2020 计划"690 万欧元的资金支持。

Sunfire 公司在欧盟的 MultiPLHY 项目的支持下正在荷兰建设 2.6MW 规模 SOEC 的项目示范(图 4.9,详细参数见表 4.1),每小时产氢 60kg 用于合成燃料的生产。2021 年完成 250kW SOEC 模块试运营,该 SOEC 模块有 60 个电堆和 1800 片单电池,利用可再生能源电解水制氢,产氢速率分别为 63Nm$^3$/h 和 5.7kg/h,转换效率可以达到 84%(LHV)。经优化的 SOEC 模块专门为工业化生产而设计,是 Sunfire 兆瓦级电解池核心,该模块将在 MultiPLHY 项目中进行大规模的示范应用。

图 4.9 Sunfire 2.6MW 电解池模块

表 4.1 Sunfire 2.6MW 规模 SOEC 的系统参数

| 系统参数 | 参数值 |
| --- | --- |
| 产氢速率/(Nm$^3$/h) | 750 |
| 产氢功率调节范围/% | 5~100 |
| 氢气压力/bar | 压缩后达到 1g~40g |

---

① Sunfire. MULTIPLHY–Green hydrogen for renewable products refinery in Rotterdam. (2020-03-11)[2024-08-20]. https://sunfire.de/en/news/multiplhy-green-hydrogen-for-renewable-products-refinery-in-rotterdam/。

续表

| 系统参数 | 参数值 |
| --- | --- |
| 系统输入功率(AC)/kW | 2680 |
| 电堆单位产氢直流电耗(DC)/(kW·h/Nm³) | 3.3 |
| 电堆单位产氢交流电耗(AC)/(kW·h/Nm³) | 3.6 |
| 系统电效率/% | 84 |
| 水蒸气消耗量/(kg/h) | 860 |
| 输入水蒸气温度/℃ | 150~200 |
| 输入水蒸气压力/bar | 3.5~5.5(g) |
| 占地面积/m² | ~300 |

Sunfire 公司于 2023 年成功推出 720kW 固体氧化物电解槽(SOEC)系统,装置采用高温运行模式,利用固态氧化物电解质实现高效水蒸气电解,电能转化效率达 85%以上(LHV),系统整合了模块化设计,每小时产氢量超过 100kg,并可耦合工业废热。2024 年成功完成了 2.6MW 高温电解制氢装置安装,该系统是全球首个多兆瓦级 SOEC 示范项目。装置由 12 模块共 720 个电堆组成,额定功率 2.6MW,氢气产量≥60kg/h,电解效率≥86%(LHV)。项目所用电堆经过超过 8000h 的耐久性测试,采用温度补偿策略保持稳定运行,并通过工厂验收测试(FAT)与现场调试,成功并入 Neste 炼油工业流程。未来,Sunfire 公司计划扩展至 10MW 级别(详细参数见图 4.10),推动工业脱碳进程。

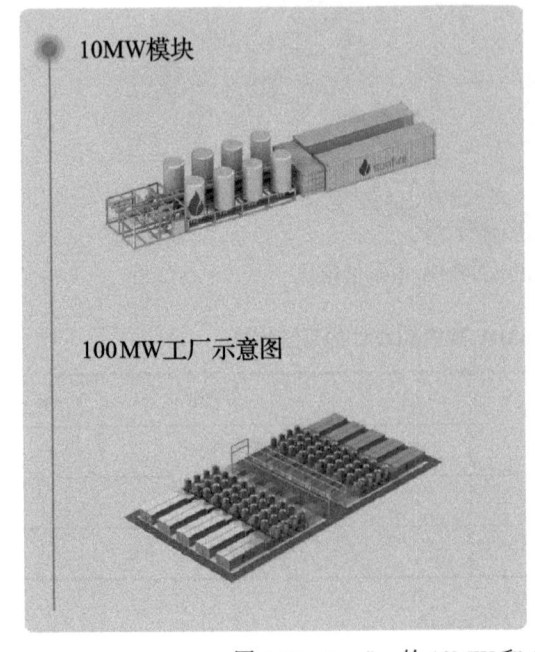

图 4.10  Sunfire 的 10MW 和 100MW 模组计划

### 4.1.3 美国 FuelCell Energy

FuelCell Energy 公司最初成立于 1969 年，当时名为能源研究公司（Energy Research Corporation, ERC），专注于先进的电化学能量转换技术。公司早期主要为航空航天和军事领域开发燃料电池技术。到了 20 世纪 90 年代，ERC 开始将重心转向商业化和固定式燃料电池发电系统。在 1999 年，公司正式更名为 FuelCell Energy, Inc.，以体现其致力于清洁能源解决方案的发展方向。公司总部位于美国康涅狄格州丹伯里市，现已成为碳酸盐燃料电池和固体氧化物燃料电池技术领域的重要企业。

2020 年，FuelCell Energy 与弗吉尼亚理工学院电力电子系统中心合作，在美国能源部（DOE）核能办公室 300 万美元资金支持下开展了为期三年的项目，旨在提高 RSOC 系统的效率，研究氢气生产如何帮助核电厂实现多元化和提高盈利能力，从而实现系统效率≥75%，单电池衰减速率≤1%/1000h，电堆衰减速率≤2%/1000h 的目标。基于项目成果，FuelCell Energy 已在 2024 年将首个面向外部交付的商用 SOEC 系统部署于爱达荷国家实验室（INL）。该系统设计效率高，可在外部热源（如核能）辅助下实现接近 100%的电解效率（图 4.11）。

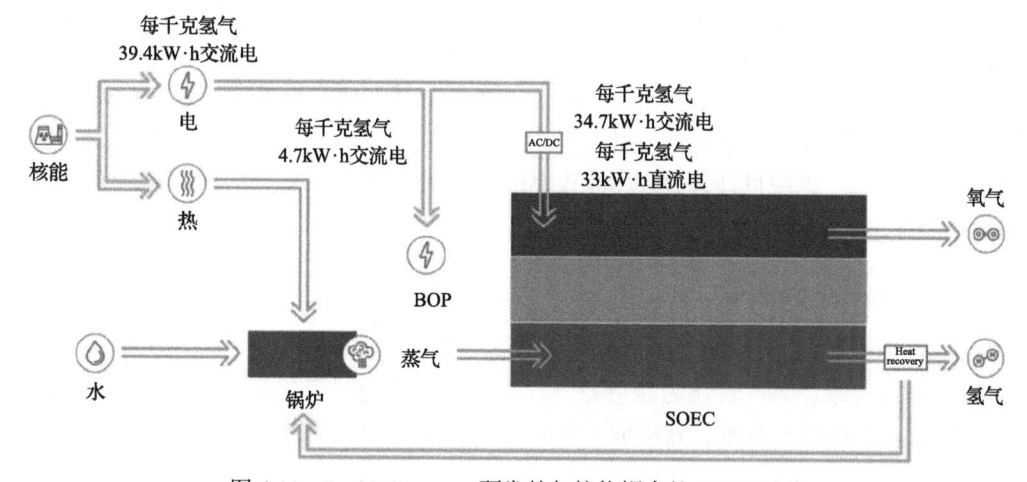

图 4.11 FuelCell energy 研发的与核能耦合的 SOEC 系统

2023 年期间，FuelCell Energy 固体氧化物电池取得了重大进展，并在美国本土开展了以下项目：①与丰田合作，在加利福尼亚州长滩港部署了一套 2.3MW 的燃料电池系统。该系统利用生物质转化技术，将可再生生物气体转化为电力和氢气，为丰田的物流运营提供清洁能源。②在康涅狄格州德比市建设了一个 14.9MW 的燃料电池发电厂。该设施为当地电网提供高效、清洁的基载电力，支持区域能源需求。③为三一学院安装了一套 1.4MW 的燃料电池系统，为校园提供高效、可靠的电力和热能，提升能源效率并减少碳排放。

在国际领域方面，2023 年 2 月，FuelCell Energy 与马来西亚海洋和重型工程公司（MHB）签署了一份谅解备忘录，利用 FuelCell Energy 在 SOEC 方面的技术积累，在亚洲、新西兰和澳大利亚合作开发大型绿氢装备项目。同年 7 月，该公司与韩国 Noeul Green

Energy 签署了为期 14 年、价值约 7560 万美元的长期服务协议，并于 10 月起全面接管其燃料电池运营与维护。截至 2023 年 10 月底，除已服务的项目外，FuelCell Energy 的平台技术已在韩国 6 个站点部署超 100MW，并计划通过更换燃料电池模块实现系统升级。2023 年 10 月，该公司与 EDF Energy 合作，在英国海瑟姆（Heysham）核电站开展项目，探索通过核电驱动 SOEC 大规模制氢，用于沥青工业的脱碳。项目使用 1MW SOEC 系统，通过槽车运输氢气分销至多地，预计将在未来数月完成系统集成设计并决定是否推进项目下一阶段。2023 年 11 月，FuelCell Energy 与加拿大核实验室 CNL 启动可行性研究，探讨将 SOEC 与核能结合，制取氢气以合成 eFuels（合成碳中和燃料），用于交通、取暖等难以脱碳的领域。

### 4.1.4 美国康明斯公司

康明斯公司（Cummins Inc.）成立于 1919 年，总部位于美国印第安纳州哥伦布市，康明斯于 2019 年收购了通用电气（GE）的固体氧化物燃料电池业务，致力于实现 SOEC 和 SOFC 制造的自动化，提高系统生产的效率，降低资本成本，助力氢能经济的规模化发展。

康明斯在美国能源部 200 万美元拨款的资助下，研究 RSOC 的成本、性能和可靠性。2021 年 9 月，康明斯又从美国能源部获得了 500 万美元的拨款，用于可逆固体氧化物电池系统研发、电堆自动化组装和生产的研发。该项目将利用康明斯现有成熟的热喷涂工艺，自动化生产以金属为基础的固体氧化物电堆，减少昂贵的烧结工艺，并将所需密封件数量减少 50%。该项目计划开发 60kW 固体氧化物电堆自动化组装线，用于建立年产能 94MW 的 SOEC 电解槽工厂。

### 4.1.5 丹麦 Haldor Topsoe

Haldor Topsoe 成立于 1940 年，该公司提供高效的 SOEC 技术，旨在与下游工序无缝对接，助力将绿色氢气转化为绿色氨气、甲醇以及其他绿色化学品。该公司可批量化生产固体氧化物电池与电堆，并集成 SOEC 系统，其典型三维图如图 4.12 所示。目前该

图 4.12 Topsoe 电解水制氢设备三维图

公司的 SOEC 技术已经在多个项目中得到应用和验证。目前正在丹麦的赫宁建设全球首个工业规模的 SOEC 制造工厂。该工厂的年生产能力达到 500MW，将于 2025 年开始运营，已获得了欧盟创新基金 9400 万欧元的资助。赫宁工厂将助力欧洲的绿色氢气目标，相比传统的氢气生产方法，将在未来十年内减少约 750 万 t 的二氧化碳排放。

1. 可持续燃料项目

2019 年，丹麦政府正式推出"IPCEI"，并计划在哥本哈根地区推广基于电解技术生产的氢能和可持续燃料设施。该项目预计在 2030 年前分三个阶段执行，到 2023 年实现 10MW 容量，到 2027 年实现 250MW 容量，到 2030 年实现 1.3GW 容量。SOEC 高效制氢技术和生产可持续的燃料(如航煤、氨和甲醇)也是该项目的重点。

2. 5GW 固体氧化物电解槽项目

Haldor Topsoe 公司和 First Ammonia 公司签署 5GW 项目协议，开启首个工业级规模 SOEC 生产绿氨，其中氨气可用作运输、电力储存和发电的燃料以及生产化肥。这是迄今为止世界最大的电解槽协议。每年将取代 50 亿 $m^3$ 的天然气，减少 1300 万 t 的 $CO_2$ 排放。该项目首批次 500MW 产能将安装在德国北部及美国西南部，此为世界首个商业规模的绿色合成氨工厂。在未来几年，Haldor Topsoe 公司开创性的节能型 SOEC 将安装在 First Ammonia 公司在世界各地的绿色合成氨工厂中。两公司初期合作 500MW 的 SOEC 装置规模，将在后期扩容至 5GW。

### 4.1.6 美国 Nexceris

Nexceris 公司成立于 2004 年，总部位于美国俄亥俄州，专注于 SOFC 和 SOEC 的研发、测试和商业化。公司凭借其 AACE 5 级工业电解槽获得美国北卡三角洲国际研究院融资。2020 年，Nexceris 公司获得美国能源部 300 万美元资助。在该预算支持下，Nexceris 将与合作伙伴西北大学、科罗拉多矿业大学共同研发并示范 RSOC 电堆技术的原型系统。2024 年 1 月，Nexceris 公司入选美国国防部扶植新兴产业计划 ENERGYWERX，获得融资。该公司开发了多种高性能 SOEC 技术，包括用于生产氢气的 SOEC 和用于能源存储的 RSOC 等。该公司还致力于研究和生产先进的涂层，以增强 SOEC 电堆的耐用性，研究了在 SOEC 中进行水蒸气和二氧化碳的共电解，以生产合成气，该合成气可通过费托合成进一步加工成燃料和化学品。

### 4.1.7 日本三菱重工

三菱重工(HMI)是全球领先的工业集团之一，在清洁能源和先进技术领域具有深厚的积累。其 400kW 级 SOEC 测试模组 2024 年 4 月 25 日投入使用，如图 4.13 所示。模组由 500 个电池堆组成。在测试运行期间，制氢能耗为 3.5kW·h/Nm$^3$。在长崎碳中和园区，三菱重工还成功地在每个电池组的大量电流条件下进行了测试，朝着开发具有高功率密度的兆瓦级 SOEC 稳步前进。

图 4.13　400kW 级 SOEC 测试模组

### 4.1.8　英国 Ceres Power

Ceres Power 公司成立于 2004 年，总部在英国，专注于开发和商业化 SOFC 和 SOEC 技术，SteelCell 技术是其核心竞争力。该技术使用钢铁等大宗商品材料制造，具有启动速度快、功率密度高、成本低等优势，适用于多种应用场景，包括固定式电源、海洋应用以及绿色氢和电子燃料行业的蒸汽电解领域。该公司开发了多种高性能 SOEC 技术，包括用于生产氢气的 SOEC 和用于能源存储的 RSOC。

2022 年 6 月，Ceres Power 宣布与壳牌公司签署协议，于 2023 年交付一台兆瓦规模的 SOEC 演示装置。2023 年 12 月，Ceres 与壳牌进一步合作，签订合同设计 10MW 加压 SOEC 模块，用于大规模工业应用，如合成燃料、合成氨和绿色钢铁等

2023 年，Ceres Power 与林德工程公司和罗伯特博世有限公司（以下简称博世）签署了合同：2024～2026 年，在德国斯图加特的博世工厂使用 1MW SOEC 系统测试低成本绿色制氢和评估 Ceres Power 的 SOEC 技术在工业规模上的应用。

### 4.1.9　芬兰 Convion

Convion 公司致力于将固体氧化物燃料电池系统商业化，用于工业和商业应用中的分布式发电。该公司的高温 SOEC 电解系统是在 E-Fuel 研究项目中开发和构建的集成概念的核心部分，交付的 Convion C250e 系统是该公司大型 SOEC 电解槽商业化的第一套电解水制氢设备。

Convion C250e 是一个模块化蒸汽电解槽系统，具有可逆操作功能（RSOC），并且可利用蒸汽+$CO_2$ 共电解生成合成气，如图 4.14 所示。C250e 中每个模块都是一个独立的、可热插拔的转换单元，能够独立运行。在蒸汽电解中，氢气生产的电效率＞85%（LHV）。配置为双向可操作的 Convion C250e rSOC 系统，可以在氢气生产和发电之间灵活切换，

发电时可以使用氢气或甲烷作为燃料。

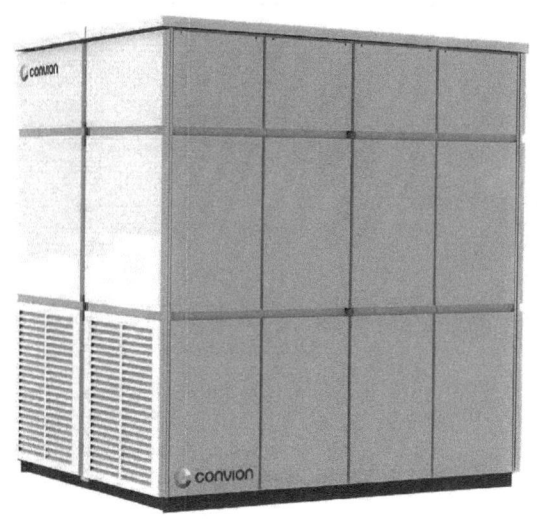

图 4.14　C250e 设备外观图

### 4.1.10　爱沙尼亚 Elcogen

Elcogen 公司成立于 2001 年，专注于 SOEC 和 SOFC 的研发与制造。公司产品主要包括电池、电堆与电堆模组，如图 4.15 所示。目前电池尺寸为 12cm×12cm，电解质厚度为 3~6μm，共有 315μm 和 415μm 两种厚度规格，性能如图 4.16 所示；电解堆有 1kW、3kW、10kW 三种规格，对应的产氢速率分别为 0.35Nm³/h、1Nm³/h、3Nm³/h，直流电耗为 3.2kWh/Nm³H$_2$，性能如图 4.17 所示；电堆组则提供双电堆与四电堆的集成方案。

图 4.15　Elcogen 电池/电堆

图 4.16　Elcogen 电池片电解性能曲线

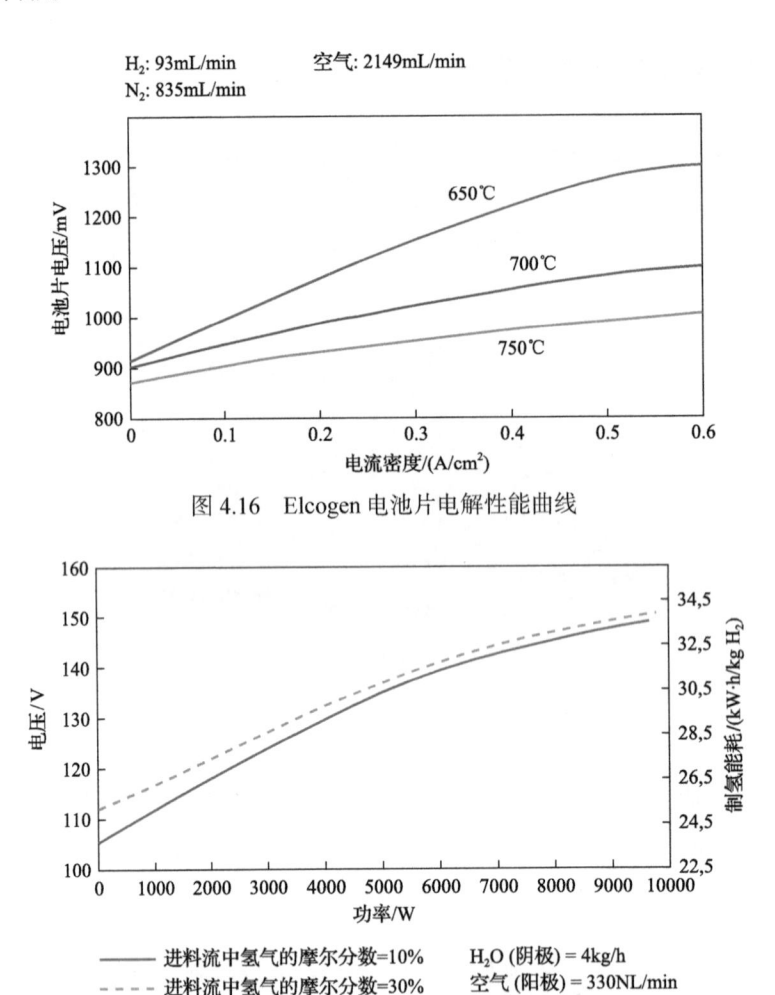

图 4.17　Elcogen 电堆电解性能曲线

2024 年 5 月，Elcogen 宣布将在爱沙尼亚塔林新建一座工厂，该工厂位于洛瓦工业园区，占地面积 14000m²，计划于 2025 年中期投产。新工厂将把公司的 SOFC、SOEC 的产能从 10MW 扩展至 360MW。该工厂将采用最新技术，包括定制化、自动化和批量生产等工艺，以提高生产效率和产品质量。

2024 年 7 月，Elcogen 与 AVL List GmbH 达成合作，共同开发用于兆瓦级制氢工厂的 SOEC 电堆模块。该项目将结合双方在 IPCEI Hy2Tech 计划中的研发努力，旨在解决 SOEC 技术从小型电池扩展到多兆瓦模块的挑战。合作将结合 Elcogen 在 SOEC/SOFC 电池和电堆方面的先进技术与 AVL 在 SOFC/SOEC 系统和电堆模块开发方面的专业知识，加速 SOEC 技术的工业化和大规模部署。

### 4.1.11　日本新能源·产业技术综合开发机构

日本新能源·产业技术综合开发机构（NEDO）成立于 1980 年，近些年在燃料电池研发项目中，NEDO 采纳了 24 个课题，其中包括与 SOEC 相关的研究，如可逆 SOFC 用双层电极的开发等，在 2020～2024 年累计投资约 45 亿日元，用以开发 SOEC $CO_2$ 共电解与费托合成(F-T)耦合制备液体合成燃料(汽油、柴油、航空燃料等)一体化生产技术。

大阪瓦斯株式会社(以下简称"大阪瓦斯")提出了"SOEC 甲烷化技术创新项目"，该项目期限预计为 2022～2030 年，目标是集合 SOEC 甲烷化的相关技术，实现全球最高能量转换效率的合成甲烷制造技术。NEDO 开发的 SOEC 甲烷化技术的规模化试验进度为，2022～2024 年为实验室规模($0.1Nm^3·h$)，2025～2027 年达到台架规模($10Nm^3·h$)，2028～2030 年达到中试规模($400Nm^3·h$)。

### 4.1.12 中国科学院上海应用物理研究所

在中国科学院、上海市、国家自然科学基金委员会等的支持下，中国科学院上海应用物理研究所(上海应物所)自 2011 年开始部署固体氧化物电解制氢技术研究，并提出了基于钍基熔盐堆系统的多能融合新能源体系，大力推动基于核能、风能、太阳能等清洁能源的高效制氢技术研发。

经过 12 年的发展，在固体氧化物高温电解水制氢技术相关的材料、单电池、电堆和系统应用等层面均取得了较大突破，取得了重要的成绩。

2013 年，完成了 1kW 级高温电解制氢系统的概念验证与系统集成，成功运行 500h 以上，稳定运行制氢速率达到 170NL/h，电解效率达到 90%；2015 年，研制了 5kW 级高温电解制氢测试系统，制氢速率达到 $37Nm^3/h$，衰减速率为 2.25%/1000h；2018 年，经过技术升级和优化设计，研制了可以稳定运行的 5kW 级高温电解制氢中试装置，制氢速率进一步提升，经过 3000h 的运行测试，衰减速率<1%/1000h，为大规模的系统集成和工程示范打下了坚实的基础。

"十四五"期间，进一步加强了基于固体氧化物电池的核能高温电解制氢技术的研发，开展固体氧化物电解水制氢材料界面物理化学研究，研发高性能、长寿命、低成本固体氧化物电解池，加快电解堆的工程化技术研究，开展多堆集成技术开发，实现大功率高温固体氧化物电解水制氢系统集成，研究核能高温电解制氢技术、高温氢气分离纯化技术、核热氢耦合技术、核能制氢安全评估和管理规范，结合核能和可再生能源利用开展大规模固体氧化物电解水制氢工程示范。

1. 20kW-SOEC 制氢-加注一体装置

上海应物所氢能技术部自 2018 年开始研制 20kW 级高温电解制氢装置，完成了装置的工艺包和施工图开发、选址、基建和设备研制等工作，于 2019 年 3 月完成装置的集成安装，2019 年底完成了装置冷热联调，实现了成功开车。2020 年 8 月完成了装置的升级优化，增加了高压氢气加注模块并完成其调试，至此该装置具备了从制氢、储氢到加氢的完整功能，是国内首套高温电解制氢储氢加氢一体化装置。该装置的设计图如图 4.18 所示，实物图如图 4.19 所示。

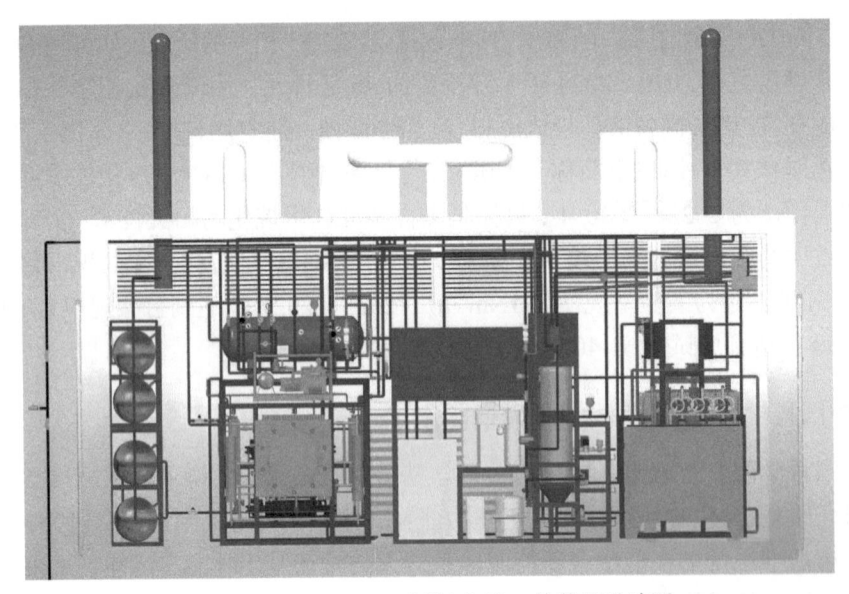

图 4.18 20kW-SOEC 制氢-加注一体装置设计图

图 4.19 20kW-SOEC 制氢-加注一体装置实物图

该装置采用撬块化高度集成设计,包括气管理、电管理、热管理、安全防护和控制等模块,易于大规模拓展。在 2020 年,上海应物所设计研制的 20kW 级高温电解制氢装置完成了系统联调,实现初步运行,各项参数达到或超过设计指标,装置的制氢速率 $\geq 10 Nm^3/h$,储氢压力为 41MPa,储氢量为 12kg,电解直流电耗为 $3.2 kW·h/Nm^3 H_2$。高温电解制氢技术不使用贵金属催化剂,可生产出不含硫、磷、一氧化碳等杂质的高纯氢气,能够满足氢燃料电池汽车、精细化学品生产等高端、高附加值的用氢需求。

**2. 200kW 高温电解制氢系统**

上海应物所在完成 20kW-SOEC 制氢装置的基础上,在中国科学院"变革性洁净能源关键技术与示范"战略性科技先导专项和上海市科技创新行动计划"科技支撑碳达峰碳中和专项"的支持下,于 2021 年开始 200kW-SOEC 制氢装置的设计与设备研制

(图 4.20)。该装置采用撬块化高度集成设计理念，包括电气系统、控制系统、公用工程系统、高温制氢系统、安全防护系统和氢气增压系统，易于建造、生产管理以及大规模拓展。在上海应物所的大力支持下，研究团队攻坚克难，2021 年 10 月完成基础建设并启动设备入场，2022 年 3 月开始集成安装，保证了材料与人员的入场和安装工作有序进行，2022 年 9 月完成装置中交，10 月实现水电气的供应并开始设备单体调试与装置联调，2023 年 2 月 26 日启动装置运行并实现一次开车成功。

图 4.20　200kW 高温电解制氢系统

2023 年 2 月 26 日，由上海应物所承担研制的 200kW 级高温 SOEC 制氢验证装置一次开车成功，制氢功率达到 202kW，制氢速率达到 64Nm$^3$/h，直流电耗为 3.16kW·h/Nm$^3$ H$_2$，并顺利完成连续 72h 性能考核，各项技术指标均优于设计值。这是继 2019 年上海应物所完成 20kW-SOEC 装置之后，在 SOEC 制氢技术领域取得的新突破，标志着 SOEC 制氢技术从实验室中试到示范应用迈出了坚实的一步。

上海应物所自主研制的 20kW 模组/200kW 高温固体氧化物电解制氢装置成功入选国家能源领域首台(套)重大技术装备，这是固体氧化物电解池制氢方向的首次入选，充分体现了上海应物所在该技术领域的领先性。

该装置核心设备可抵御夏季炎热冬季高寒、干燥及强风沙的恶劣气候条件，极大拓宽了应用范围。另外 SOEC 制氢技术还可与核能、风能、太阳能进行耦合，实现绿氢制取，践行了中国科学院先导专项提出的"风光核氢储多能融合互补"理念，为"双碳"科技创新提供了重要的技术实践。该装置后续将结合当地的风电和光伏等新能源设施，继续开展核能综合利用与多能融合实验研究。

### 4.1.13　清华大学

清华大学燃料电池与储能研究中心在 SOEC 制氢技术领域的研究主要聚焦于材料创

新、系统效率提升及工程化应用等。清华大学报道了 SOEC 电堆的制备、单电池制氢测试平台和高温下材料电化学评价系统研制能力，电堆实验产氢率可达 5.6L/h 以上(图 4.21)。

图 4.21　清华大学高温 SOEC 电堆及系统

### 4.1.14　中国科学院宁波材料技术与工程研究所

中国科学宁波材料技术与工程研究所主要进行 SOFC 的研究，利用 30 单元电堆标准模块进行高温电解水制氢研究，单体电池有效面积 70cm$^2$。电堆以 $H_2$(0.5L/min)为保护气氛，并在阳极通入标准气压下 2.24L/min 的水蒸气流量。通过对比水蒸气通入量和收集量，电解堆在 800℃下，水蒸气电解转化效率维持在 73.5%，产氢速率为 94.1NL/h，如图 4.22 所示。

图 4.22　SOEC 高温电解水制氢设备

### 4.1.15　上海氢程科技有限公司

上海氢程科技有限公司成立于 2019 年，技术来源于上海应物所，上海联和日环能源科技有限公司、上海嘉定工业区开发(集团)有限公司、上海日环科技投资有限公司和王建强联合成立。它是一家在氢能与燃料电池领域从事技术开发、产品生产及销售的高科技型企业。产品涵盖单体电池、电堆、大功率发电/制氢模组，单体电池与电堆测试系统，大功率高温制氢/热电联供系统，可逆制氢/发电系统等。电池片尺寸达到150mm×150mm，电解堆功率有1kW、1.5kW、3kW等规格。该公司参与研发的200kW高温固体氧化物电解制氢装置，入选国家能源领域首台(套)重大技术装备，是固体氧化物制氢技术唯一入选的企业。公司自主研发的多项核心技术，实现了关键材料、高性能电池和电堆等产品的国产化，打破了国外品牌垄断的市场格局。公司针对国内外电解制氢和燃料电池产品存在的材料与加工成本高、寿命短等问题，进行了针对性的开发，旨在降低产品的使用成本，提高性能和延长使用寿命，从而降低客户使用成本，创造更高的价值。

上海氢程科技有限公司已根据制备SOEC电解池所需的流延与丝网印刷用浆料的技术要求，配套造粒、球磨、三辊研磨、均质等设备，实现高质量的SOEC浆料的稳定供应；完成流延机、丝网印刷机、温水等静压机、高温推板窑炉等必要的全自动生产设备的采购与安装调试，配套建设十万级洁净度的无尘室来保证SOEC电解池的开发质量。该公司具备年产10万片单体电池的产线。

1. 燃料极支撑型单电池

燃料极支撑型单电池尺寸最大可达150mm×150mm，具有高能源转化效率、高电流密度、高功率密度、高机械强度等特点，如图4.23所示。

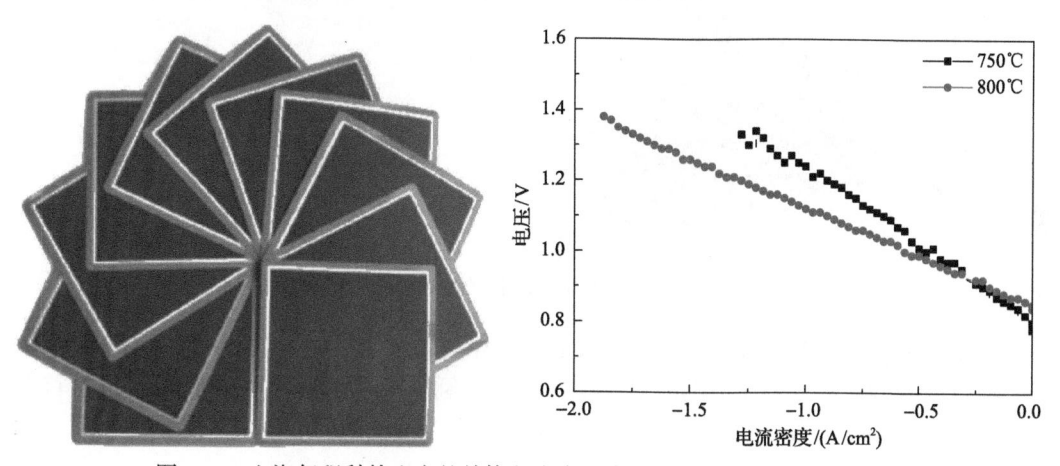

图 4.23　上海氢程科技生产的单体电池片及其在SOEC模式下的性能测试

2. 5kW级SOFC发电系统集成项目

2023年11月，上海氢程科技有限公司与中海石油气电集团有限责任公司就"5kW级SOFC发电系统集成"项目开展合作，上海氢程科技有限公司将交付1套5kW级SOFC发电系统实验装置。

3. 100kW级-SOFC多联供系统项目

2023年11月，上海氢程科技有限公司获批了上海市科学技术委员会部署的2023年度"科技创新行动计划"科技支撑碳达峰碳中和专项课题——氢能燃料电池多联供技术研究与系统开发。上海氢程科技有限公司将为该项目提供100kW-SOFC热电联供示范系统。

### 4.1.16 北京思伟特新能源科技有限公司

北京思伟特新能源科技有限公司是一家专注于SOEC制氢系统研发及产业化的高新技术企业。在北京、张家口、内蒙古等城市，筹备建设了SOEC制氢及共电解二氧化碳示范应用项目。已经开发出3kW的SOEC系统，10kW SOEC系统已经完成组装，如图4.24所示。该系统样机测试结果显示，系统产氢量达到3.23Nm$^3$/h，耗电量3.6kW·h/Nm$^3$，系统效率大于82%。

图4.24 思伟特10kW SOEC电解制氢系统及测试台架

2022年7月，该公司承担的清华大学"固体氧化物电解池(SOEC)制氢系统样机开发"项目完成验收。该千瓦级的样机系统每小时产氢量接近1Nm$^3$，是思伟特研发的首台千瓦级SOEC制氢系统，并成功完成了运行和测试。

### 4.1.17 北京质子动力发电技术有限公司

北京质子动力发电技术有限公司(以下简称质子动力)聚焦高温SOEC、SOFC产品，同时布局SOEC/SOFC电池片、电堆、系统全产业链的研发及产业化。目前，该公司已经同时成立专门研究院和SOEC电池片、电堆生产基地，掌握SOFC 200mm×200mm单电池片技术和5kW单电堆技术、SOEC专用电池片及电堆技术、SOEC/SOFC可逆电堆技术，如图4.25所示。

1. 中广核SOEC专用电堆项目

2022年10月，质子动力承担中广核的SOEC专用电堆研发项目，推动其在核电余热制氢场景中的应用。该项目基于其自主开发的 15cm×15cm 大尺寸电池片技术，提升了电解效率与系统稳定性。

2. 高效氢储能 SOEC/SOFC（RSOC）可逆电池堆研发项目

2023 年 5 月，质子动力联合国家电网宁夏电力公司启动 SOEC/SOFC 可逆电堆（RSOC）研发，该项目旨在将传统 SOEC 和 SOFC 系统整合为单台可逆电堆，提升储能效率并降低投资成本。项目成果计划优先应用于国家电网宁夏电力公司的氢储能示范场景。

3. 固体氧化物电解池高温共电解水蒸气/$CO_2$ 关键材料与电解堆及系统理论研究

2024 年 12 月，质子动力中标江苏省科技项目"固体氧化物电解池高温共电解水蒸气/$CO_2$ 关键材料与电解堆及系统理论研究"，负责设计优化 SOEC 共电解电堆及集成 5kW 级系统示范运行，通过共电解技术一步制取合成气（$H_2$/CO）。

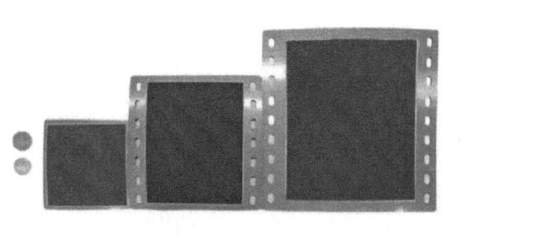

图 4.25　质子动力 SOEC 电解池片及电解池堆

### 4.1.18　浙江氢邦科技有限公司

浙江氢邦（$H_2$-Bank）科技有限公司（以下简称氢邦科技）是由中国科学院宁波材料技术与工程研究所及其燃料电池团队核心成员、东睦新材料科技有限公司、北京中科创星硬科技投资有限公司联合成立。该公司开发的平管式 SOEC 电堆，功率范围覆盖 1～20kW，如图 4.26 所示。

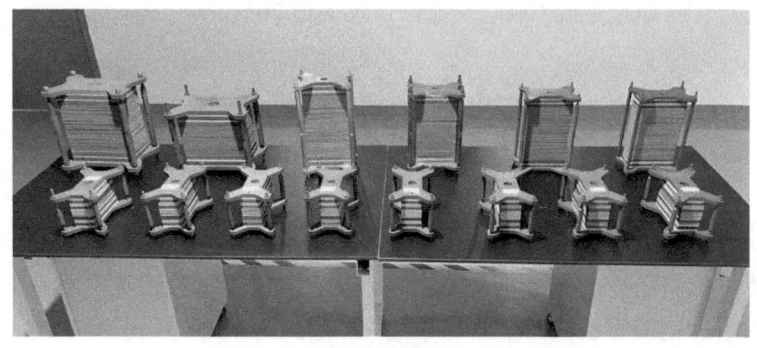

(a) 电堆实物图

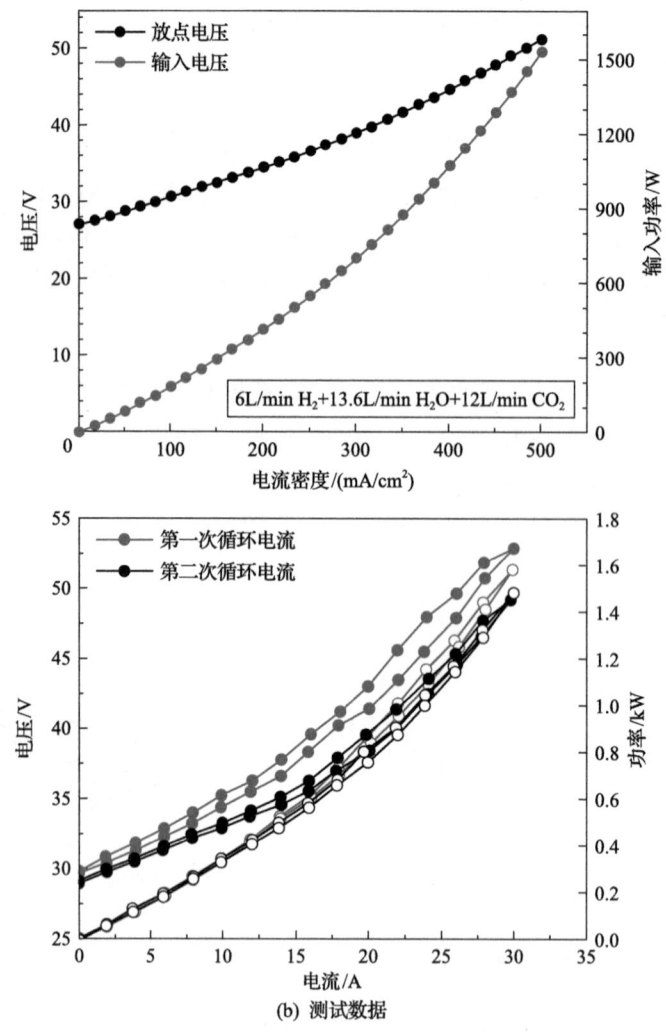

图 4.26 氢邦科技 1～5kW 电堆实物图及测试数据

2023 年，氢邦科技与中国科学院宁波材料技术与工程研究所联合研制的 5kW 固体氧化物电池 $CO_2$ 电解合成燃料综合系统在宁波保税区下线。该系统采用平管型电解池技术，在 750℃下电解 $CO_2$ 生成 CO，系统综合效率达 70%。

## 4.2 SOEC 应用

### 4.2.1 SOEC 用于合成氨

氨是世界上产量最高的无机化合物之一，其中八成的氨被用于生产化肥，并广泛应用于医药、军事、化工等领域。全球每年氢气产量约为 7000 万 t，其中约一半用于合成氨生产，合成氨工艺对氢气的需求量巨大，其中 95%的生产合成氨的氢气来源于化石燃料，导致约 42 亿 t 的二氧化碳排放，对环境产生不利影响并使企业承受巨大的碳排放压力。2019 年，我国合成氨的产量为 4735 万 t（图 4.27），合成氨行业的二氧化碳排放约 1.5 亿 t 以上，因此该行业是未来的重点减排行业。

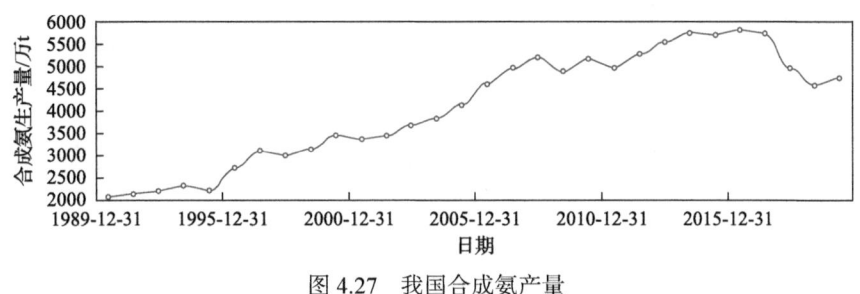

图 4.27 我国合成氨产量
数据来源：同花顺 iFinD

SOEC 制氨技术是当前解决传统制氨工艺碳排放的最佳技术，其独到之处在于通过 SOEC 电解产生的氢气与空气中的氧气反应产生水蒸气，从而达到从空气中分离氮气的目的，而且其可以利用一部分热量来制氢，氢气与氧气反应生成的水蒸气进一步被送入 SOEC 中电解，从而实现较低能耗分离空气的目的。

国际海事组织（IMO）2020 协议已将船上使用的运输油中的硫含量限值降低至 0.5%（质量基准）。2020 年，氨燃料动力超大型液化气体运输船（VLGC）获得了英国劳氏船级社（LR）颁发的原则性认可证书（AIP），通过可再生能源制取的氨成为未来脱碳航运业中最有希望的燃料之一。航运和港口运营商支持的行业组织全球海事论坛估算，2030～2050 年，基于采用"绿电制氨"作为主要零碳燃料的航运业，其脱碳所需的资本投资为 1 万亿~1.4 万亿美元。

Haldor Topsoe 使用德国和丹麦海岸附近丰富的风电资源，配合 SOEC 制氢替代传统的天然气重整制氢（图 4.28）。利用可再生能源耦合 SOEC 制氢，然后与 HB 反应器结合制氨，氮气来源于空气分离器。该模式可实现无二氧化碳排放，相比低温电解减少 40% 的电力输入。同时，SOEC 运行所需要的热能由合成氨反应释放的反应热提供，降低电量消耗，提高能源利用效率。SOEC-HB 生产的绿色氨的单位能耗约为 7.2MW·h/t，即每吨单位能耗 26GJ，比由天然气供气的最佳氨工厂（每吨单位能耗约 28GJ）能效更高。

图 4.28 Haldor Topsoe 合成氨工艺示意图
图片来源：Haldor Topsoe

SOEC 不仅可以生产氢气，还能起到分离空气中氧气和氮气的作用。氧气在 SOEC 的阴极得到电子后将其转化成氧负离子，并通过电解质移动至阴极（图 4.29）。最终，氮气会和水电解生成的氢气一起组合成合成气进入下一道工序，而空气中分离出的氧气则会和水电解生成的氧气在阳极作为副产品排出。因此，Haldor Topsoe 在绿氢合成氨工艺中取消了空分装置。

图 4.29　合成氨工艺中 SOEC 运行示意图

图片来源：Haldor Topsoe

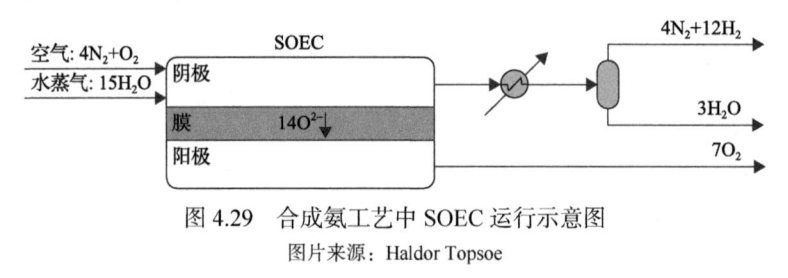

### 4.2.2　SOEC 用于氢冶金

氢冶金的概念是基于碳冶金的概念提出的，碳冶金是钢铁工业代表性发展模式。碳冶金过程中会生成大量的二氧化碳，而氢冶金还原剂为氢气，最终产物为水，二氧化碳排放是零。氢冶金可以改变钢铁工业的环境现状，是发展低碳经济的必然选择，可促进冶金行业的可持续发展。

我国钢铁行业二氧化碳排放量约占全国二氧化碳排放量的 15%，占全球钢铁行业碳排放量的 60%以上。降低二氧化碳排放一直是我国钢铁企业的重大任务。中国氢能联盟预测，到 2030 年钢铁领域氢能消费量将超过 5000 万 tce，到 2050 年进一步增加到 7600 万 tce，将占钢铁领域能源消费总量的 34%。

虽然当前采用氢冶金的方式还有多种因素需要考虑，但是可以明确的是二氧化碳排放量明显降低，采用长流程工艺的 1t 钢二氧化碳排放量为 1600kg（欧洲国家的水平为 2000～2100kg），还原过程的碳排放量占整个炼钢流程的 90%，利用碳捕集与封存（CCS）最多只能捕捉不到 50%的碳。电力消耗为 4051kW·h；采用氢冶金工艺的 1t 钢二氧化碳排放量仅为 25kg，电力消耗为 5385kW·h。

2019 年后，国内钢铁企业关于氢冶金的研究开始明显增加。步伐较快的钢企，如中国宝武钢铁集团有限公司、河钢集团有限公司、酒泉钢铁(集团)有限责任公司、北京建龙重工集团有限公司等，已经开始进入执行阶段。其中动作最快的北京建龙重工集团有限公司，已经实现了氢冶金的正式投产；2021 年 4 月 13 日凌晨 4 点 20 分，内蒙古赛思普科技有限公司年产 30 万 t 氢基熔融还原高纯铸造生铁项目成功出铁。这标志着氢基熔融还原冶炼技术成功落地转化，国内传统的"碳冶金"向新型的"氢冶金"转变的关键技术被成功突破。

### 4.2.3　SOEC 用于制备化工原料

**1. SOEC 电解二氧化碳制备一氧化碳**

该技术原理是利用 SOEC 实现水蒸气与二氧化碳共电解转化为合成气，在化学工业中，一氧化碳作为合成气和各类煤气的主要组分，是合成一系列基本有机化工产品和中间体的重要原料。H-一氧化碳/合成气出发，可以制取目前几乎所有的基础化学品，如氨、光气及醇、酸、酐、酯、醛、醚、胺、烷烃和烯烃等。此外，一氧化碳在冶金、医学、食品领域有广泛的用途。

近期，Haldor Topsoe 将其生产的 SOEC 电堆用于电解二氧化碳制一氧化碳，可以实现高纯一氧化碳制备，使其客户降低了存储和运输大量有毒气体一氧化碳的风险，同时实现了二氧化碳的有效利用。

2. SOEC 用于天然气提质

天然气中存在着大量的二氧化碳，SOEC 可通过电解天然气中的二氧化碳转化为甲烷，以提高天然气的品质，同时大幅度降低二氧化碳的排放。

## 4.3 存在的问题

SOEC 技术在大规模制氢领域具有广阔的应用前景和商业价值，但是该领域起步相对较晚，还存在一些亟待解决的问题。

1. 关键材料研发

目前的材料存在电解效率不高、稳定性不强的问题。为了保证电解池在较高温度下长期运行的性能稳定性，尤其是在共电解、电解二氧化碳，合成氨等条件下维持较高的催化活性，需要加大对不同电解质材料的研发；探索 SOEC 的电极反应机理；研究高温、高湿、还原气氛、氧化气氛和含碳原料下电解池的衰减机制；加大新材料体系的研发和微观结构优化。

2. 单电池和电堆开发

单电池和电堆是关键技术设备，由于 SOEC 工况下对电堆的性能和密封性要求更高，为了保证高性能单电池在组装成电堆后仍具有较好的性能，需要通过多物理场模拟，设计原料和产物均匀分布的歧管，开发高性能的密封件和连接体，并探索电堆的精密组装技术，保证电堆的一致性。

3. 多电堆集成与辅助设备研制

SOEC 制氢系统，除了需要高性能的 SOEC 电堆外，还需要开发多电堆集成技术，以及研究多电堆的集成方式对模组内温度、电流、压力、应力等关键参数分布的影响；揭示集成方式对输出性能、电效率的影响规律，确定最优的集成方式；开发高效热管理技术，提高热效率；开发适合可逆固体氧化物电池的具备高温低压特性、性能优越且能够长周期稳定运行的电加热器、高效换热器、氢气增压器等辅助设备。

#### 4. 系统控制技术

在 SOEC 系统中，原料的组成对电堆的性能影响较大。精准控制电堆原料中氢气和水蒸气的比例是系统控制中的难题。需要实时监测电堆的温度、压力、湿度、电流及电压。将制氢系统与核能、太阳能、风能、水电能等多元能源进行耦合时，需要重点研究多源热能/电能的协同利用方式，并制定控制策略，考虑热能和电能的分配与收集，开展动态模拟，提高 SOEC 系统的稳定性和耐受性。

#### 5. 多能耦合系统

SOEC 与风电、光伏和核能等清洁能源的耦合利用目前还停留在可行性验证及系统效率和经济性评价层面，在大规模的耦合技术和工艺流程设计方面的相关研究工作非常有限。因此，需要发展 SOEC 与洁净能源发电系统的耦合技术，加速推进 SOEC 规模化应用。

# 第 5 章

# 高温热能存储

随着经济的高速增长,人们对能源的需求日益增加,能源需求与供给在空间、时间及强度上的不匹配性也更加突出,主要表现在以下几个方面:①随着能源需求的剧增,传统化石能源消耗量急速增加,同时带来严重的环境污染,使得可持续发展受到严重威胁,迫切需要开源减排,开发新的清洁能源和可再生能源,如太阳能、风能等。然而这些新能源受日照、气候等条件限制,在时间和空间上存在明显的间歇性和不稳定性,造成能源供需不匹配[1]。②电网的输配电方面,用电高峰通常在白天和上半夜,下半夜用电需求显著减小,用电负荷存在明显的峰谷差;另外,间歇和不稳定的新能源装机容量和比例大幅增加,也对电网造成了较大的冲击,据报道 2015 年发电设备利用小时数创 38 年新低[2]。③工业生产中也存在大量工业余热[3]。某一工艺阶段需要冷却,将热量散去,另一工艺阶段需要重新加热,从而导致大量较低品位的热量流失,产生大量工业余热。这些能源在空间、时间及强度上不匹配,迫切需要大规模的储能技术,在能量富余时将多余的能量存储起来,并在适当的时候将存储的能量释放出去,以提高能源利用效率。

能源的存储形式多种多样[4-6],潜在的能源存储技术按储能介质和原理可以分为以下几类:热能类、电气类(如超级电容储能)、机械类(如飞轮储能、抽水蓄能)、电化学类(如锂电池)、化学类(如电解水)等,相关的储能技术及其主要特点如图 5.1 所示。电气类储

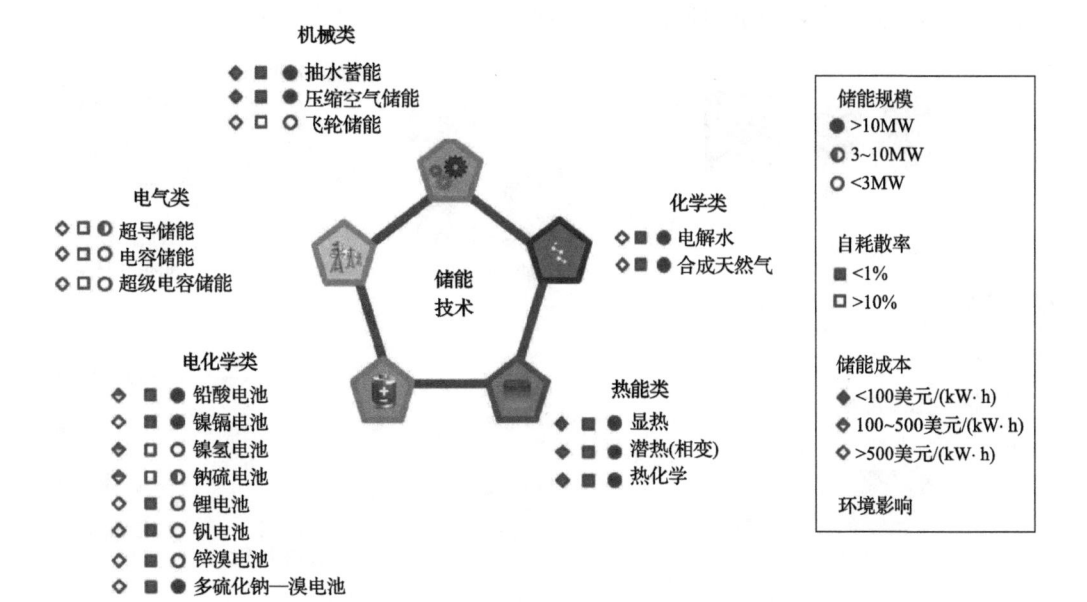

图 5.1 常规储能技术及其主要特点

能技术包括超导储能(SMES)、电容储能、超级电容储能等，储能成本高，自耗散率高，储能容量小，不适合大规模储能。飞轮储能同样也存在储能成本高，自耗散率高，储能容量小的问题。电化学类电池储能寿命短，成本均较高，从而经济性不好，只有部分电池能满足较大规模储能需求。另外电池储能还存在回收困难，易污染环境等问题。化学类储能，如电解水、合成天然气等，虽然能做到较大规模，自耗散率也较低，但是其储能成本高。机械类的抽水蓄能、压缩空气储能等虽然储能成本低，自耗散率低，也满足大规模储能，但受地理环境限制大，对场地要求非常严格。

热能存储是成本最低的储能形式之一[6]，其储存的循环效率高达97%以上[6-8]，非常适合短期和长期的大规模能源存储，越来越受到人们的重视。"热"是我们生活和生产中经常遇到的一种物理能量，热能的开发与利用伴随着人类社会的发展而进步。按照物质结构理论，所有物体都是由永不停息的运动中的原子和分子组成，而热的本质是反映物质分子无规则的运动，其通常采用温度来衡量，也称为热力学第零定律。在人类可利用的资源类型中，热能占主要部分，有80%~90%的能量是先转化为热能的形式，随后才能被进一步加以利用，势能占全球非水力蓄能的50%以上[1]。目前人类最主要的常规热能来源是燃料热能，指传统化石燃料，如煤炭、石油、天然气等燃烧产生的热能。其他的热能来源还包括太阳能、核能、地热、海水热能等，这也是目前正在研究的新能源，如图5.2所示。从热力学的角度来看，任何一种能量都可以100%地转换为热能，而其逆过程即各种热力循环、热力设备及热能利用装置的效率都会受热力学第二定律限制，不可能达到100%。考虑到转换技术限制，目前热能的相对利用效率基本在50%以下，大部分的热能以废热的形式排放到环境中，这也产生了严重的环境及社会问题。因此，针对这部分废热的利用也是一个新兴的研究方向。在目前的"双碳"目标下，高效利用、存储和转化热能，不仅有助于环境保护，还将积极推动绿色能源的发展[9]。

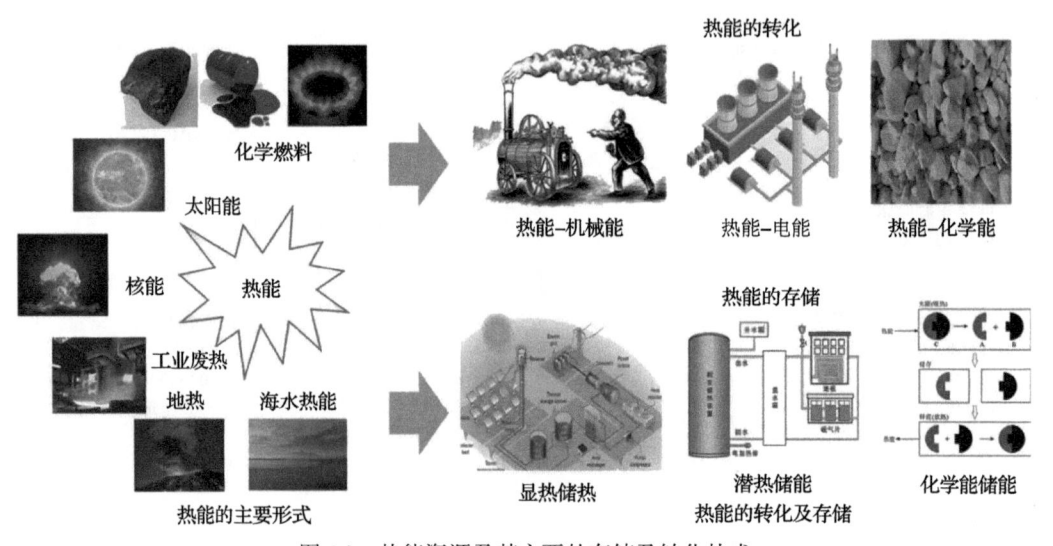

图 5.2　热能资源及其主要的存储及转化技术

## 5.1 热能资源

能量在消费中的使用方式和目的是多样的，但在整个能量消费中，绝大部分是通过热能这一形式加以利用，或者由热能转换成其他形式的能量后再加以利用。未被充分利用的余能绝大部分也是以余热的形式存在。目前最常用的热能方式是燃烧，正在开发和利用的新能源中高温热能有太阳能、核能、地热等。

### 5.1.1 燃料能源

世界上使用量最大的常规燃料能源是煤、石油、天然气，约占常规燃料能源总能耗的 90%。大部分燃料是在大约 32500 万年以前的石炭纪，植物枯死后在压力和热量的作用下形成的。燃料主要由碳(C)、氢(H)、硫(S)、氧(N)等元素组成，当可燃元素 C、H、S 和空气中的氧气($O_2$)发生燃烧反应时，放出大量的热量。单位质量(体积)的燃料，完全燃烧时的理论发热量为燃烧热值，而在实际燃烧过程中燃料往往不能完全燃烧，实际放出的热量则称为燃烧热量。显然燃烧热量小于燃料热值，两者的比值称为燃烧效率，即

$$燃烧效率 = \frac{燃烧热量}{燃烧热值}$$

所以，将燃料的化学能转换为热能的效率主要取决于燃烧效率。燃烧效率越高，可以从燃料中取得的热量越多。因此，为燃料燃烧创造有利条件，提高燃烧效率是非常重要的。

煤作为燃料使用的历史最长，在 19 世纪，煤炭是世界各国的主要动力基础。同煤炭相比，石油和天然气热值高，加工、转换、运输、储存和使用方便、效率高，所以随着石油和天然气开采与利用技术的进步，到 20 世纪 90 年代世界能源结构发生第二次大转变，即从煤炭转向石油和天然气。煤炭的地位不断下降，石油和天然气的使用率越来越高。但是，不管地球油气的储量到底有多少，它总有一个限量，这些不可再生能源迟早是会枯竭的。若人类能源消费按 4%的增长率增长，石油只够开采 40～50 年，天然气还可用 50～100 年。由于化石燃料的有限性，如果不做出重大努力去利用和开发各种能源资源，那么人类在不久的未来将会面临能源短缺的严重问题。另外，目前以化石燃料为主体的能源系统造成了严重的全球环境问题。因此，在先进技术的支持下，20 世纪 70 年代以来，世界能源结构开始经历第三次大转变，即从石油、天然气为主的能源系统转向以可再生能源为基础的可持续发展的能源系统，主要包括太阳能、地热能及核能等的开发和利用。

### 5.1.2 太阳能

太阳自身是一个巨大炽热的球体，其直径达 $1.4 \times 10^6$ km，是地球直径的 111 倍。太阳表面温度为 6000℃，以发射光或电磁波的方式不断向宇宙空间辐射能量(图 5.3)，辐

射功率约为 $3.8\times10^{23}$kW，其中到达地球大气层的有 $1.73\times10^{14}$kW，30%被大气层折射回宇宙空间，到达地球表面的为 47%，功率为 $8.1\times10^{13}$kW，相当于 550 万 t 煤燃烧时放出的能量。一年内地球接受太阳辐射的总能量为 $10^{18}$kW·h，相当于地球上每年燃烧的化石燃料能量的 3.5 万倍。太阳能是自然过程所产生的能量，是取之不尽、用之不竭的，而且是对环境无污染的清洁能源，因此是最有潜力的新能源。

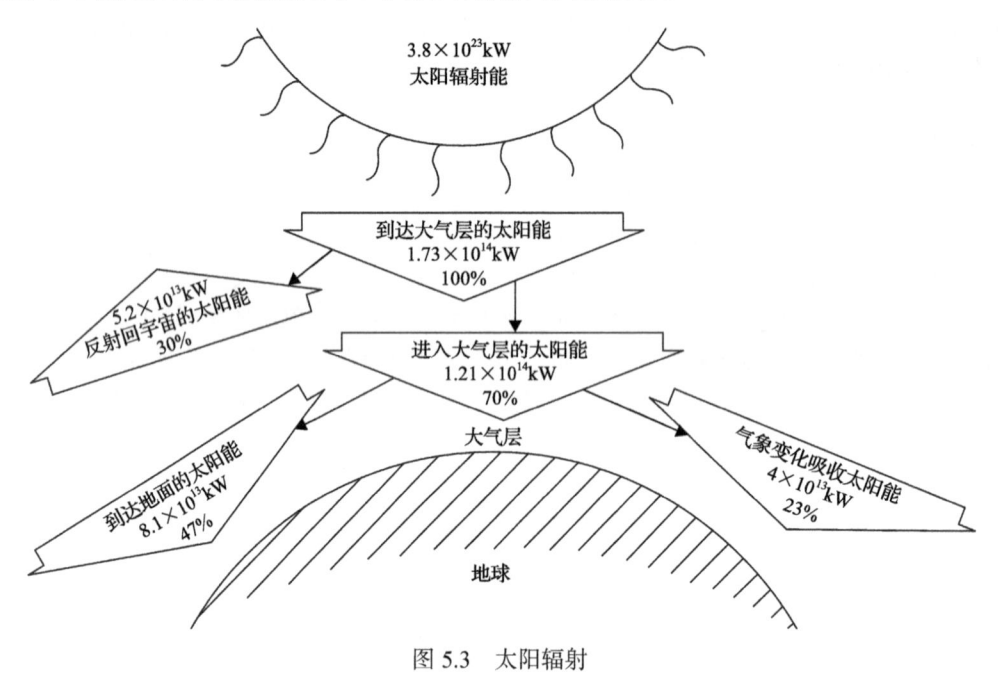

图 5.3 太阳辐射

我国拥有丰富的太阳能资源，全国各地年太阳辐射量在 $3.36\times10^{11}\sim8.4\times10^{11}$J/(m²·a)，年日照时间为 2000～3000h。尤其是西北地区和青藏高原，年平均日照时间在 3000h 以上，拉萨素有阳光城的美称。丰富的太阳能资源为太阳能资源的利用开发提供了极为有利的研究条件。

人类利用太阳能的历史已有几千年，但其进展一直很缓慢，未能作为常规能源而广泛利用。原因是太阳能有两个主要特点，即太阳能辐射很分散、能流密度低且不是常量，随着地区、季节、气候的不同有很大的变化，即使在一日之内，昼夜也有明显不同。低太阳能辐射要求采用大表面积的集热器收集和集聚能量，太阳辐射的间断性意味着需要设置若干个储能装置，便于能量的连续供应，这些都大大增加了太阳能利用装置的费用，使太阳能利用在经济上不可行。世界范围内的能源问题、环境问题使人类认识到只有依靠科学技术大规模开发利用可再生清洁能源，才能实现可持续发展，因此，从 21 世纪初太阳能的开发利用又被推到新的高度，当前，太阳能的利用有光热转换和光电转换两种方式，而太阳能发电作为新兴的可再生能源技术，正逐渐展现出其重要性。

太阳能热发电首先是通过光热转换将太阳能集中起来，其次加热水或其他有机工质使其产生一定温度和压力的蒸汽，推动蒸汽轮机发电机组发电。已实现商业化的太阳能热发电可分为两类：一类是用槽型抛物面镜的分散靠光式，简称槽型抛物面式；另一类是用塔周围的平面镜，在塔上部集光的塔式发电。随着技术进步和容量的增大，造价和发电成本显著下降，太阳能热发电在技术经济上均是可行的。

### 5.1.3 核能

核能是通过核反应从原子核释放的能量，其在核反应堆中转变为热能。与化石燃料相似，核裂变所释放出的热能可以通过核反应堆进行发电，是人类最具希望的清洁能源之一。核反应释放能量有核裂变能和核聚变能两种方式，前者已得到广泛应用，而后者目前依然正在积极研究之中。核裂变能是重核原子(铀、钚)分裂成两个或多个较轻原子核，产生链式反应时释放的巨大能量。例如，一个铀核的裂变能为 200MeV，1g 铀的裂变能相当于燃烧 30t 煤放出的能量。核聚变能是两个较轻原子核(如氘和氚)聚合成一个较重的原子核时释放的巨大能量。例如，1kg 氘和氚混合的核聚变能相当于 9000t 汽油燃烧时的能量。

世界上拥有比较丰富的核燃料，包括铀 235($^{235}$U)、钍 232($^{232}$Th)、氘(D)、锂(Li)、硼(B)等，铀的储量约为 417 万 t，海水中也含有大量的铀和氘(1L 海水中提取的氘原料聚变能相当于燃烧 300L 汽油所放出的能量)。人类如果充分利用地球上可供开发的核燃料资源，其可提供的能量将是矿石燃料的十多万倍，所以说核能是人类"取之不尽，用之不竭"的洁净能源。

利用反应堆的热能发电是目前核能应用的最主要方面。将反应堆内产生的热能通过高压冷却液取出，再借助高压泵把水打入蒸汽发生器，通过热变换把热量传给另一回路循环水，产生的蒸汽供蒸汽轮机和发电机组发电。在工业上利用核裂变能的反应堆有轻水堆、重水堆和石墨气冷堆三种，而利用核聚变能的反应堆还在研究开发阶段。核能发电的主要优点是燃料消耗少、发电成本低、无污染。例如，一座 100 万 kW 的大型烧煤电站，每年需要原煤 300 万～400 万 t，运煤需要 2760 列火车，而同功率的压水堆核电站，一年仅消耗含 $^{235}$U 量为 3%的低浓缩铀燃料 28t，比烧煤电站节省大量人力物力。

虽然核电站投资高(为火电站的 1.5～2 倍)，但发电成本相当于火电成本的 50%～90%，随着燃料价格不断上涨，大型核电站已可与火电站相匹敌，因而核电站从 20 世纪 50 年代开始试运行起，得到迅速的发展。核能是 20 世纪出现的新能源，是人类科技发展史上的重大成就，核能的和平利用对于缓解能源紧张、减少环境污染和造福人类生活具有重要的意义。与化石能源类似，核燃料依然具有不可再生性，会对环境与社会产生各种危害。在合理利用核能的同时，也要尽量减少核能对环境与社会造成的危害[10-12]。在最近《科学》杂志列出的 126 个科学问题中，"室温核聚变"便是其中的一个问题，目前谷歌(Google)等世界顶级科研机构加大对这个问题的深入研究。可控的(如电化学方法)室温核聚变若能实现将是又一次重大的能源革命。

### 5.1.4 地热能

地热能是指起源于地球内部熔融岩浆或者放射性物质衰变的可再生性热能。地球蕴藏着丰富的地下热能，据估算，地球上的全部地热资源储量是所有煤炭资源储量的 1.7 亿倍，而人类利用地热能仅限于技术经济条件允许的范围内，主要聚集于地球表面附近可及的那一部分热能。以地层 10km 深度计算，地热资源的蕴藏量有 $1.05×10^{24}$kJ，相当于 $3.57×10^{16}$tce，大致为煤炭储量的 2000 倍。因此，地热能具有量大、面广、干净、无污染、成本低、不间断、利用范围大的特点，相比于其他的可再生能源，如太阳能、风能等具有很大的优势，是很有前景的待开发能源。联合国《世界能源评估》报告显示，地热发电的能量利用系数在 72%~76%，这一数据相比于其他可再生能源，如太阳能(14%)、风能(21%)和生物质能(52%)等具有明显的优势。地热资源分类见表 5.1。地热资源按其性质和地下热存储的形式，可分为热水型、蒸汽型、热岩型和岩浆型四种，前两种是目前开发利用的主要地热资源，后两种属于今后地热大量开发利用的潜在资源。我国在地热利用规模上近些年来一直位居世界首位，并以每年近 10%的速度稳步增长，除了常见的地热发电外，也包括建筑供暖、温室农业和温泉旅游等新型利用途径。目前全国已基本形成以西藏羊八井为代表的地热发电、以天津和西安为代表的地热供暖、以东南沿海为代表的疗养与旅游及以华北平原为代表的种植和养殖的地热开发利用格局[13-16]。

表 5.1 地热资源分类

| 类型 | 特点 | 所占比例/% |
|---|---|---|
| 热水型 | 50~200℃，位于浅层地表 | 29.5 |
| 蒸汽型 | 蒸汽压力可达 3.5MPa，温度 250℃，位于底层浅表 | 0.5 |
| 热岩型 | 6km 处岩石温度为 200℃ | 30 |
| 岩浆型 | 600~2000℃的熔岩和半熔浆 | 40 |

## 5.2 热能存储

伴随着人类对热能的开发利用，超过 60%的热能以低品位废热的形式被排放到环境中，造成了环境危机及巨大的浪费。低品位热能是生活中随处可见的能量，空气中的热量，海水中的热量，大地中的热量，工厂生产过程中产生的大量的余热、废热，以及汽车尾气等都是低品位热能[17-20]。例如，在美国，每年工业化生产过程中大约有 10GW 的电能以废热的形式被浪费掉，这些电能足以为 1000 万个家庭供电。因此，提高能源利用效率、充分利用低品位热能，以及减少热污染也是当前亟待解决的重要问题之一。

在现有的能源结构中，热能是最重要的能源形式。但大多数能源，如太阳能、风能、地热能和工业余热废热等，都存在间断性和不稳定的特点，在许多情况下人们还不能合理地利用能源。例如，在不需要热时，却有大量的热量产生；而在急需热时又不能及时提供；有时供应的热量有很大部分作为余热损失掉；等等。我们能否找到一种方法，像蓄水池储水那样，将暂时不用的热量储存起来，并在需要时再将其释放出来？答案是肯定的。我们如果采用适当的蓄热方式，利用特定装置和蓄热材料将暂时不用或多出来的热能储存起来，并在需要时再加以利用，这种方法称为储热技术。

太阳光的辐射强度会根据一天的时间、云层的状况、季节的变化、地理位置不同等客观因素而产生变化，太阳能的这种间歇性特点也造成了能源供应和需求上的不匹配性，因此太阳能储热技术就显得尤为重要。储热技术的优点包括平衡供给与需求之间的相互矛盾、提高能源利用系统的性能及可靠性。如果没有储热技术作为辅助能源，太阳能的供应能力将远远无法满足主要能源负荷的需求，这将导致对化石能源的依赖增加。通过有效储存太阳能并在需要时加以利用的方法，可以解决上述问题。储热技术能够在白天收集并储存太阳辐射产生的多余热能，以便在夜间使用，同时还可以缓解晚上用电高峰时期的电力紧张状况。储热系统的存在使系统的发电效率得以整体提高，单位发电量的成本得以明显降低，系统的稳定性和连续性得以有效增加，这种储热技术在太阳能热发电上的应用将起到跨越性作用，是太阳能热发电技术的一项关键技术[18]。

热能存储技术就是把一个时期内暂时不需要的多余热量通过某种方法储存起来，等到需要时再提取使用，包括显热储能技术、潜热储能技术、化学反应热储能技术三种。

显热储能技术是通过加热储能介质，提升温度来实现热能储存。常用的显热储能材料有水、土壤、熔盐、岩石等。在温度变化相同的条件下，如果不考虑热损失，那么单位体积的储热量水最大，熔盐次之，土壤和岩石最小。世界上已有不少国家都对这些储热材料进行了试验和应用。就目前来说，这种技术是比较成熟、效率比较高、成本又较低的储能方法。

潜热储能技术是利用储能介质液相与固相之间发生相变时产生的熔解热来储存热能。目前实际应用的潜热储能介质有水合物、熔盐等。该技术的特点是拥有较高的储能密度，并且能够在特定的相变温度下释放热量。然而，它也存在一些挑战，如储能媒介物价格昂贵、容易腐蚀，有的介质还可能产生分解反应，储存装置也较显热储能装置复杂，技术难度较大。

化学反应热储能技术利用能量将化学物质分解后分别储存能量，分解后的物质再化合时，即可放出储存的热能。可利用可逆分解反应、有机可逆反应和氢化物化学反应三种技术实现，其中氢化物化学反应技术是最有发展潜力的，国内外都正在对其进行深入的研究，如果能够取得突破性的成功，将为解决能源短缺问题提供良好的途径。

## 5.3 高温热能存储原理

高温储热技术是以储热材料为媒介将太阳能光热、地热、工业余热等热能储存起来，解决可再生能源间歇性和不稳定的缺点及能量转换与利用过程中的时空供求不匹配的矛盾，提高热能利用率的技术。分析热能存储系统，必涉及工程热力学、传热学、太阳能、材料科学、物理化学及相图理论、量热技术、热分析等。因为能量的存储本质就是不同能量形式之间的转换或传递。热能在转换和传递过程中，必须遵守热力学第一定律、第二定律和传热的三个基本定律。而热力学和传热学正是以此为研究对象，研究热能的性质和规律(包括转移和转换)。另外，一个储能系统的优劣、能量的利用程度、储能效率，都需要通过对系统进行定性分析甚至定量计算才能得出结论。

### 5.3.1 热力学基础原理

1. 热力学基本概念

工程热力学主要研究热能与机械能相互转换的规律及合理有效利用热能的基本理论。它以热力学第一定律和热力学第二定律等为基础，通过对物质系统的压力、温度、比体积等宏观参数和受热、冷却、膨胀、收缩等热力过程进行研究，得到有关能量转换的关联式。

2. 热力系统

一般情况下，物体之间不是相互孤立的。在对各类热力设备进行热力学分析时，都会涉及许多物体。为便于分析，人为地将研究对象从周围物体中分离开来，研究它与周围物体之间的能量及物质传递。这种热力学分析的对象称为热力系统，热力系统之外的物体为外界，系统与外界之间的分界面叫作边界。热力系统与外界之间是相互作用的，它们可以通过边界进行能量和物质变换，根据两者的交换情况，可将热力系统分为以下几类。

1) 闭口系

热力系统与外界只有能量交换，没有物质交换。因此在封闭系统中，其质量保持不变。

2) 开口系

热力系统与外界既有能量交换，又有物质交换。研究时可把研究对象划定在一定的空间内。

3) 绝热系统

该系统为与外界无任何热量交换的热力系统。事实上，自然界并不存在绝对的绝热系统，但当系统与外界传递的热量和其他形式的能量相比很小，可以忽略不计时，就可以将系统看成绝热系统。

4) 孤立系统

该系统为与外界不发生任何能量和物质交换的系统。绝对的孤立系统是不存在的，但将非孤立系统加上相应的边界后，可以认为是孤立系统。在孤立系统中，一切相互作用，如物质与能量的交换，都是发生在系统内部的。

5) 热源

该系统为与外界只有热量交换，且热量交换不改变系统温度变化的热力系统。放出热量的系统称为高温热源或热源；接收热量的系统称为低温热源或冷源。

## 3. 工质的热力学状态和状态参数

工质的热力学状态(简称状态)，即热力系统在某瞬间所呈现的宏观物理状况。用于描述状态的宏观物理量称为状态参数。热力系统可能处于不同的状态，其中最为重要的是平衡状态。平衡状态是指在无外界影响下系统状态参数值不随时间而改变的状态。处于平衡状态的热力学系统，系统内部与外界的温度和压力应处处相等，即系统同时具有热平衡和力平衡。否则，系统和外界之间会因存在温差而产生热量交换，因压力差而产生功的交换，这些交换会持续到系统建立起新的平衡为止。对于有化学反应或相变的系统，平衡时除了热平衡和力平衡外，还应包括化学平衡。当系统处于平衡状态时，就可用状态参数来描述。常用的状态参数为温度($T$)、压力($P$)、比体积($v$)、热力学能($U$)、焓($H$)和熵($S$)，其中温度、压力、比体积为基本状态参数，其余的可根据它们间接算出。

1) 温度

温度是表征物体冷热程度的物理量。温度的概念是建立在热力学第零定律(热平衡)基础上的。该定律指出，如果两个热力系统中的每个系统都与第三个系统处于热平衡，则这两个热力系统也必定处于热平衡。由此可以得到，处于同一热平衡状态的所有系统必有相同的宏观特性。温度的度量标尺称为温标，国际上采用的是开氏温标($T$)，单位为开尔文(K)，它以水的三相点(气、液、固三相平衡共存点)为基本点，并规定该点温度值为 273.16K。另外一个常用的温标是摄氏温标($t$)，单位为摄氏度(℃)，摄氏温标与开氏温标的关系为

$$T = 273.15 + t$$

2) 压力

单位面积上所受到的法向作用力为压力(或压强)，用 $P$ 表示。压力的国际单位为帕斯卡，简称为帕(Pa)，$1Pa=1N/m^2$。静止流体内任意点的压力值在各个方向上是相同的，是气体的压力量气体分子撞击器壁表面所呈现出的平均作用力。工质的真实压力称为绝对压力 $p$，当用压力计测工质的压力时，由于压力计处于大气压 $p_b$ 作用下，所以压力计所测得的是绝对压力与大气压之差，即表压力 $p_g$ 或真空度 $p_v$，如图 5.4 所示，当绝对压力高于大气压时，压力计上指示的为表压力，反之，则指示为真空度，即

$$p_g = p - p_b (p > p_b)$$

$$p_v = p_b - p (p < p_b)$$

当以绝对压力为零时作为基准线，则绝对压力、表压力和真空度之间的关系如图 5.5 所示。

(a) $p > p_g$      (b) $p < p_g$

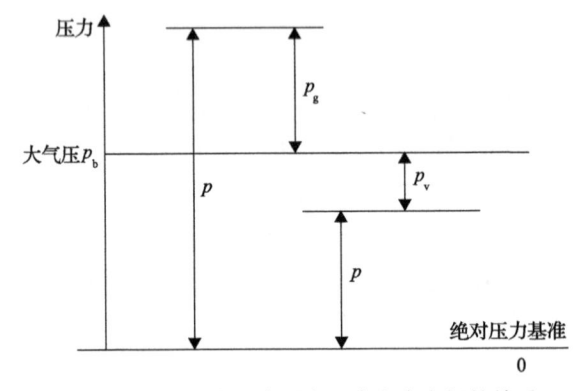

图 5.4   $p$ 与 $p_b$ 的关系

图 5.5   绝对压力、表压力和真空度之间的关系

3) 比体积和密度

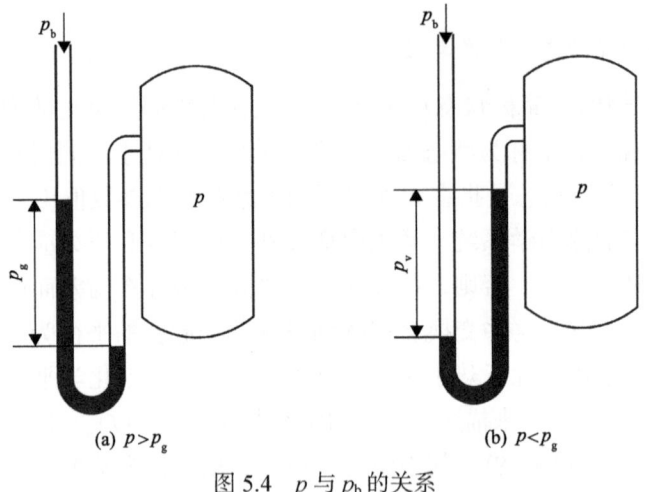

比体积($v$)等于单位质量物体所占的体积，单位为立方米每千克($m^3/kg$)，若质量为 $m(kg)$ 的工质占有的体积为 $V(m^3)$，则其比体积为

$$v = \frac{V}{m} \tag{5.1}$$

密度($\rho$)是单位体积所包含的质量，单位为立方米每千克($kg/m^3$)，即

$$\rho = \frac{m}{V} = \frac{1}{v} \tag{5.2}$$

由此可见，密度和比体积不是互相独立的参数，热力学中通常以比体积作为独立状态参数。

4. 状态方程式

热力系统的状态可用状态方程式来描述。各状态参数从不同的角度描述系统的某一宏观特性,但这些参数并不都是独立的,那么描述系统的平衡状态需要多少状态参数呢?对于简单可压缩系统,状态公理指出,只要给定两个独立的状态参数,系统的状态就可确定,并且其余的状态参数均可表示为这两个独立状态参数的函数。如以 $p$、$T$ 为两个独立的状态参数,则比体积 $v$ 为

$$v = f(p,T) \quad 或 \quad f(p,T,v) = 0 \tag{5.3}$$

式(5.3)反映了平衡状态下压力、温度和比体积三个基本状态参数之间的关系,故称之为状态方程式。不同性质的工质具有不同的状态方程。例如,理想气体的状态方程式为

$$pv = nRT \tag{5.4}$$

式中,$p$ 为气体的绝对压力,Pa;$v$ 为气体的比体积,$m^3/kg$;$T$ 为气体的热力学温度,K;$R$ 为理想气体常数,取 8.314J/(kg·K);$n$ 为摩尔数。

5. 热力过程、准静态过程和可逆过程

1) 热力过程

当热力系统与外界有能量(包括功和热量)交换时,系统的状态就会发生变化。所以热力系统要实现能量的转移或转换,必须通过工质的状态变化才可以。热力系统从一种状态向另一种状态变化时所经历的全部状态的总和称为热力过程,简称过程。研究热力过程的目的可归纳为两类:一类是控制系统内部工质状态变化的规律,使之在外界产生预期的效果,如各种动力循环及制冷循环。另一类是为了使工质维持或达到某种预期的状态,应控制外部条件,使之给予系统相应的作用量,如锅炉、炉窑、压气机、换热器等。

2) 准静态过程

若过程进行得无限缓慢,偏离平衡状态无穷小,且工质有足够的时间来恢复平衡,也就是说,系统在整个状态变化过程中始终处于平衡状态,则这种由一系列平衡状态所组成的过程就是准平衡过程或准静态过程。然而实际的热力过程都不是准平衡过程,但是为了便于对实际过程进行分析,热力学中常把实际的热力过程理想化,抽象成为一个准平衡过程。

3) 可逆过程

如果系统完成了某过程之后,再沿原路线反向进行,系统和外界都能够恢复到各自原来的状态而不发生任何变化,这样的过程为可逆过程,否则为不可逆过程。实际的传热、混合、扩散、熔解、燃烧、电加热等过程都不是可逆过程,实现可逆过程最重要的条件是系统的内部、系统与外界之间都处于热和力的平衡,过程中不存在摩擦、温差传热等消耗功的耗散效应。例如,上述例子中若热力过程中存在摩擦作用,则在正向过程中,有一部分膨胀功由于摩擦变成了热,而在逆向过程中还要再消耗一部分功用于克服摩擦而变成热,所以要使工质回到初态,外界必须提供更多的功。这样,工质虽然回到了初态,但外界却发生了变化。可逆过程是个理想过程。在热力学中,为了弄清热力过

程的基本规律，突出主要矛盾，通常要将问题简化，把实际过程抽象简化为可逆过程来进行研究，然后再加以适当的修正。所以可逆过程的概念在热力学分析方法中有着重要意义。

6. 功、热量和熵

热力系统的状态变化表明系统和外界之间有能量交换，交换的方式主要是做功和传热。

1) 功

在热力学中，功定义为当热力系统和外界之间存在压力差时，系统通过边界和外界之间相互传递的能量。例如，当系统进行可逆膨胀过程时，系统对外所做的机械功为

$$\delta W = p \mathrm{d} V \tag{5.5}$$

或

$$W = \int_1^2 p \mathrm{d} V \tag{5.6}$$

从图 5.6 的示功图中可以看出，可逆曲线 1-2 下对应的面积即 $W$，一般规定热力系统对外界做功为正值，外界对热力系统做功为负值。由于做功的方式不同，除了机械功外，还存在电功、化学功、表面功、磁功等其他形式的功。功用符号 $W$ 表示，在国际单位制中，功的单位为焦耳(J)。单位时间内完成的功为功率，单位为瓦特(W)或千瓦(kW)。

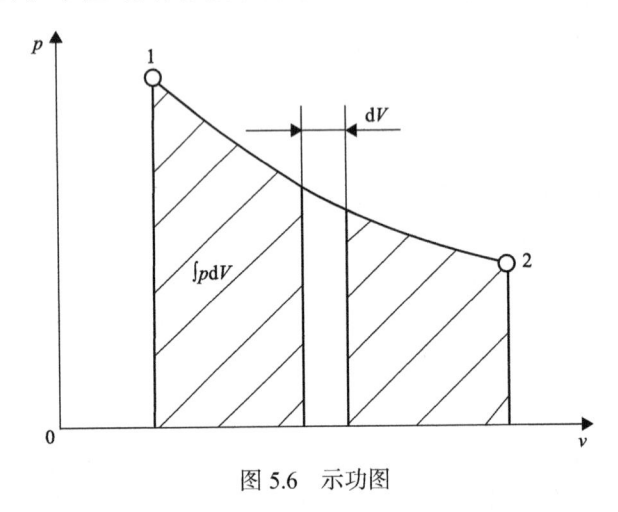

图 5.6 示功图

2) 热量和熵

热量是指系统与外界之间在温差推动下相互传递的非功形式的能量。通常规定当热力系统吸热时热量取正值，放热时热量取负值。热量用符号 $Q$ 表示，热量的单位与功的单位均为焦耳(J)，在工程单位制中为卡(cal)，两者换算关系为 1cal=4.1868J。每千克工质与外界交换的热量用 $q$ 表示，单位为焦耳每千克(J/kg)或千焦每千克(kJ/kg)。热量和功一样都是能量传递或交换的度量，它和传递时所经历的具体过程有关，所以它们都是

过程量,而不是状态参数,不能说"系统在某状态下具有多少热量"或"系统在某状态下具有多少功"。

在可逆过程中,系统与外界交换的热量的计算公式和功的计算公式具有相同的形式。对照式(5.7),微元可逆过程中系统与外界传递的热量 $\delta Q_{rev}$ 可以表示为

$$\delta Q_{rev} = TdS \tag{5.7}$$

或

$$Q_{rev} = \int_1^2 TdS \tag{5.8}$$

因此,系统状态参数熵 $S$[单位为焦耳每开(J/K)或千焦每开(kJ/K)]的定义为:熵的变化等于它所吸收的热量与吸热时本身绝对温度之比,即

$$dS = \frac{\delta Q_{rev}}{T} \tag{5.9}$$

或

$$S = \int \frac{\delta Q_{rev}}{T} + S_0 \tag{5.10}$$

式中,$T$ 为传热时系统的热力学温度;$dS$ 为微元可逆过程中系统熵的微小增量。1kg 工质的熵称为比熵,用符号 $s$ 表示,单位为 J/(kg·K)或 kJ/(kg·K)。可以得到

$$ds = \frac{\delta q_{rev}}{T} \tag{5.11}$$

或

$$s = \int \frac{\delta q_{rev}}{T} + s_0 \tag{5.12}$$

由式(5.9)可见,$dS>0$,$\delta Q_{rev}>0$,系统吸热;$dS<0$,系统放热;$dS=0$,则系统绝热,所以可以使用熵来判断过程前进的方向。

7. 储存能

自然界中物质有不同的运动形式,相应就有不同形式的能量。例如,机械运动对应着机械能,电子运动对应着电能,所以能量是物质运动的度量。为了便于分析,在热力学中将系统储存的能量分为内部储存能和外部储存能。

1)内部储存能(内能)

内部储存能又称为内能,是储存在系统内部的能量。物质是由大量分子组成的,分子总是不停地做热运动。内能是分子热运动的结果,是分子的内动能和内位能的总和。内动能包括分子的移动、转动和振动的动能,是温度的函数;内位能是分子间由于相互

作用力的存在而具有的位能,由工质的比体积和温度决定。所以内能 $U$ 是一个状态参数,是工质的温度和比体积的函数,即

$$U = f(T, v) \tag{5.13}$$

通常用符号 $U$ 表示内能,在国际单位制中,其单位为焦耳(J),1kg 物质的内能称为比内能,用符号 $u$ 表示,单位为焦耳每千克(J/kg)。

内能的变化往往是人们关心的,而通过做功或传热可使内能发生变化。例如,一般气体内能的变化 $\Delta u$ 可通过式(5.14)计算:

$$\Delta u = u_2 - u_1 = c_v(T_2 - T_1) = c_v \Delta T \tag{5.14}$$

式中,$u_1$ 为初始态的比内能;$u_2$ 为终态的比内能;$T_1$ 为初始态的温度;$T_2$ 为终态的温度;$\Delta T$ 为初、终态之间的温度变化;$c_v$ 为定容比热容,表示在定容下,1kg 质量的工质温度每变化 1K 所放出或吸进的热量,单位为 kJ/(kg·K)。

2) 外部储存能

除了热能外,热力系统作为一宏观整体,当相对于某参考坐标系统具有运动速度时会具有动能 $E_k$,因有不同高度而具有位能 $E_p$。系统的动能和位能称为外部储存能,是系统存储的机械能。若工质的质量为 $m$,速度为 $c$,在重力场中的高度为 $z$,则 $E_k$ 和 $E_p$ 分别为

$$E_k = \frac{1}{2}mc^2 \tag{5.15}$$

$$E_p = mgz \tag{5.16}$$

3) 总储存能

系统的总储存能(总能)$E$ 是内能和外部储存能的总和,即

$$E = U + E_k + E_p = U + \frac{1}{2}mc^2 + mgz \tag{5.17}$$

1kg 工质的总能,即比总能 $e$ 由比内能、比动能和比位能组成,可写成

$$e = u + \frac{1}{2}c^2 + gz \tag{5.18}$$

系统总能的变化量为

$$\Delta E = \Delta U + \Delta E_k + \Delta E_p \tag{5.19}$$

### 5.3.2 热力学第一定律

能量既不能被消灭,也不能被创造,只能从一个物体转移到另一个物体,或者在一定条件下从一种状态转换为另一种状态。在转移或转换的过程中,能量的总量保持

不变,这就是能量守恒与转换定律。

能量守恒与转换定律用在热现象或热-功转换中,即成为热力学第一定律。它表现了能量转换过程中的数量关系。热力学第一定律表明,热能可以与其他形式的能量(如机械能、化学能等)相互转化,而且在转换过程中,能量的总量保持不变。热力学第一定律应用于系统的能量变化时,可写成:

进入系统的能量−离开系统的能量=系统中储存能量的增量

针对定量工质在过程中与外界的热交换,则可改写成:

定量工质从外界吸收(或放出)的热量=工质因体积膨胀(或压缩)而对外所做(或接受)的功+工质内部同时所储存(或付出)的能量

### 1. 闭口系统

对于闭口系统,进入和离开的能量只包括热量和做功,所以对于 1kg 工质,热力学第一定律的表达式为

$$q = \Delta u + w \tag{5.20}$$

$$\Delta u = u_2 - u_1 \tag{5.21}$$

式中,$\Delta u$ 为系统内能的变化;$u_1$ 为进入系统时的比内能;$u_2$ 为离开系统的比内能;$q$ 为每千克工质自外界吸入的热量,J/kg 或 kJ/kg;$w$ 为每千克工质对外界所做的功,J/kg 或 kJ/kg。

### 2. 开口系统

开口系统在工程实际中的应用是非常广的,像储热器、换热器等热力设备,工质不断流进流出,必将其所具有的各种能量带入(带出),所以对于开口系统,能量的变化可以通过做功、传热方式传递能量或工质的流动转移能量而产生。根据热力学第一定律,开口系统的能量方程为

$$\delta Q = dE_{ev} + \left(h + \frac{c^2}{2} + gz\right)_{out} \delta m_{out} - \left(h + \frac{c^2}{2} + gz\right)_{in} \delta m_{in} + \delta W_{net} \tag{5.22}$$

$$h = u + pv \tag{5.23}$$

式中,$\delta Q$ 为系统与外界交换的热量,J 或 kJ;$dE_{ev}$ 为系统内的储存能变化,J 或 kJ;$h$ 为比焓,J/kg 或 kJ/kg;$\delta m_{out}$、$\delta m_{in}$ 为流进、流出系统的质量,kg;$\delta W_{net}$ 为系统与外界交换的净功,J 或 kJ。

从开口系统的能量方程式(5.22),可以简化得到设备在稳定工作时,即系统的状态参数(压力、温度、比体积、流速)均不随时间而变化时的稳定流动过程的能量方程为

$$q = \Delta h + \frac{1}{2\Delta c^2} + g\Delta z + W_{net} \tag{5.24}$$

或

$$\delta q = \mathrm{d}h + \frac{1}{2\mathrm{d}c^2} + g\mathrm{d}z + W_{\mathrm{net}} \tag{5.25}$$

式中，$W_{\mathrm{net}}$ 为系统与外界交换的净功。

### 5.3.3 热力学第二定律及热效率

热力学第一定律揭示了在热力过程中，参与转换与传递的各种能量在数量上是守恒的，但它没有说明，满足能量守恒原则的一切过程是否都能实现。实践证明，热能传递有一定的方向性。例如，热量可以自发地从高温物体传向低温物体，而不会自发地从低温物体传向高温物体；机械能可以自发地全部转换为热能，但是热能不能全部、无条件地转换为机械能。热力学第二定律是阐述与热现象有关的各种过程前进的方向、条件及进行限度的定律。

针对不同的热现象，热力学第二定律的具体表述也是多种多样的，但实质是一样的。比较有代表性的说法是克劳修斯（Clausius）和开尔文-普朗克（Kelvin-Planck）的说法。克劳修斯的说法（1850年）为：不可能把热量从低温物体传到高温物体，而不引起其他的变化。开尔文-普朗克的说法表述为：不可能制造只从一个热源取得热量，并使之完全变成机械能而不引起其他变化的循环发动机。热力学第二定律告诉我们，热机循环的热效率不可能达到100%，那么在一定条件下，热效率最高能达到多少呢？卡诺循环（Carnot cycle）回答了这个问题。

某一系统从一个状态出发，途中经过各种状态变化后又恢复到原来的状态，这个过程叫循环。热力学中理想的循环是卡诺循环。该循环是由两个等温变化和两个绝热变化组成的。卡诺循环可以完全逆向进行，是可逆循环的代表性例子。

顺向卡诺循环时，从高温热源接受 $Q_1$ 的热量，在低温热源释放 $Q_2$ 的热量，只有 $W=Q_1-Q_2$ 的功在外部进行，所以，这种场合的循环效率 $\eta$ 可表示为

$$\eta = \frac{W}{Q_1} = \frac{Q_1 - Q_2}{Q_1} \tag{5.26}$$

若用已经叙述过的绝对温度 $T$ 表示，则 $\eta$ 也可表示为

$$\eta = \frac{W}{Q_1} = \frac{Q_1 - Q_2}{Q_1} = 1 - \frac{Q_2}{Q_1} = 1 - \frac{T_2}{T_1} \tag{5.27}$$

由式（5.27）可知，卡诺循环的效率取决于高温热源和低温热源的绝对温度之比。基于这一点，式（5.27）可以改写成

$$\frac{Q_1}{T_1} - \frac{Q_2}{T_2} = 0 \tag{5.28}$$

由此可知，在可逆循环中，克劳修斯公式 $\Delta S = \int \frac{\mathrm{d}Q_{\mathrm{rev}}}{T}$ 是成立的。

另外，现实的循环是不可逆循环，其热效率一定比卡诺循环效率低，即

$$\frac{Q_1}{T_1} - \frac{Q_2}{T_2} < 0 \tag{5.29}$$

式(5.29)称为不可逆循环中的克劳修斯不等式。

将上述结果扩展，考虑用一条闭合曲线表示可逆循环，此时克劳修斯的积分为零，即

$$\oint \frac{\mathrm{d}Q}{T} = 0 \tag{5.30}$$

若循环中包含不可逆过程，则式(5.31)成立：

$$\oint \frac{\mathrm{d}Q}{T} < 0 \tag{5.31}$$

熵的增大使我们考虑理想气体绝热膨胀的情况。假设在容器内充入一半的理想气体 $V_1$，在容器间隔板上开个孔。此时气体就会扩散，充满整个容器。这种现象称为自由膨胀。自由膨胀时气体不做功，也没有热量进出，内部能量不变，因此温度也保持不变。

定义状态标量 $S$ 为

$$\oint \frac{\mathrm{d}Q}{T} = S \tag{5.32}$$

将其命名为熵，则熵为

$$\mathrm{d}S = \frac{\mathrm{d}Q}{T} \tag{5.33}$$

设开始状态和最后状态的熵分别为 $S_1$、$S_2$，存在如式(5.34)所示的关系：

$$S_2 - S_1 = \int_1^2 \frac{\mathrm{d}Q}{T} = nR\lg\frac{V_2}{V_1} \tag{5.34}$$

式(5.34)中 $V_2 > V_1$，所以

$$S_2 - S_1 = nR\lg\frac{V_2}{V_1} > 0 \tag{5.35}$$

此时可知，自由膨胀气体的熵增大了。

同样地，当两个温度不同的物体接触发生热传导时，熵也会增大。具体来说，由于热量从高温物体向低温物体传递，整个系统的熵会增大。这样，如果一个孤立的系统产生不可逆变化的话，系统的熵一定会增大。严格地说，自然界中的变化都是不可逆的，所以说"宇宙这个孤立系统的熵也在增大"。可以这样说："宇宙最终会达到平衡状态，宇宙各部分的温度会趋于均一化，此时万物也就到了死亡的边缘"。这就是由热力学第二定律得出的结论。

克劳修斯不等式表明"若在孤立系统中发生不可逆变化，则熵就会增大"，即

$$\mathrm{d}S > 0 \tag{5.36}$$

我们把式(5.36)称为熵的增大定律，式(5.36)也是控制系统变化的热力学第二定律的数学表现形式。熵是只取决于系统状态的函数和状态量。所以，从 A 状态到 B 状态的熵的变化与路径无关。

### 5.3.4 传热学基础原理

传热学所研究的是物体(固体、液体、气体)之间或者物体内部因存在着温差而发生的热能传递的规律。掌握了这些规律，人们就有可能根据不同的目的去解决在特定条件下发生的各种类型的传热问题。

1. 热量传递的基本方式

根据传热机理的不同，热量传递有三种基本方式：热传导、热对流和热辐射。

1) 热传导

当物体内部存在温度差(也就是物体内部能量分布不均匀)时，在物体内部没有宏观位移的情况下，热量会从物体的高温部分传到低温部分。此外，不同温度的物体互相接触时，热量也会在相互没有物质转移的情况下，从高温物体传递到低温物体。这样一种热量传递方式被称为热传导。因此，热传导可以归纳为是借助于物质微观粒子的热运动而实现的热量传递过程。热传导的基本特点是物体间要相互接触才能发生热量传递，但物体各部分之间不发生相对位移，也没有能量形式的转移。

2) 热对流

流体中温度不同的各部分流体之间，由于发生相对运动，热量由高温流体转移到低温流体的现象称为热对流。热对流只能在流体(流体或气体)中发生，而且必然伴有导热现象。这种传热主要是靠流体分子的随机运动和流体的宏观运动实现的。工程上还经常遇到流体与温度不同的固体壁面接触时热量变换的情况，如换热器中烟气、管壁、水之间的热交换，这种热量的传递过程称为对流换热。

3) 热辐射

热辐射是指具有一定温度的物体以电磁波方式发射出一种带有由其内能转化而来的能量粒子的过程。例如，太阳将大量的热量传给地球，就是靠热辐射的作用。任何物体只要温度高于 0K 都有向外发射热射线的能力。物体的温度越高，辐射能力越强。温度相同，但物体的性质和表面状况不同，辐射能力也不同。热辐射与热传导和热对流不同，它是通过电磁波(或光于梳)的方式传播能量的，不需要物体之间直接接触，也不需要任何中间介质，即使在真空中也可以传播能量，另外，热辐射在传递过程中伴随有能量形式的转化，即热能辐射。实际上，传热过程往往不是以上三种基本传热方式单独出现，而是两种和三种传热方式的综合结果，通常以其中一种或两种方式为主。

## 2. 传热的基本规律

### 1) 热传导的基本定律——傅里叶定律

1822 年，法国数学家傅里叶(Fourier)将热传导关系归纳为

$$Q_0 = -\lambda A \frac{\partial t}{\partial n} \tag{5.37}$$

式中，$Q_0$ 为单位时间换热量，又称热流量，W；$A$ 为换热面积，m²；$\partial t / \partial n$ 为温度梯度，负号表示热流密度的方向与温度梯度的方向相反；$\lambda$ 为材料的热导率，W/(m·℃)。

式(5.37)的傅里叶定律指出：单位时间内传导的热量与温度梯度及垂直于热流方向的面积成正比，也可表示为如式(5.38)所示的形式：

$$q_0 = -\lambda \frac{\partial t}{\partial n} \tag{5.38}$$

式中，$q_0$ 为单位面积热流，又称热流密度，W/m²。

### 2) 对流换热的基本定律——牛顿冷却定律

1701 年，牛顿(Newton)首先提出了计算对流换热热流量的基本关系式，常称为牛顿冷却定律，其形式为

$$Q_0 = \alpha A(t_w - t_f) = \alpha A \Delta t \tag{5.39}$$

$$\Delta t = t_w - t_f \tag{5.40}$$

式中，$t_w$ 为物体表面的温度；$t_f$ 为流体的温度；$\alpha$ 为对流换热系数或表面换热系数，W/(m²·℃)，它是一个反映对流换热过程强弱的物理量；$A$ 为换热面积，m²。

这里认为 $t_w > t_f$，人为地定义 $\Delta t$ 取正值。

牛顿冷却定律的物理意义是在单位时间内，壁面与流体之间温差为 1℃时，通过单位面积所传递的热量。$\alpha$ 越大，换热量越大。

### 3) 辐射换热的基本定律——辐射传热计算

辐射换热的基本定律是斯蒂芬-玻尔兹曼(Stefen-Boltzmann)提出的，该定律表明黑体在单位时间内通过单位面积向外辐射的能量(即辐射力) $E_0$ 和绝对温度的四次方成正比，又称其为次方定律，即

$$E_0 = A_0 \sigma_0 T^4 \tag{5.41}$$

$$E_0 = C_0 \left(\frac{T}{100}\right)^4 A_0 \tag{5.42}$$

式中，$E_0$ 为黑体发射的辐射能，W/m²；$A_0$ 为辐射物体的表面积，m²；$T$ 为绝对温度，K；$\sigma_0$ 为斯蒂芬-玻尔兹曼常数，其值为 $5.67 \times 10^{-8}$ W/(m²·K⁴)；$C_0$ 为黑体辐射常数，

其值为 5.67W/(m²·K⁴)。

自然界中所有物体都在不断向周围空间发射辐射能，与此同时，又在不断吸收来自周围空间其他物体的辐射能，两者之间的差额就是物体之间的辐射换热量。物体表面之间以辐射方式进行的热交换过程称为辐射换热。

$$Q_{1-2} = C_{1-2}\varphi_{1-2}A_0\left[\left(\frac{T_1}{100}\right)^4 - \left(\frac{T_2}{100}\right)^4\right] \tag{5.43}$$

式中，$Q_{1-2}$ 为高温物体 1 向低温物体 2 传递的热量，W；$C_{1-2}$ 为总辐射系数，W/(m²·K⁴)；$\varphi_{1-2}$ 为角系数；$A_0$ 为辐射物体的表面积，m²；$T_1$ 为高温物体的温度，K；$T_2$ 为低温物体的温度，K。

3. 稳定热传导

在稳定热导热过程中，物体中每一处的温度都是不随时间变化的，因此，物体中的温度场只是空间坐标的函数，即 $T = f(x, y, z)$

1) 热导率

物体的热导率与材料的组成、结构、温度、湿度、压强及聚集状态等许多因素有关。物质的热导率通常用实验方法测定。固体材料的热导率随温度而变化，绝大多数质地均匀的固体，热导率与温度近似呈线性关系，可用式(5.44)表示：

$$\lambda = \lambda_0(1 + \alpha_0 t) \tag{5.44}$$

式中，$\lambda$ 为固体在温度 $t$℃时的热导率，W/(m·℃)；$\lambda_0$ 为固体在 0℃的热导率，W/(m·℃)；$\alpha_0$ 为温度系数，℃⁻¹，对于大多数金属材料为负值，而对于大多数非金属材料为正值。

除水和甘油外，常见液体的热导率随温度升高而略有减小。气体的热导率比液体更小，约为液体热导率的 1/10。气体的热导率随温度升高而增大；但在相当大的压强范围内，压强对其无明显影响。只有当压强很低或很高时，它才随压强增加而增大。

2) 稳定热传导计算

设有一个长和宽的尺寸与厚度相比相当大的平壁(称为无限大平壁)，壁边缘处的散热可以忽略，壁内温度只沿垂直于壁面 $x$ 的方向变化。温度场为一维温度场。若壁面两侧的温度为 $t_1$ 和 $t_2$，不随时间而变化，则该平壁的热传导为一维稳定热传导。傅里叶定律可简化为

$$Q = \lambda A \frac{t_1 - t_2}{\Delta x} = \lambda A \frac{\Delta t}{\Delta x} \tag{5.45}$$

式中，$\Delta t$ 为壁面两侧的温度差。

式(5.45)适用于 $\lambda$ 为常数的稳态热传导过程。实际上，物体内不同位置上的温度并不相同，因而热导率也随之而异。但是在工程计算中，对于各处温度不同的固体，其热导率可以取固体两侧面温度下 $\lambda$ 的算术平均值，这样做不会引起太大的误差。

式(5.45)也可表示为如式(5.46)所示的形式：

$$q = \frac{Q}{A} = \lambda \frac{t_1 - t_2}{\Delta x} = \frac{\Delta t}{\frac{\Delta x}{\lambda}} = \frac{\Delta t}{R} = \frac{\text{推动力}}{\text{热阻}} \tag{5.46}$$

式(5.46)表明热流密度 $q$ 正比于推动力，反比于热阻 $R$，与欧姆定律极为类似。热阻正比于传导距离，而反比于热导率。对于某一传热问题，如果要增强传热，就应设法减少所有热阻中最大的那个热阻；若要减弱传热，就应加大所有热阻中最小的那个热阻，或者再增加额外的热阻，即增加保温层。

同样，根据傅里叶定律，可推出多层平壁和多层圆筒壁的导热计算式(5.47)和式(5.48)。它们都可写成推动力/热阻的形式，即形式上和式(5.46)相同，但热阻的具体在达式不同。

$$q = \frac{t_1 - t_{n+1}}{\frac{\delta_1}{\lambda_1} + \frac{\delta_2}{\lambda_2} + \cdots + \frac{\delta_n}{\lambda_n}} = \frac{t_1 - t_{n+1}}{\sum_{i=1}^{n} \frac{\delta_i}{\lambda_i}} = \frac{\text{推动力}}{\text{热阻}} \tag{5.47}$$

$$Q = \frac{t_1 - t_{n+1}}{\sum_{i=1}^{n} \frac{1}{2\pi \lambda_i L_i} \ln(r_{i+1} / r_i)} = \frac{\text{推动力}}{\text{热阻}} \tag{5.48}$$

式中，$n$ 为总层数；$\lambda_i$ 为第 $i$ 层的热导率；$\delta_i$ 为第 $i$ 层平板的壁厚，m；$t_1$ 和 $t_{n+1}$ 为第 1 层和第 $n+1$ 层的表面温度，℃；$r_i$ 和 $r_{i+1}$ 为第 $i$ 层和 $i+1$ 层圆筒的内外半径，m；$L_i$ 为第 $i$ 层圆筒壁长度，m。

4. 对流换热

常见的间壁换热同时并存着热对流、热传导和热辐射三种方式，但热辐射的影响一般可忽略。间壁两侧流体的热交换中，若管壁的一侧为热流体，温度为 $T$，另一侧为冷流体，温度为 $t$，由于存在温度差 $\Delta t$ ($\Delta t = T - t$)，热量由热流体传给管壁，再由管壁传给冷流体。热流体把热量传递给固体管壁，或由固体管壁将热量传递给冷流体的过程，均称对流换热过程。

1) 影响对流换热系数的因素

对流换热的换热速率按牛顿冷却定律式进行计算，但式中的对流换热系数 $\alpha$ 难以确定，它主要受到下面因素的影响。

(1) 流体的物性。

影响 $\alpha$ 较大的物性有密度 $\rho$、黏度 $\mu$、热导率 $\lambda$、定压比热容 $c_p$、体膨胀系数 $\beta$ 等，$\alpha$ 随着热导率、定压比热容、密度的增大而增大，随黏度的增大而减小。

(2) 流体的流速。

流速高的流体，质点充分混合且边界层变薄，温度梯度增大，从而增强了换热。流体流动的方式主要有自由流动和强制流动。强制流动主要是靠外力实现，一般流速较高，

故 $\alpha$ 较大。自由流动是流体内部存在温度差而引起密度不同从而产生浮升力所引起,一般流速较低,故 $\alpha$ 较小。

(3) 几何结构。

不同传热面的形状(如管、板、管束等)、大小(如管径等)和形式(如是正方形还是三角形排列方式,垂直放置还是水平放置)等几何结构对流体的扰动程度不同。凡是能造成边界层分离、产生旋涡、增加湍动的,都会使 $\alpha$ 增大。

(4) 是否发生相变。

相变情况主要有蒸汽冷凝和液体沸腾。发生相变时,由于汽化或冷凝的潜热远大于温度变化的显热。一般情况下,有相变化时对流换热系数较大,$\alpha_{\text{有相变}} > \alpha_{\text{无相变}}$。

2) 对流换热系数经验关联式

由上面的分析可知,影响对流换热系数的主要因素可用函数形式表示为

$$\alpha = f(u, L, \mu, \lambda, c_p, \rho, g\beta\Delta t) \tag{5.49}$$

式中,$u$ 为流体特征速度;$L$ 为特征尺寸,指高度、直径、边长等;$\mu$ 为流体黏度;$\lambda$ 为流体热导率;$c_p$ 为流体定压比热容;$\rho$ 为流体密度;$\beta$ 为体膨胀系数;$g$ 为重力加速度。

由于对流换热本身是一个极为复杂的物理现象,虽然可以通过牛顿冷却定律简化形式表达,将复杂问题归结于计算对流换热系数。但是,确定对流换热系数的确切数值成了一个关键挑战。目前,尚不能从理论上推导出对流换热系数的精确计算式,只能通过实验得到其经验关联式:

$$Nu = C Re^R Pr^k Gr^g \tag{5.50}$$

$$Nu = \frac{\alpha L}{\lambda} \tag{5.51}$$

$$Re = \frac{u\rho L}{\mu} \tag{5.52}$$

$$Pr = \frac{c_p \mu}{\lambda} \tag{5.53}$$

$$Gr = \frac{\beta g \Delta t L^3 \rho^2}{\mu^2} \tag{5.54}$$

式中,$Nu$ 为努塞特数,包含对流换热系数,反映对流换热过程强度;$Re$ 为雷诺数,表征流体流动形态对流换热的影响;$Pr$ 为普朗特数,反映流体物性对流换热的影响;$Gr$ 为格拉晓夫数,表征自然对流时对流换热的影响,是浮升力与黏性力之比的一种量度。

5. 传热计算

1) 传热基本方程

在稳定状态下,由牛顿冷却定律、傅里叶定律和斯蒂芬-玻尔兹曼定律可以推出热流

体传热给冷流体的总传热速率主要取决于传热导数 $K$、传热面积 $A$ 以及两流体之间的平均温差 $\Delta T$。当换热系数随温度变化不大时，热流体传热给冷流体的总传热速率方程为

$$Q = KA\Delta t_m \tag{5.55}$$

或

$$q = K\Delta t_m \tag{5.56}$$

式中，$Q$ 为单位时间内的换热量，W；$K$ 为总换热系数，W/(m²·K)；$A$ 为换热面积，m²；$\Delta t_m$ 为有效平均温差，K。

式(5.56)是传热计算的基本方程，式中总换热系数的物理意义是在数值上等于单位换热面积、单位传热温差下的传热速率，它反映传热过程的强度。

2) 热量衡算

如图 5.7 所示的换热过程，冷、热流体的进、出口温度分别为 $t_1$、$t_2$、$T_1$、$T_2$，冷、热流体的质量流量分别为 $G_1$、$G_2$。设换热器绝热良好，热损失可以忽略，则两流体流经换热器时，根据热量衡算原理，单位时间内热流体放出热等于冷流体吸收热。

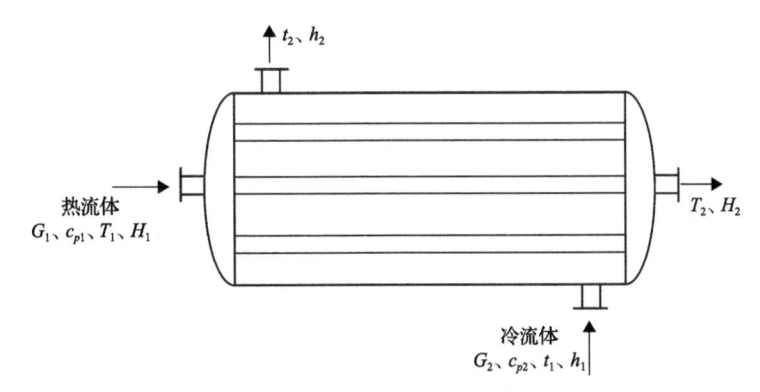

图 5.7 换热过程示意图

无相变时：

$$Q = G_1 c_{p1}(T_1 - T_2) = G_2 c_{p2}(t_2 - t_1) \tag{5.57}$$

或：

$$Q = G_1(H_1 - H_2) = G_2(h_2 - h_1) \tag{5.58}$$

式中，$H_1$、$H_2$ 为热流体进、出口的焓值；$h_1$、$h_2$ 为冷流体进、出口处的焓值。

若热流体有相变化，如饱和蒸气式冷凝，而冷流体无相变化，则有

$$Q = G_1\left[r + c_{p1}(T_1 - T_2)\right] = G_2 c_{p2}(t_1 - t_2) \tag{5.59}$$

式中，$Q$ 为流体放出或吸收的热量，J/S；$r$ 为流体的汽化潜热，kJ/kg；$T_s$ 为饱和蒸气温度，$T_s = T_1$。

在实际设计换热器时，通常认为传热速率和热负荷数值上相等，通过热负荷可确定换热器应具有的传热速率，再根据传热速率来计算换热器所需的换热面积。因此，传热过程计算的基础是传热速率方程和热量衡算式。

3) 有效平均温差的计算

当换热器中间壁两侧的流体均存在相变时，两流体温度可分别保持不变。如蒸发器中，间壁的一侧，液体保持在恒定的沸腾温度 $t$ 下蒸发，间壁的另一侧用蒸汽加热，则它是在一定温度 $T$ 下的冷凝过程。传热温差为

$$\Delta t = T - t \tag{5.60}$$

若间壁传热过程中有一侧流体没有相变，或者两侧流体均无相变，其温度沿流动方向变化，传热温差也势必沿程发生变化。在流体换热器中，热流体的进出、口温度为 $T_1$、$T_2$，冷流体的进、出口温度为 $t_1$、$t_2$，流体沿传热面的温度变化如图 5.8 所示，逆流或并流时有效平均温差由其对流平均值确定，即

$$\Delta t = \frac{\Delta t_1 - \Delta t_2}{\ln \dfrac{\Delta t_1}{\Delta t_2}} \tag{5.61}$$

其中

$$\Delta t_1 = T_1 - t_2$$

$$\Delta t_2 = T_2 - t_1$$

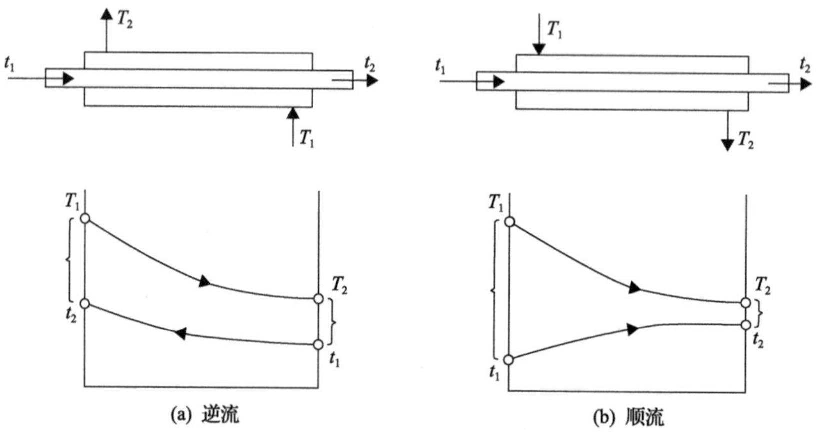

图 5.8 流体沿传热面温度变化示意图

实际换热器中的传热是错流或折流方式，有效平均温差的计算要先按逆流计算对数平均温差 $\Delta t_{逆}$，然后再乘以平均温差校正系数 $\varphi$，即

$$\Delta t = \varphi \Delta t_{逆} \tag{5.62}$$

$$P = \frac{t_2 - t_1}{T_1 - t_1} = \frac{冷流体温升}{两流体最初温差} \tag{5.63}$$

$$R = \frac{T_1 - T_2}{t_2 - t_1} = \frac{热流体温降}{冷流体温升} \tag{5.64}$$

$P$ 和 $R$ 两因数可从温差校正系数图中查得。$\varphi$ 值恒小于 1，这是由于各种复杂流动中同时存在逆流和并流。通常在换热器设计选用中规定 $\varphi$ 值不小于 0.8。若小于此值，则应增加壳程数或将多台换热器串联使用，以便使其传热过程接近于逆流。

4) 总换热系数 $K$

总换热系数 $K$ 是表示换热设备性能极为重要的参数，也是对换热设备进行传热计算的依据。$K$ 的数值取决于流体的物性、传热过程的操作条件及换热器的类型等。通常 $K$ 值可通过实验测定或分析计算得到。

管内、外的对流换热系数分别为 $\alpha_i$ 和 $\alpha_o$；管外侧与内侧的污垢热阻分别为 $R_{so}$ 与 $R_{si}$，如果以管外壁换热面积为基准，则

$$\frac{1}{K} = \frac{1}{\alpha_o} + R_{so} + \frac{\delta}{\lambda}\frac{d_o}{d_m} + R_{si}\frac{d_o}{d_i} + \frac{1}{\alpha_i}\frac{d_o}{d_i} \tag{5.65}$$

式中，$d_o$、$d_i$、$d_m$ 为管子的外径、内径和平均直径；$\delta$ 为管厚。

式(5.65)中 $1/K$ 是总热阻，即间壁两侧流体间传热的总热阻等于两侧流体的对流换热热阻、污垢热阻和管壁热传导热阻之和。

当传热面为平面时，从式(5.65)可以简化得到 $K$ 的计算式为

$$\frac{1}{K} = \frac{1}{\alpha_o} + R_{so} + \frac{\delta}{\lambda} + R_{si} + \frac{1}{\alpha_i} \tag{5.66}$$

6. 传热强化概述

传热强化是一种改善传热性能的技术，可改善和提高热传递速率，从而用最经济的设备来传递一定的热量。根据传热方程式，要使换热设备中传热过程强化，可通过增大平均传热温差、增大换热面积、提高换热系数来实现。

1) 增大平均传热温差

增大平均传热温差的方法有两种：一是在冷流体和热流体的进出口温度一定时，利用不同的换热面布置来改变平均传热温差。例如，尽可能使冷、热流体相互逆流流动，或采用换热网络技术，合理布置多股流体流动与换热，扩大冷、热体进出口温度的差别以增大平均传热温差。此法受生产工艺限制，不能随意变动，只能在有限范围内采用。二是通过改变热流体和冷流体的进、出口温度，直接增大热流体和冷流体之间的温差。

2) 增大换热面积

扩大换热面积是实现传热强化的一种有效方法。采用小直径换热管和扩展表面换热

面均可增大换热面积,管径越小,耐压越大,在相同的金属质量下,总表面积越大。采用翅片管、螺旋管等,不仅增大了换热面积,同时也能提高换热系数,但同时也会带来流动阻力增大等问题。

3) 提高换热系数

当换热设备的平均传热温差和换热面积给定时,提高换热系数将是增大换热设备换热量的唯一方法。提高对流换热系数的方法可分为有功传热强化和无功传热强化。有功传热强化需要应用外部能量来达到传热强化的目的,如搅拌换热介质、使换热表面或流体振动、将电磁场作用于流体以促使换热表面附近流体的混合等技术。无功传热强化无须应用外部能量就能达到传热强化的目的,如采用扩展表面、增加表面粗糙度、设置强化元件等方法。

在换热器设计中,对于无相变的对流强化换热,可采用槽管结构,即螺旋槽管和横纹槽臂。螺旋槽管管外有带一定螺旋角的沟槽,管内呈相应的凸肋。螺旋槽不宜太深,槽越深流阻越大,螺旋角越大,槽臂的传热膜系数越大。横纹槽管是采用变截面连续滚轧成型的。管外与管轴呈 90℃相交的横向沟槽,管内为横向凸肋。流体流经管内凸肋后不产生螺旋而是沿整个截面产生轴向涡流群使传热得到强化。为了促进管内的传热,也可采用在管内插入促使流体产生旋转运动的构件,如扭带、螺旋片等。

对凝结过程,强化传热主要是设法减薄凝结液膜的厚度;对有相变的沸腾过程,主要是设法增加换热表面上的气化核心数目及提高产生气泡的频率。用于强化沸腾传热的传热管包括烧结多孔表面管、机械加工的多孔表面管、电腐蚀加工的多孔表面管等。

### 5.3.5 能量平衡原理

1. 能量平衡定义和原理

能量平衡是按照能量守恒原则,对生产中一个系统(设备、装置、车间或企业等)的输入能量、有效利用能量和输出能量在数量和能的质量上的平衡关系进行考察,分析用能过程中各个环节的影响因素。使用能量平衡较为方便,可以对用能情况进行定性分析和定量计算,为提高能量利用水平提供依据。根据热力学第一定律,各种形式的能量可以互相转换,而其总量保持不变。所以,对于一个确定的体系,输入体系的能量应等于输出体系的能量与体系内能量的变化之和,即

$$E_{输入} = E_{输出} + \Delta E_{体系} \tag{5.67}$$

式中,$E_{输入}$ 为输入体系的能量;$E_{输出}$ 为输出体系的能量;$\Delta E_{体系}$ 为体系内能量的变化。

若是稳定流动,即工质在各个地点的状态不随时间而改变的流动,体系内的能量不发生变化,即

$$\Delta E_{体系} = 0$$

故能量平衡方程为

$$E_{输入} = E_{输出}$$

**2. 能量平衡模型**

进行能量平衡分析时,根据《用能设备能量平衡通则》(GB/T 2587—2009)和《生活锅炉热效率及热工试验方法》(GB/T 2588—2011),首先要确定能量平衡的对象;其次根据能量平衡的具体目标和要求,建立相应的能量平衡模型。能量平衡模型中用方框表示体系,边框的边界线区分体系和外界,从而明确哪些是输入能量,哪些是输出能量,哪些是体系内的能量;最后把那些进入与排出体系的所有能量分别用箭头画在方框的四周。如图 5.9 所示,工质或物料带入体系的能量 $E_入$、带出体系的能量 $E_出$、外界进入体系的能量 $E_进$ 和体系排出的能量 $E_排$ 分别画在方框的左侧、右侧、下面和上面;体系回收的能量 $E_回$ 画在方框的中间。一般情况下,$E_入$、$E_出$、$E_进$ 和 $E_排$ 所包括的能量可用式(5.68)~式(5.71)来表示:

$$E_入 = E_{工质入} + E_{物料} \tag{5.68}$$

$$E_出 = E_{工质出} + E_{产品} \tag{5.69}$$

$$E_进 = E_{能源} + E_{化放} \tag{5.70}$$

$$E_排 = E_{排出} + E_{损失} \tag{5.71}$$

式中,$E_{工质入}$、$E_{物料}$ 为工质带入能量和物料带入能量;$E_{工质出}$、$E_{产品}$ 为工质带出能量和产品带出能量;$E_{能源}$ 为一次能源和二次能源所提供的能量;$E_{化放}$ 为工艺过程中的化学反应放热;$E_{损失}$ 为各种损失能;$E_{排出}$ 为体系向外界的排出能。

图 5.9 能量平衡模型

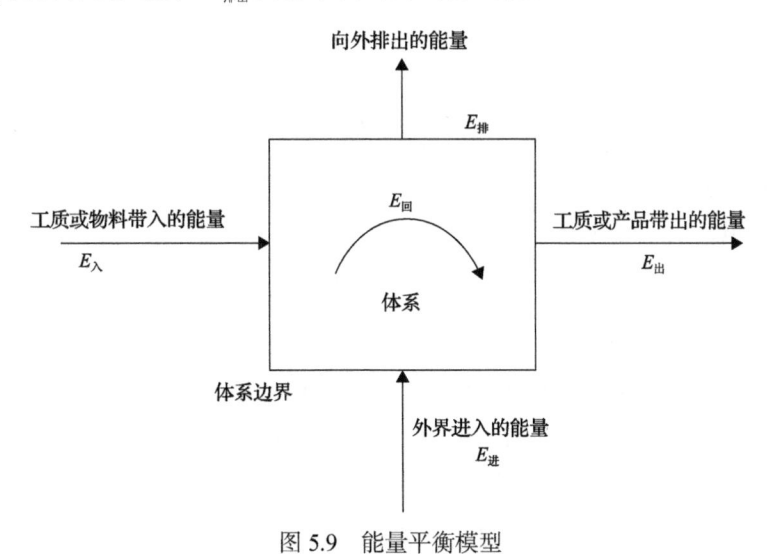

进行能量平衡分析时,主要根据进出体系的能量在数量方面的增减来分析,而不考虑其体系内的详细变化。显然,可以通过把一个大体系分割成许多子体系的办法来进行

不同范围和不同要求的能量平衡。

3. 能量平衡的类型

不同行业中，对能量平衡的具体要求和目的不同，因而需要进行考察的项目也不同，因此能量平衡方程有不同的形式。根据能量平衡的基础不同，能量平衡可分为供入能平衡、全入能平衡和净入能平衡三种类型。

1) 供入能平衡

以供给体系的能源为基础的能量平衡称为供入能（$E_{供入}$）平衡。供给体系的能源包括煤、油、天然气等燃料或电、蒸汽、焦炭、煤气等二次能源。供入能平衡主要是考察外界供给体系的能量利用状况，这种能量平衡使用最多。典型的设备有锅炉、加热炉、干燥箱等。令 $E_{供入}=E_{能源}$，并将

$$E_{输入} = E_{入} + E_{进} = E_{入} + E_{能源} + E_{化放} \tag{5.72}$$

$$E_{输出} = E_{出} + E_{排} \tag{5.73}$$

将式(5.72)代入式(5.73)中可得到供入能平衡方程式为

$$E_{供入} = E_{进} - E_{化放} = \left(E_{出} - E_{入}\right) + \left(E_{排} - E_{化放}\right) \tag{5.74}$$

2) 全入能平衡

全入能（$E_{全入}$）平衡是以进入体系的全部能量为基础的能量平衡。它主要是考察所有进入体系的总能量的应用状况，特别是能量回收利用情况。全入能平衡在石油化工等行业应用较多。进入体系的全部能量有 $E_{入}$、$E_{能源}$、$E_{化放}$ 和体系回收的能量 $E_{回}$，即

$$E_{输入} = E_{入} + E_{能源} + E_{化放} + E_{回} = E_{全入}$$

而

$$E_{输出} = E_{出} + E_{推} + E_{回}$$

式中，$E_{推}$ 为推动功。

按能量守恒，全入能的平衡方程式为

$$E_{全入} = E_{入} + E_{能源} + E_{化放} + E_{回} = E_{出} + E_{排} + E_{回} \tag{5.75}$$

3) 净入能平衡

当主要考察净输入体系的能量利用程度时，一般采用净入能平衡方程。它是以实际进入体系的能量为基础的能量平衡。例如，为了计算换热器的保温效率，需要通过净入能平衡方程得到散热损失的大小。体系的净入能 $E_{净入}$ 是输入能和损失能之和，即

$$E_{净入} = E_{输入} + E_{损失}$$

而

$$E_{输出} = E_{出} - E_{入}$$

所以根据能量守恒式(5.75)，体系的净入能平衡方程式为

$$E_{净入} = E_{进} - E_{排出} = (E_{出} - E_{入}) + E_{损失} \tag{5.76}$$

**4. 能量的计算**

1) 工质带入(出)能

若系统入口(出口)处为质量 $D$ 的蒸汽，则供给能量为蒸汽的焓减去基准温度下水的焓，即

$$E_{汽} = D(h_{汽} - h_{0水}) \tag{5.77}$$

式中，$h_{0水}$ 为水在标准状态下的比焓值；$h_{汽}$ 为蒸汽焓。

若为空气、烟气、燃气或其他高温流体，则供给能量为相应载能体在体系入口(出口)处的焓与基准温度下焓之差，即

$$E = m(h_{入} - h_0) = m(c_{p入}t_{入} - c_{p0}t_0) \tag{5.78}$$

式中，$m$ 为流体质量；$t_0$ 为基准温度，一般以环境温度为基准温度；$c_{p0}$ 为标准状态下的定压比热容；$c_{p入}$ 为入口处的定压比热容；$h_{入}$ 为入口处的焓；$t_{入}$ 为入口处温度；$h_0$ 为标准状态下的焓。

2) 外界进入体系的燃烧能

燃料燃烧时，所供给的能量 $Q_{燃烧}$ 包括燃料带入的能量 $Q_{燃料}$、空气带入的能量 $E_{空气}$、雾化用蒸汽带入的能量 $E_{雾化}$，即

$$Q_{燃烧} = Q_{燃料} + E_{空气} + E_{雾汽} \tag{5.79}$$

其中

$$E_{空气} = H_{入} - H_0$$

式中，$E_{空气}$ 为空气带入能量；$H_{入}$ 为体系入口处空气的焓；$H_0$ 为基准温度下的焓。

雾化过程中，蒸汽带入的热量等于体系入口处蒸气的比焓 $h_{雾汽}$ 与基准温度下水的比焓 $h_{0水}$ 之差：

$$E_{雾汽} = D_{雾汽}(h_{雾汽} - h_{0水})$$

式中，$D_{雾汽}$ 为蒸发量。

3) 外界供给体系的电和功

$$E_{进} = N + W \tag{5.80}$$

式中，$N$、$W$ 分别为电量和功量，kJ。

4) 外界向体系的换热量

$$Q = K\Delta t A \tag{5.81}$$

式中，$K$ 和 $A$ 分别为换热系数和换热面积；$\Delta t$ 为外界和系统的温差。

5) 高放热反应化学反应时的反应热 $Q_{化放}$（不包括燃料燃烧时所提供的能量）

$$Q_{化放} = mQ_{放} \tag{5.82}$$

式中，$Q_{放}$ 为物体放出的热量。

6) 损失能量的计算

损失能量一般是指系统的供给能量中未被利用的能量，即供给能量除有效能量以外的部分能量，主要是散失于环境中的能量。

7) 能量衡算的基本程序

能量衡算的基本程序概括为以下几步。

(1) 根据问题，把过程或设备分为若干个体系。

(2) 建立能量平衡模型，在能量平衡模型图上标明已知条件(物料的流量、组成、温度、压力等)。如果不知道体系各物料的流入、输出、积累和转化的组成关系，则需进行物料衡算。

(3) 选择计算基准。基准状态的选择要使计算方便，一般以过程中某物料的温度作为基准温度。

(4) 列能量平衡方程式并进行求解。

8) 储热装置能量平衡方程

热能存储是指把热量或冷量在储能装置内存储起来。存储过程即充能或放能过程，其间要发生物理或化学反应。储能装置包括储存容器、储存介质、充能和放能设施及其他附属装置。根据热力学第一定律，分析图 5.10 中储能装置的能量平衡时，可以将其看成开口系统，热能存储过程的能量平衡方程为

$$\left(h + \frac{c^2}{2} + gz\right)_{in} \delta m_{in} + \delta Q - \left(h + \frac{c^2}{2} + gz\right)_{out} \delta m_{out} - \delta W_{net} = \delta\left[\left(h + \frac{c^2}{2} + gz\right)_{st} \delta m_{st}\right] \tag{5.83}$$

式中，$h$ 为比焓，J/kg；$c$ 为工质速度；$g$ 为重力加速度，m/s²；$z$ 为在重力场中的高度；$\left(h + \frac{c^2}{2} + gz\right)_{in}$ 为流进系统的能量；$\left(h + \frac{c^2}{2} + gz\right)_{out}$ 为流出系统的能量；下标 st 表示储存介质；$\delta W_{net}$ 为微元系统与外界交换的净功；$\delta m_{in}$ 为流进系统的微元质量；$\delta m_{out}$ 为流出系统的微元质量；$\delta m_{st}$ 为储存介质的质量增量。

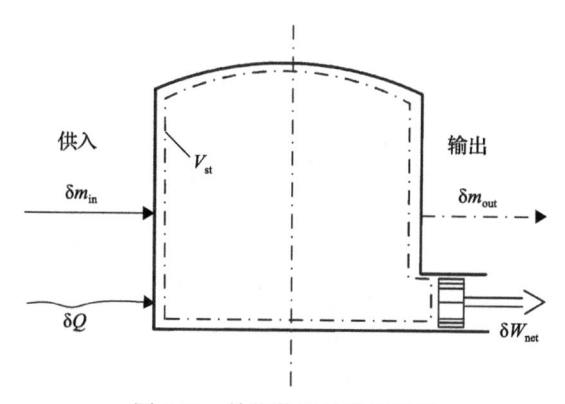

图 5.10  储能装置的能量平衡

从式(5.83)可以看出储能能力随着比内能、比位能、比功能和系统质量的变化而变化，而比内能和系统质量的改变直接影响着热能存储的能力。所以从式(5.83)中略去比位能、比功能变化，得到热能存储的能量平衡方程为

$$h_{in}\delta m_{in} + \delta Q - h_{out}\delta m_{out} - \delta W_{out} = \delta(um)_{st} \tag{5.84}$$

式中，$h_{in}$、$h_{out}$分别为流入、流出系统的比焓；$W_{out}$为输出功；$\delta(um)_{st}$为储存的能量。

质量平衡方程式为

$$\delta m_{in} - \delta m_{out} = \delta m_{st} \tag{5.85}$$

按照上面的推导，热能存储的方法根据储存介质和传热介质是否为同一介质划分为直接储存和间接储存。直接储存时储存介质和传热介质为同一介质，而间接储存时热能的传递可以只靠传热的形式（如通过容器壁的热传导），也可以用单独的传热介质（液态、两相状态或气态）进行质交换。直接储存和间接储存时储存介质可以是没有相变的固态、液态或气态，或者可以为有相变的液体。根据储存时介质的质量变化与否，又可分为质量不变($\delta m_{st}=0$)和质量可变($\delta m_{st} \neq 0$)的存储，如直接储存时介质的质量是可变的。另外，根据储存容积是否变化可分为容积不变($\delta V_{st}=0$)存储和容积可变($\delta V_{st} \neq 0$)存储。在闭式容器中储能，则体积不变，而在大气压力下或在专门的加压设备中储能，则容积可变。

## 5.4  高温热能存储方法及技术

### 5.4.1  引言

**1. 概述**

能量在国家经济的繁荣和技术竞争方面起到了主要作用。随着经济的发展，能量的需求将越来越大，因此需要有大量的技术去满足能量发展的要求，并且这些技术应该能保证国家能源的安全和环境质量。生产生活所需的能量在每天、每周或不同的季节都是不断变化的。因此，为了使能量能经济合理地使用，就需要有相应的储热技术。储热技术能利用"削峰填谷"缓解电网负荷,大量减少总能耗,提高能源利用率;还可利用废热和太阳能去满足我们日益增长的能量需求,因而能减少化石燃料的开采和使用,有利于保护环境。

热能存储是通过对材料冷却、加热、溶解、凝固或者蒸发来完成的。例如,显热存储是通过某种材料的温度上升或下降来储存热能,其存储能力主要取决于存储材料的比热容和温度。常用的存储材料是石头和水。太阳能热装置是显热存储的例子,白天将太阳能储存起来可以为夜间取暖,或将夏天存储的热在冬天使用,并且在不用的时候将热能生成电以供有需求的时候使用。潜热存储利用相变材料从固体变为液体时产生相变热而将能量存储起来,如将水凝结成冰并把它储存起来,可用于储藏食物、冷冻饮料和空调。

近年来,各国研究者对一些具有潜力的储热技术进行了大量的研究和总结。储热技术是以储热材料为媒介将太阳能光热、地热、工业余热、低品位废热等热能储存起来,解决可再生能源间歇性和不稳定的问题及能量转换与利用过程中的时空供求不匹配的矛盾,以及提高热能利用率的技术。储热技术在过去的四五十年中已得到迅速发展,储热技术已成功应用于办公室、学校、医院、机场等,一旦该技术在经济性和实用性方面发展更加成熟,将会在工业和商业中广泛使用。总体来说,能量储存主要分为以下三种方式[21,22]:热化学储热(TCHS)、潜热储热(LHS)和显热储热(SHS)。其中除第一种储热方式为化学变化,后两种都为物理变化,利用材料的热物性实现储热[23]。SHS 系统使用多种具有高热容量的材料,如水、熔盐、矿物油或陶瓷。成熟的熔盐光热发电技术已经应用在商业化聚光太阳能热发电厂中(>100MW·h)[24-26]。LHS 基于相变材料在相变化时储存潜热[27,28]。然而,利用熔盐作为储热介质的 LHS、SHS 系统存在热稳定性差、熔盐凝固温度高、储罐腐蚀和成本高等缺陷[29],而且都存在着不可避免的能量损失问题。高温下 TCHS 被认为是维持发电系统稳定性的有效技术[30]。三种储热方式比较如表 5.2 所示。

表 5.2 三种储热方式比较

| 储热方式 | 显热储热 | 潜热储热 | 热化学储热 |
| --- | --- | --- | --- |
| 储热密度/(kW·h/kg) | 0.02~0.03(低) | 0.05~0.1(中) | 0.5~1(高) |
| 储热温度 | 吸热阶段温度 | 放热阶段温度 | 环境温度 |
| 储热周期 | 有限 | 有限 | 理论上无上限 |
| 运输 | 短距离 | 短距离 | 理论上无上限 |
| 现状 | 工业应用阶段 | 实验阶段 | 实验室阶段 |
| 特点 | 成本低、技术成熟;热损失大、所需储热装置庞大 | 储热密度中等、储热系统体积小;热导率低、腐蚀性强、热损失大 | 储热密度高、长距离运输、热损失小;技术复杂、投资大 |

2. 热能存储的基本原理

1) 显热储热基本原理

随着材料温度的升高而吸热,或者随着材料温度的降低而放热的现象称为显热。质量为 $m$ 的物质,温度变化为 $T_2-T_1$ 时的显热计算公式为

$$Q = c(T_2 - T_1)m \tag{5.86}$$

式中，$c$ 为单位体积物体的比热容。

不同材料有不同的比热容，如水的比热容为 4.2J/(kg·℃)。

由此可知，物质的储热量与其质量、比热容的乘积成正比，与物质所经历的温度变化成正比。因此，要确定物质所吸收（或放出）的热量，只要知道其质量、比热容及温度变化即可。

显热储热时，根据不同的温度范围和应用情况，选择不同的存储介质。水是最常用的，因为水有较好的传热速率和在常用的液体中比热容最大等优点。虽然水的比热容不如固体大，但是作为液体它可以方便地传输热能。当涉及高温存储时，如在空气预热炉中储能，就需要用比热容高的固体介质，这样可使存储单元更紧凑。

2）潜热储热基本原理

物质从固态转为液态，由液态转为气态或由固态直接转为气态（升华）时，将吸收相变热；进行逆过程时，则释放相变热。通常把物质由固态熔解成液态时所吸收的热量称为熔解热（熔化潜热），而把物质由液态凝结成固态时所放出的热量称为凝固潜热。物质由固态直接升华成气态时所吸收的热量称为升华潜热。

潜热储热就是利用物质发生相变时需要吸收（或放出）大量热量的性质来实现储热的，虽然液—气或固—气转化时伴随的相变潜热远大于固—液转化时的相变热，但液—气或固—气转化时体积的变化非常大，使其很难用于实际工程。目前有实际应用价值的只是固—液相变储热。若物质的熔化焓为 $\Delta H$，则质量为 $m$ 的物质在相变时所吸收（或放出）的热量为

$$Q = m\Delta H \tag{5.87}$$

潜热大小与相变材料及其相变状态有关。例如，把冰变成水、把水变成水蒸气需要能量，这种能量称为物体在熔点和沸点时的相变热。将 1kg 0℃的冰转化为 0℃的水需要约 336kJ 的热量，水再加热到 100℃需要 420kJ 的热量，最后需要 2268kJ 的热量将水加热成水蒸气，所以将水变成水蒸气过程中所需的总热量是 3024kJ。

3. 储热材料的技术指标

根据太阳能热发电站等应用场景对于储热材料的要求，以及储热材料本身应该具备的特点，一般会对储热材料提出以下几点基本要求[31, 32]。

(1) 储能密度大。这是储热材料最基本也是最重要的要求，一种材料能否作为储热材料在实际生活和生产中运用，其至少要具备储热密度大的特点，能够在单位体积或者单位质量的储热材料内吸收或者释放出更多能量，这样才会得到人们的青睐。

(2) 热稳定性好。因为储热材料在实际中运用的使用温度是很高的，而且会循环很多次，所以其化学物理稳定性必须要极佳，要经受得住高温的洗礼，在高温下具有良好的物理化学性质，不氧化不衰减，在经过多次热循环之后也能保持较好的性能。

(3) 性价比高。作为工业应用，不仅仅要看储热材料的性能，还要关心其成本。价格

越低廉、性能越好才能得到广泛应用，但如果二者不能兼具，那就必须在二者之间找到比较好的平衡。同时储热材料在使用过程中不能产生污染，要无毒、无副作用，在加热到高温时不能产生爆炸。

(4) 导热系数大。作为储热材料，必须是热的良导体。在受到太阳照射时能够迅速地升温和传导热量，在需要使用的时候能很快地将能量传导出去，用于发电或者发热。

(5) 体积膨胀系数小。这里所说的体积膨胀包含两层意思，一是指在材料的温度升高时，材料的体积不能有明显的膨胀；二是指材料的物态发生改变时，材料体积变化小。因为在实际使用过程中，储热材料是装在具有一定体积的容器内的，材料的体积膨胀会对储热容器提出更高的要求，同时还会存在一定的安全隐患。

(6) 使用温度范围合适。储热材料在应用时一般会有比较大的温度区间跨度，通常要高于400℃，但也不能太高，太高对于容器和技术的要求太高。

4. 热量储存的评价依据

可以从技术、环境、经济、节能、集成、存储耐久性等方面来评价能量储存系统的性能。

1) 技术依据

在设计热能存储系统工程之前，设计者应该考虑热能量存储的技术信息，即储存的类型、所需储存的数量、存储效率、系统的可靠性、花费和可以采用的存储系统的类型等。例如，若需要在某个地区建立储能系统，但由于区域的限制，能量存储实施困难，并且要在能量储存的装置上花大量资金，尽管能量工程师认为这些投资是有益的，但从技术和经济的角度来分析是不合适的。

2) 环境依据

用于热能存储系统的材料不能有毒，系统在运行过程不能对人的健康和生态平衡造成危害。

3) 经济依据

判断热能存储系统是否经济可行，需要从初始投资和运行成本两个方面与发电装置进行比较，比较时必须基于相同负荷和相同的运行时间。一般来说，热能存储系统的初始投资要高于发电装置，但运行成本要低。据文献报道[33]，由于控制方法的改进，加拿大的热能存储系统用于加热时的费用是20~60加元/(kW·h)；而用于空调时，由于可以采用比较小的制冷机代替传统的制冷机，所以其费用是15~50加元/(kW·h)，初始投资费用比传统的制冷方式要低。

4) 节能依据

实际上，一个好的热能存储系统首先应降低工程成本，并通过其性能减少电力消耗，从而达到节能的目的。许多建筑物中，主要是在中午和下午集中使用空调或热泵系统消耗电能，若将储冷(热)系统与它们配套使用，则可利用"削峰填谷"来缓解电网负荷，提高能源利用率，减少一次能源的使用，达到节能和环保的目的。若要进一步与冷空气分布系统配套使用，则可大大提高储冷(热)系统的效率。美国电力研究院的研究表明，具有储冷系统和冷空气分布系统的集中空调运行费用要比一般空调系统低 20%~60%。

5) 集成依据

当需要在现有热能设备中集成热能存储系统时，必须对该设备的实际操作参数做出估计，然后分析可能采用的热能存储系统。

6) 存储耐久性

不同场合要求热量在系统中存储的时间也不同，所以按存储时间的长短，热能存储系统可分为短期、中期和长期三类。短期存储主要用来减小系统规模或者充分利用一天的能量分配，最佳动力只能持续几个小时至一天。中期存储的储热时间为 3~5 天(至多周)，主要目的是满足阴雨天的热负荷需要。长期存储是以季节或年为存储周期，即存储时间是几个月或一年，其目的是调整季节或年热量供需之间的不平衡。中期存储的存储时间是几个星期，更适合工业利用；短期存储投资小、效率最高(可超过 90%)；长期存储效率最低，一般不超过 70%。

### 5.4.2 高温显热储热

1. 原理与概述

显热储热指在不发生化学性质变化的情况下依靠储热物质的热物理性能进行热量的存储和释放，在该过程中只有材料自身温度发生变化。显热储热包括固体显热储热、液体显热储热及液-固联合显热储热三种，其储热量与储热材料质量、比热容和储热过程的温升值这三个参数成正比，即

$$Q = c_p \cdot m \cdot \Delta T \tag{5.88}$$

式中，$Q$ 为储热量；$m$ 为储热材料质量；$c_p$ 为储热材料的比热容；$\Delta T$ 为储热过程的温升值。总体而言，显热储热作为最早的储热技术，具有材料常见、原理简单、技术成熟、成本低廉、使用寿命长、热传导率高、应用广泛的优点。但在储放能量时，其温度发生连续变化，不能维持在一定的温度下释放所有能量，无法达到控制温度的目的，同时其存在储能密度低、储能时间短、温度波动范围大及储能系统规模过于庞大等缺点，限制了其大规模应用。

按照固体物理理论，固体的比热容取决于质点的数量和可激发的自由度，大部分材料在室温下振动自由度都是可激发的，因此其摩尔比热容都是近似的，所以分子量越小比热容越大。在实际使用过程中，通常选用具有高比热容、高能量密度和高热导率的材料作为固体显热储热材料，如比较常用的混凝土、陶瓷等。高温混凝土作为常用的太阳能热发电系统中的显热储热介质，具有较低的成本，但也存在着热导率较低的缺陷[34-37]。通常需要采用添加高导热组分，如石墨、氮化硼等来提高系统的传热性能[38-42]。

2. 典型显热材料

显热式储热方式因为方法简单、成本低，受到人们的喜爱，故而广泛地应用在人们

的生产生活中。显热存储是通过改变存储介质温度而将热能存储起来的一种方式。根据所用材料的不同其可分为液体显热存储和固体显热存储两类。为了使存储器具有较高的容积储热(冷)密度，则要求存储介质有高的比热容和密度，另外还要容易大量获取并且价格便宜。目前，常用的储热介质是水、导热油、土壤、岩石和熔盐等。虽然水、有机物等具有较好的性能，但其高温稳定性差，如水 100℃就沸腾，当需要储存温度较高的热能时，以水和有机物作为储热介质就不合适了。因为高压容器的费用很高，可视温度的高低选用金属或无机物等材料作为储热介质。

1) 固体显热储存材料

(1) 无机固体显热储存材料。

无机固体显热材料，如岩石、砂石等固体材料比较丰富，不会产生锈蚀，利用固体材料进行显热存储，不仅成本低廉，也比较方便。作为中、高温显热式储热介质，无机氧化物固体材料具有许多独特的优点：高温时蒸气压很低、不和其他物质发生化学反应，而且比较便宜，有时这点特别重要。但无机氧化物的比热容及热导率都比较低，这样蓄热和换热设备的体积将很大。若将储热介质制成颗粒状，会增加附体和储热介质的换热面积，将有利于设计较紧凑的换热器。

可作为高温显热储热介质的有花岗岩、土壤、氧化镁(MgO)、氧化铝($Al_2O_3$)、氧化硅($SiO_2$)。一些常见些材料的部分热物理性质如表 5.3 所示。这些材制的容积蓄热密度虽不如液体，但若以单位金额蓄存的热量来比较并不差。特别是氧化硅和花岗岩最便宜。氧化铝和氧化镁皆有较高的热容量，而从导热和费用上来看，氧化镁更好一些。

表 5.3　无机固体显热储热材料

| 储热介质 | 密度 $\rho$(室温) /(kg/m³) | 比热容 $c_p$ /[kJ/(kg·K)] | 体积热容 /[kJ/(m³·K)] | 热导率 $\lambda$ /[W/(m·K)] |
| --- | --- | --- | --- | --- |
| 耐火泥 | 2100～2600 | 1.0 | 2350 | 1.0～1.5 |
| 氧化铝(90%) | 3000 | 1.0 | 3000 | 2.5 |
| 氧化镁(90%) | 3000 | 1.0 | 3000 | 4.4～6 |
| 氧化铁 | — | — | 3700 | 5 |
| 岩石 | 1900～2600 | 0.8～0.9 | 1600～2300 | 1.5～5.0 |

无机固体的优点是不像水那样有泄漏和腐蚀等问题。通常，由于无机固体的比热容小，无机固体储热床的容积密度比较小，当太阳能空气加热系统采用无机固体床储热时，需要体积相当大的无机固体床，这是无机固体床储热的缺点。为此，出现了一种液体-固体组合式的储热方案。例如，储热设备可由大量灌满了水的玻璃瓶罐堆积而成。这种储热设备兼具水和无机固体的储热优点。储热时，热空气通过"充水玻璃床"，使玻璃瓶和水的温度都升高。由于水的比热容很大，这种组合式储热设备的容积储热密度比无机固体床的大。其传热和储热特性很适用于太阳能空气加热供暖系统。若在地面下挖一些深沟，沟与沟之间为天然地层，向其中填埋无机固体，其底部及顶端埋设管道，

可利用空气进行热量的存取。这种以天然岩石和地层为存储材料的显热存储方式,可实现大容量(几千万千瓦时)、高温(250~500℃)及长期存储。

固体显热储存主要有岩石床储热器和地下土壤储热两种方式。岩石床储热器是利用松散堆积的岩石或卵石的热容量进行储热的,岩石床储热器的容器一般由木材、混凝土或铜制成,载热介质一般为空气,在储热器的入口和出口都装有流动分配叶片,使空气能在截面上均匀流动,岩石放在网收搁板上,空气在床体内部循环以便给床体储热或从床体提取热量。这种床体的特点是载热介质和储热介质直接接触换热,堆积床本身既是储热器又是换热器,但不能同时储热和放热。为尽量减小不储热及不取热时岩石的自然对流热损,在储热时热空气通常从岩石床的顶部进入,而放热时冷空气流动方向是自下而上的。

(2) 金属固体显热材料。

金属材料也可以作为固态储热材料,一些金属固态储热介质的热力数据见表5.4。这些材料的平均热容量虽不及液体,但单位体积储存的热量并不少。

表5.4 一些金属固态储热介质的热力数据

| 储热介质 | 密度 $\rho$(室温) /(kg/m³) | 比热容 $c_p$ /[kJ/(kg·K)] | 体积热容 /[kJ/(m³·K)] | 热导率 $\lambda$ /[W/(m·K)] |
|---|---|---|---|---|
| 钢(低合金) | 7850 | 0.46 | 3611 | 50 |
| 铸铁 | 7200 | 0.54 | 3888 | 42 |
| 铜 | 8960 | 0.39 | 3494 | 395 |
| 铝 | 2700 | 0.92 | 2484 | 200 |

2) 液态储热材料

液态储热材料最常见的有水、油、合金、高温熔盐等几类,相比于固体显热存储材料,其热容较高,但是也存在体积比热容小、成本高的缺点。高温液态显热储热材料通常有金属、熔盐。目前的实际应用中,通常采用高温熔盐作为储热介质,即通过混合几种无机盐形成共晶混合物,以得到适宜的工作温度、较低的熔点、较高的储能密度及较低的单位储能成本。

液态金属[43]在一段时期很受研究者欢迎,因为液态金属具有热导率较高、传热能力强、流动性好等优点,是较为良好的储热介质,如液态钠或液态锂,但是液态金属也存在不足,如价格较昂贵、易燃、易泄漏,不易商业化。

熔盐即熔融状态下的无机盐及其混合物。由太阳能光热电站的运行特点可知,降低熔盐的凝固点有利于防止整体管路出现冻堵现象、减少管路和储盐罐的保温材料用量、降低设施成本投入。为了降低储能系统的保温能耗,工业上应用的熔盐通常是由两种或两种以上的无机盐熔盐混合。熔盐由碱金属或碱土金属卤化物或氯化物、碳酸盐、硝酸盐、硫酸盐等组成。常见的无机盐包括硝酸盐($NaNO_3$、$KNO_3$、$LiNO_3$、$Ca(NO_3)_2$等及其混合物)、碳酸盐($Na_2CO_3$、$NaF$、$KF$、$LiF$、$CaF_2$等及其混合物)。其中一些硝酸盐、碳酸盐、氯盐的热物性参数如表5.5所示。

表 5.5　硝酸盐、碳酸盐、氯盐的热物性数据[44]

| 熔盐 | 熔点/K | 比热容/[kJ/(kg·K)] | 密度/(kg/m³) | 导热率/[W/(m·K)] |
|---|---|---|---|---|
| NaNO₃-KNO₃ | 494 | 1.54 | 1.75 | 0.52 |
| NaNO₃-KNO₃-NaNO₂ | 415 | 1.34 | 2.00 | 0.39 |
| NaNO₃-KNO₃-Ca(NO₃)₂ | 413 | 1.44 | 1.99 | 0.52 |
| KNO₃-Ca(NO₃)₂ | 351.8 | 1.50 | 1.84 | 0.55 |
| LiNO₃-NaNO₃-KNO₃ | 393 | 1.59 | 1.85 | 0.48 |
| LiNO₃-NaNO₃-KNO₃-Ca(NO₃)₂ | 363 | 1.61 | 2.76 | 0.40 |
| Li₂CO₃-Na₂CO₃-K₂CO₃ | 556.0 | 1.59～1.88 | 2.38 | — |
| Li₂CO₃-K₂CO₃ | 771 | 1.46～1.80 | 2.24 | 1.85 |
| NaCl-MgCl₂ | 723 | 0.93 | 2.24 | 0.96 |
| KCl-MgCl₂ | 699 | 0.91 | 1.61 | 1.1 |
| NaCl-KCl-CaCl₂ | 552 | 1.00～1.17 | 2.15 | 1.00 |
| NaCl-KCl-CaCl₂ | 615 | 0.80～0.92 | 2.53 | 0.88 |
| NaCl-KCl-MgCl₂ | 656 | 1.14 | 1.79 | 1 |
| NaCl-KCl-MgCl₂-CaCl₂ | 653 | 1.11～1.32 | — | — |
| LiCl-NaCl-KCl-MgCl₂-CaCl₂ | 629.5 | 1.14～1.21 | 1.78 | 0.02 |

硝酸盐熔点较低，普遍在 100～250℃，国内外的太阳能发电站普遍使用的是 Solar Salt 和 Hitec 盐。目前，在已商业化运营的太阳能光热电站中，二元硝酸盐 Solar Salt(太阳盐)(NaNO₃:KNO₃=60wt%:40wt%)和三元硝酸盐 Hitec(NaNO₃:KNO₃:NaNO₂=7mol%:53mol%:40mol%)是较为常用的储热、传热工质。其熔点分别约为 220℃和 142℃，最高工作温度分别为 500℃和 450℃[45]。上述两种配方的熔盐是在平衡熔点、最高操作温度、成本等多方面因素后遴选出的，综合性质较为均衡。然而，随着光热电站技术的不断发展和推进，研究人员希望获得更低熔点和更高分解温度的混合盐配方以进一步提高系统热效率、降低成本。

### 5.4.3　高温相变储热

#### 1. 相变存储原理与概述

潜热储热又叫相变储热，主要是利用材料发生相变(如固—固、固—液、固—气等)过程中的吸/放热行为来储存/释放热能，通常具有相对高的储热密度、小的温度变化，是目前广泛关注的储热技术。相变储热材料通常具有以下特点：①优异的热性能，即高导热系数、高相变潜热、适宜的相变温度；②物理加工性能良好，具有高稳定性及较小的体积变化、较大的密度；③化学性能稳定，不易分解、无腐蚀、无毒，来源广泛，成本低；④容积储热密度大，是显热储能密度的几倍到十倍；⑤吸热和放热过程几乎是等温，温度变化范围极小，这个特性可使相变储器保持基本恒定的热力效率和供热能力。近几年相变蓄热材料发展飞快，并且在电子部件、空调节能、太阳能储热、余热废热再循环、建筑采暖、纺织业等领域形成了一定的应用产业[46-50]。

#### 2. 相变储热材料的性能要求

对于相变储热，用于储存潜热的相变材料各方面性能的优劣将直接影响储热系统储热量的多少和储热、供热效率的高低。图 5.11 反映了储热装置主要性能和储热材料特性之间的关系，可见二者多种性能指标相互交织、相互影响，对储热材料整体性能的衡量必须综合考虑多种因素。合适的相变材料必须满足热力学、动力学、化学、经济性等多方面的性能要求[51, 52]。

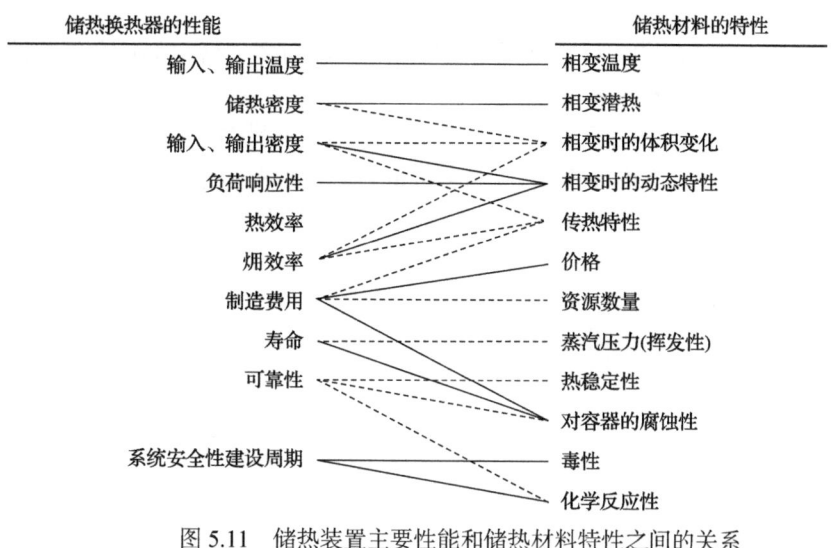

图 5.11 储热装置主要性能和储热材料特性之间的关系
实线表示强相关，虚线表示弱相关

在热性能方面有以下要求：

(1) 合适的相变温度。这可使材料的理想工作温度与其应用温度达到最佳匹配，进而使其处于最佳工作状态。

(2) 较大的相变潜热和较高的比热容。相变潜热大意味着相同相变温度可以储存更多的潜热，比热容高说明相同温差下可以储存更多的显热，因此满足此要求的材料总储热量大，储热密度高。

(3) 较大的导热系数。导热系数大的材料导热性能好，对相同热量的吸收、释放过程所需的温度梯度小，储热、传热速度快，效率高。

(4) 熔融一致性。材料相变前后不同相态的化学组成保持一致，可以避免固、液两相密度不同而导致的相分离现象。

在物理性能方面有以下要求：

(1) 良好的相平衡。要求材料的相变过程完全可逆并只与温度相关。

(2) 蒸汽压低。工作温度下对应的蒸汽压力较低则材料不易挥发损失。

(3) 密度大。对于相变潜热和比热容相当的不同材料，其中密度大的单位体积储热量大，有助于降低容器成本。

(4) 相变过程体积变化小。体积膨胀率小意味着允许系统储热换热器的型式简单化，同时可以保证一定的传热速率。例如，假设介质凝固时其体积减小 10%，那么对于水平放置的圆管，当空隙在顶部时，有效换热面积将减少 25%。受介质的凝固速度、黏度及表面张力等因素的影响，空隙也可能分散在整个储热介质中，这会导致储热介质导热系数变小，传热速率降低[53]。

在化学性能方面的要求：

(1) 化学稳定性好。材料经反复多次吸放热后不发生熔析和副反应，不易化学分解，因而长期服役后储热能力衰减小，应用的可行性、可靠性强，可以保证系统具有一定的使用寿命。

(2) 腐蚀性小，抗氧化。材料高温下腐蚀性小，即与多种材料都具有相容性，容器材料选择范围广，可降低容器成本。

(3) 符合绿色化学要求。无毒，无污染，不易燃，不易爆，使用安全。

此外在动力学性能方面要求相变材料凝固时过冷度尽可能得小，熔化时无过饱和，结晶快；在经济性能方面要求原料易得，成本低廉，具有工业效用性；技术性能方面要求所选材料尽可能高效、紧凑、可靠、适用。

实际上很难找到能够满足上述所有条件的相变材料，在应用时主要考虑的是相变温度合适、相变潜热高和价格便宜，注意过冷、相分离和腐蚀问题。

3. 高温相变储热材料的分类

在过去的四十年中发现了许多相变材料，水合盐、石蜡、脂肪酸、有机或者无机的共晶复合物和一些高分子聚合物等都被认为是理想的相变储热材料。根据相变发生时的温度范围可以将相变材料分为三种类型：①低温相变储热材料，其相变发生温度小于80℃，通常应用于空调、食品工业、医疗、纺织、电子和建筑设计中；②中温相变储热材料，其相变温度在 80～250℃，用于太阳能热发电的储热及工业余热回收利用；③高温相变储热材料，相变温度在 250℃以上，通常是作为太阳能高温传热储热材料。相变储热材料也可以根据其相变模式的不同分为包括气-液、固-气、固-液和固-固的四种相变储热材料，如图 5.12 所示。

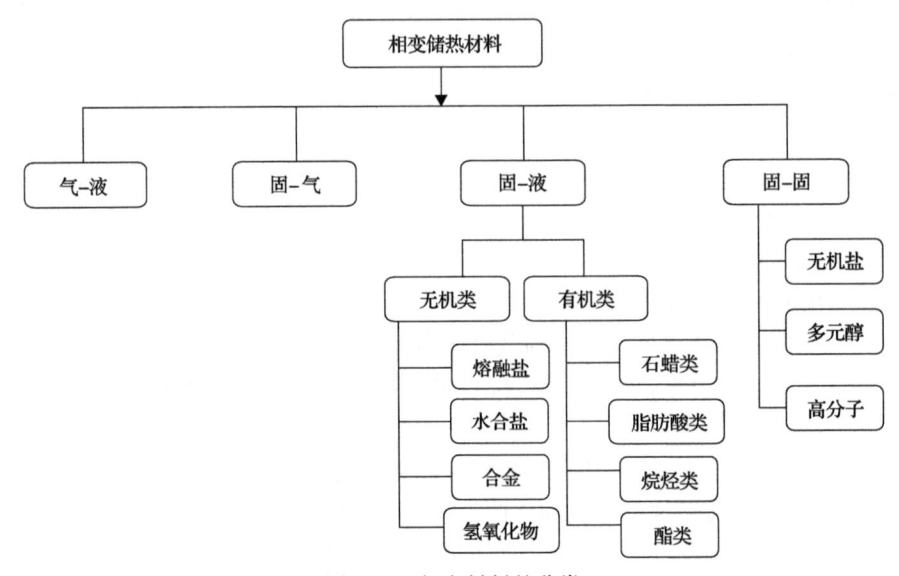

图 5.12 相变材料的分类

其中气-液和固-气相变材料在应用时，即使它们在相变时可以产生很大的相变潜热但由于其相变会产生较大的体积变化而受到了限制。而固-液和固-固相变储热材料在相变时通常只有 10%或者更小的体积变化，尽管它们的相变潜热较低，但由于它们在经济性和实际使用中的优点使其作为储热材料具有一定的优势。固-固相变材料的吸热、放热过程是伴随着材料从一种晶相转变成另一种晶相的相变过程产生的，被认为是固-液相变材料的替代性材料。通常固-固相变材料的相变潜热是小于固-液相变材料的，但是固-固相变材料可以避免固-液相变材料在相变温度以上出现泄漏的问题，这也是固-液相变材料最大的技术性问题。目前用于高温储热的相变材料主要有熔盐、金属及其合金等。

1) 熔融盐相变储热材料

熔融盐是指在高温条件下无机盐的液体，大多数无机盐加热到一定温度下都可以熔化形成离子熔体。实际中研究较多的都是碱金属和碱土金属的氟化盐、氯化盐、硝酸盐、碳酸盐和硫酸盐等。并且熔融盐在以下几个方面具有优秀的表现：①具有广泛的使用温度范围，使用温度在 300～1000℃，且具有相对稳定性；②热容量大，这使得熔融盐的单位储热量大；③低的蒸气压，特别是混合熔融盐具有更低的蒸气压，有利于设备长期有效运行；④吸热-放热过程近似等温，可以有效防止管道冻堵[54, 55]。

(1) 硝酸盐。

硝酸盐是研究得比较早和比较成熟的一种熔点较低的熔融盐。硝酸盐具有腐蚀性小、价格低廉且在 600℃下热稳定性良好的优点，缺点是其导热系数低，容易引起局部过热现象。当前工业中使用的熔融盐主要是二元硝酸熔盐 40wt%$KNO_3$-60wt%$NaNO_3$(Solar Salt)及三元硝酸熔盐 53wt%$KNO_3$-40wt%$NaNO_2$-7wt%$NaNO_3$(Hitec 盐)，熔点分别为 222℃和 142℃。而熔盐管道仍然存在冻堵的危险，为减小冻堵风险，通过加入添加剂来降低硝酸熔盐的熔点和提高其使用温度是当今研究的热点。

Roget 等[56]制备了 $KNO_3$-$LiNO_3$ 和 $KNO_3$-$NaNO_3$-$LiNO_3$ 的共晶盐，将硝酸盐的使用温度降低到了 119℃，并对熔盐的结晶动力学进行了深入研究，通过对熔盐的比热容和密度的测量，计算出熔盐在 50～150℃的单位体积储能量高达 89kW·h/$m^3$ 和 86kW·h/$m^3$。Wang 等[57]使用热力学模型计算并制备出一种新型 $LiNO_3$-$NaNO_3$-$KNO_3$-$2KNO_3·Mg(NO_3)_2$ 四元共晶盐，其熔点降低到了 101℃，得到比热容复合多项式函数关系，并且共晶盐的热力学性质，如焓、熵及吉布斯自由焓都分别为温度的函数。于建国等[58]在 Hitec 三元盐的基础上添加硝酸锂，成功地制备了四元硝酸盐，不仅降低了熔盐的熔点，也使熔盐的上限使用温度提高了 550℃。邹立清[59]以硝酸钠、硝酸钾、硝酸锂及亚硝酸钠为原料使用配方均匀设计法制备了四元硝酸盐。结果表明，四元硝酸盐熔点最低到 100℃以下，沸点提高到了 559.3℃。Raade 和 Padowitz[60]制备了一种新型五元硝酸盐，通过熔点测试发现，其熔点低至 65℃，刷新了熔盐使用的温度下限。虽然硝酸盐可以形成温度很低的混合熔盐，但是在高于 600℃以上时就会分解失效。

(2) 氯化盐。

氯化盐的种类繁多，价格低廉，相变潜热较大，使用温度范围广(可达到 800℃)，是塔式太阳能热发电系统的理想储热介质。

胡宝华等[61]以氯化钠和无水氯化钙为原料制备了新型二元氯化熔盐，经热物性和热稳定性测试发现：熔盐的熔点为497.67℃，相变潜热为86.85J/g，熔盐在800℃以下具有良好的热物理和化学稳定性。宋明等[62]通过热力学计算出氯化钠、氯化钙和氯化镁三元共晶点，以计算的共晶点各物质的质量分数进行配比，制备出新型三元氯化盐，结果表明：三元熔盐的熔点为428.5℃，与计算结果相符，并且具有较高的相变潜热，为191.7J/g，但是熔盐在600℃以下就会具有较大的蒸气压，高温热稳定性差。邓小红等[63]以氯化锂、氯化钠、氯化钾和氯化镁为原料采用均匀设计法制备了四元氯化盐，对熔盐进行热物性测试，研究发现：四元氯化盐的熔点最低为348.5℃，使用温度上限为800℃。但是氯化盐普遍存在腐蚀性强和高温蒸气压高等特性。孙李平[64]对氯化盐与常见的多种不锈钢进行腐蚀性研究，发现氯化盐对不锈钢的腐蚀性较强，其对304不锈钢的腐蚀速率10h就已达42.5mg/cm$^2$，而硝酸盐在腐蚀7000h后才达到5～6mg/cm$^2$。因此，使用氯化盐时必须要从解决其对管道腐蚀性的问题和高压问题入手，选择耐腐蚀性和抗压系数高的管道系统和储热系统材质。

(3) 氟化盐。

氟化盐通常具有很高的熔点和较低的黏度，与金属容器的相容性较好，并且其相变潜热很大[65]，氟化锂的相变潜热高达1044J/g。虽然氟化盐的价格较贵，但是其巨大的相变潜热使得其单位储热量相当可观，使其具有一定的使用价值。氟化盐用作储热介质一般都是多元复合盐，通过形成低共熔物来调节氟化盐的相变温度和相变潜热，如KF:NaF:MgF$_2$=63.8wt%:27.9wt%:8.3wt%时的相变温度为685℃。同时氟化盐作为相变材料与金属容器具有良好的相容性。

但是氟化盐的价格高，药品普遍有毒，废弃熔盐不能直接放回大自然中，其作为相变材料还具有两大严重的缺点：第一是其由液相向固相转变的过程中存在着较大的体积收缩，其中氟化锂的体积收缩效应可达23%；第二是热导率，这会导致熔盐产生局部过热现象。

(4) 碳酸盐。

碳酸盐具有价格低廉、腐蚀性小、相变潜热大等优点。对于工作温度段在400～800℃的中高温太阳能热发电的利用，碳酸盐的相变温度可以较好地匹配。对于碳酸盐的研究，国内外学者主要是集中在对熔盐的熔点和相变潜热的改性上。

二元碳酸钠和碳酸钾的共晶盐的熔点为710℃，Wang等[66]利用热力学模型计算制备出LiF-Na$_2$CO$_3$-K$_2$CO$_3$三元共晶盐，其熔点降低到421℃，并且具有很高的相变潜热，为227.3J/g，并且将二元熔盐的比热容从1.56J/g提高到了1.9J/g。廖敏等[67]将氯化钠加入碳酸钠和碳酸钾的二元共晶盐中制备了改性碳酸共熔体，其相变温度为565.7℃，相变潜热为96.1J/g，熔点较未改性熔盐大幅度降低，约降低133℃，并且在850℃能保持良好的热稳定性。任楠等[68]以碳酸锂、碳酸钾和碳酸钠为原料制备36种熔盐，其中有15种形成了良好的共晶体，并具有固定的熔点，它们的相变温度维持在400℃左右，并且在分解温度下具有良好的热稳定性。桑丽霞等[69]以碳酸锂、碳酸钠和碳酸钾为原料制备了11种不同比例的三元碳酸盐，并加入质量分数为10%的硝酸钠或氢氧化钠进行配方改良，结果发现，加入质量分数为10%的11种碳酸熔盐熔点降低的幅度很小，而加入质量分数为 10%的氢氧化钠的改性熔盐其熔点相较于原三元碳酸盐普遍降低了 80℃左右，扩宽了碳酸盐的液相使用温度范围。多元碳酸盐的制备虽然可以将碳酸盐的熔点降低到 400℃以下，但是大部分混合碳酸盐在 700～800℃时就会分解，无法长期在 700～800℃及更高的高温段工作。

(5) 硫酸盐。

硫酸盐具有价格低廉、密度大、沸点高、饱和蒸气压低和热稳定性良好等优点，非常适合应用于塔式和碟式抛物面系统的太阳能热发电的储热材料，但是国内外对于将硫酸盐作为相变储热材料的研究只是集中在单一硫酸盐上，对于多元硫酸盐的配制及热物性等的研究很少见报道，这极大地限制了硫酸盐的使用。

Trunin[70]给出了单一硫酸盐的熔点、相变潜热等热物性能数据，如表 5.6 所示，列出了部分常见的硫酸盐的热物性。从表 5.6 可以看出硫酸盐具有较高的熔点、相变潜热和密度。Suleiman 等[71]和 Gheribi 等[72]对硫酸盐熔融状态下的导热系数和比热容等高温热物性进行了研究，表 5.6 列出了部分硫酸盐在熔融状态下的导热系数和比热容等数据，可以看出硫酸盐具有较大的摩尔比热容和较小的导热系数。

表 5.6 部分硫酸盐的热物性数据表

| 组分 | 熔化温度/℃ | 熔化热/(J/g) | 密度/(g/m³) |
| --- | --- | --- | --- |
| $Li_2SO_4$ | 859 | 84 | 2.260 |
| $Na_2SO_4$ | (α→l) 884 | 169.5 | 2.779 |
|  | (β→α) 249 |  |  |
| $K_2SO_4$ | (α→l) 1074 | 211.4 | 2.662 |
|  | (β→α) 583 |  |  |
| $MgSO_4$ | (α→l) 1137 | 122 | 2.660 |
|  | (β→α) 1010 |  |  |
| $BaSO_4$ | 1512 | 188 | 4.489 |
| $Cs_2SO_4$ | 1015 | 101 | 4.243 |
| $Rb_2SO_4$ | 1070 | 145 | 3.613 |
| $SrSO_4$ | 1605 | 196 | 3.96 |
| $CaSO_4$ | 1460 | 203 | 2.32 |

注：α 相是 $Na_2SO_4$ 的低温稳定相，在这种相态下，$Na_2SO_4$ 的晶体结构通常为密排六方结构 (hexagonal close-packed structure)；β 相是 $Na_2SO_4$ 的高温稳定相，在这种相态下，$Na_2SO_4$ 的晶体结构转变为体心立方结构 (body-centered cubic structure)。

李爱菊[73]以相变潜热储热材料硫酸钠和显热储热材料陶瓷作为原料，通过混合烧结法制备了无机盐-陶瓷基复合储热材料，并对复合材料进行热稳定性能研究，结果发现：复合储热材料在经历 100 次热循环后熔点基本不变，相变潜热衰减的幅度很小，具有良好的高温热稳定性。黄金[74]同样以硫酸钠作为相变潜热材料、多孔陶瓷作为显热储热材料，采用熔融渗透法制备了无机盐-多孔陶瓷基复合储热材料，经一系列热物性能研究，结果表明：复合储热材料在高温下抗压强度和储能密度相对较高，具有良好的热膨胀性能、导热性能和抗热震性能，经反复循环使用后仍能保持性能稳定。可以看出以硫酸盐作为相变储热材料，具有低蒸气压、高储热密度和良好的热循环性能等特性。

2) 金属及其合金

高温熔盐虽然具有工作温度较高、蒸气压低和热容量大的优点，但仍需要克服导热系数低和固液分层等问题[75]。而金属合金材料导热系数是其他相变储热材料的几十倍到几百倍[34]，而且具有储热密度大、热循环稳定性好等诸多优点，发展潜力巨大。核电厂中采用熔融态的金属合金作为传热流体[76]，主要就是利用了金属合金的这一特点。

合金材料中铝基合金的相变温度最为合适，同时其具有相对低的腐蚀性，成为金属合金相变储热材料研究的焦点，在太阳能热发电高温储热中具有较好的应用前景。铝基合金用作高温相变储能材料，目前研究较多的有 Al-Si、Al-Si-Cu、Al-Si-Mg 等，与常用的复合共晶盐相比，这类合金不但具有较高的储能密度和较大的导热系数，而且具有较高的性价比，同时性能衰减小，与其他铝基相变材料相比对容器的腐蚀性也较低。表 5.7 给出了部分铝基合金相变储热材料的热物性参数。

表 5.7 一些铝基合金相变材料的热物性[77]

| 成分<br>/wt% | 相变温度<br>/℃ | 密度<br>/(kg/m³) | 单位质量<br>相变潜热<br>/(kJ/kg) | 单位体积<br>相变潜热<br>/(MJ/m³) | 比热容<br>/[kJ/(kg·K)]<br>固 | 比热容<br>/[kJ/(kg·K)]<br>液 | 导热系数<br>/[W/(m·K)]<br>固 | 导热系数<br>/[W/(m·K)]<br>液 |
|---|---|---|---|---|---|---|---|---|
| 34Mg | 450 | 2300 | 310 | 710 | 1.73 | — | 80 | 50 |
| 8Si | 576 | — | 428.9 | — | 1.058 | — | — | — |
| 12Si | 576 | 2700 | 560 | — | 1.038 | 1.741 | 160 | — |
| 12.5Si | 577 | 2250 | 515 | 1160 | 1.49 | — | 180 | 70 |
| 12.6Si | 576 | — | 463.4 | — | 1.037 | 1.741 | — | — |
| 20Si | 576 | — | 528.4 | — | 0.970 | — | — | — |
| 96Zn | 381 | 6630 | 138 | 916 | — | — | — | — |
| 33.2Cu | 548 | 3424 | 351 | 1200 | 1.11 | — | 130 | 80 |
| Si/Fe | 577 | 2600 | 515 | 1399 | 0.939 | 1.17 | 180 | — |
| 34Cu/1.7Sb | 545 | 4000 | 331 | 1324 | — | — | — | — |
| 13Cu/15Zn | 493.3 | 3420 | 158.3 | 538.8 | — | — | — | — |
| 5.25Si/27Cu | 520 | — | 365.8 | — | 0.875 | 1.438 | — | — |
| 5Si/30Cu | 571 | 2730 | 422 | 1150 | 1.30 | 1.20 | — | — |
| 13.2Si/5Mg | 552 | — | 533.1 | — | 1.123 | 1.249 | — | — |
| 34Mg/6.42Zn | 477 | 2393 | 329 | — | 1.049 | 1.426 | — | — |
| 35Mg/6Zn | 443 | 2380 | 310 | 740 | 1.63 | 1.46 | — | — |
| 22Cu/18Mg/6Zn | 520 | 3140 | 305 | 960 | 1.51 | 1.13 | — | — |
| 24.5Cu/12Mg/18Zn | 460 | 3800 | 315.3 | 1197.3 | — | — | — | — |
| 26Cu/5Mg/20.5Zn | 458 | 3860 | 163.8 | 632.3 | — | — | — | — |
| 5.2Cu/28Cu/2.2Mg | 507 | 4400 | 374 | 1664 | — | — | — | — |

早在 20 世纪 80 年代，美国学者 Birchenall、法国科学家 Achard 和俄罗斯科学家 Chemeeva 等就曾对铝基的二元和多元合金进行了实验性的研究[78,79]，结果表明所研究的多种铝基合金不但具有合适的相变温度(327~657℃)、较高的相变潜热，而且导热系数大、热稳定性良好，相比高温熔盐其储热性能明显提高，但最明显的缺陷是液态腐蚀特性，这使得对储存容器材料要求更为严格。Gasanaliev 和 Gamataeva[80]测试了包括 Si、Cu、Mg 等元素在内的多种铝基二元及多元合金的相变温度和相变潜热。Kenisarin[81]和 Liu 等[82]总结了大量金属合金相变储热材料的热物性和腐蚀性特性。

在我国，中国科学院广州能源研究所的邹向等[83]较早进行了铝硅合金的储热性能及循环稳定性研究，结果表明 Al-13wt%Si 合金经 720 次热循环后相变潜热下降 10.5%，相变温度基本不变。华中科技大学的黄志光等[84,85]对铝基合金的研究表明储热能力最好的是 Al-Si-Mg 合金，寿命最长的是 Al-Si-Cu 合金，而综合性能最佳的是 Al-Si 合金；另外该研究还采用不同方法对 Si 含量不同的 Al-Si 合金进行了量热分析，得出了随 Si 含量的升高，Al-Si 合金的固态比热下降、潜热增多，随热循环次数的增加和保温时间的延长相变潜热也会增多。广州工业大学的张仁元[86]详细论述了高温下液态金属腐蚀产生的原因，并指出时间、温度、熔融液成分等都是影响腐蚀性的主要因素。刘靖等[87]对 Al-12wt%Si 合金的性能进行测定和分析，研究指出与不锈钢 S304 和 S316 相比，42SrMo 耐热钢更适于用作容器材料。程晓敏等[88,89]成功制备了 20 种适用于太阳能发电高温相变储热的铝基多元合金，分析了添加不同元素对合金熔点及相变潜热的影响，并总结了部分学者对铁基合金铝液腐蚀机理的研究，提出了几种可行的抗铝液腐蚀措施。孙建强等[90]对 Al-34wt%Mg-6wt%Zn 的部分热物性进行测定后得出经过 1000 次反复热循环实验后其熔点变化仅为 3.06~5.3K，相变潜热也只减少了 10.98%，表现出了很高的稳定性，可以用作高温相变储能材料。而且从长期储热应用来看，该合金材料与不锈钢 SS304L 在储热温度附近的相容性优于 C20。张国才等[91]综述了国内外众多学者对金属基相变材料的研究成果，总结了大量金属合金材料的热物性参数，认为高温腐蚀性强导致其与容器材料相容性差，正是限制金属合金在相变储热领域实际应用的最大原因，因此应重点研究材料相容性方面的问题，进而通过合理的封装来实现其广泛应用[92]。

3) 其他无机相变材料

除了含水盐的相变材料外，水、金属及其他一些物质也可以作为相变材料。表 5.8 列出了几种相变材料的热力数据，如熔点、密度、熔化焓、比热容等。由液态或固态介质的比热容数值可以判断出该介质是否适用于显热储能，通过热导率可衡量热传导的情况。水性能稳定，价格极低，容易取得。氢氧化锂(LiOH)的比热容高，熔解热大，稳定性强，在高温下，蒸气压力很低，价格便宜，也是较好的储热物质。NaOH 在 318℃时发生相变，熔解热为 160kJ/kg，在美国和日本已用于采暖制冷方面，其熔点适合许多工艺过程，但它的价格很昂贵。金属铝因其熔解热高达 400kJ/kg，导热性高，蒸气压力低，是一种较好的储热材料。

表 5.8 几种相变材料的热力数据

| 相变材料 | $t_m$ 熔点 /℃ | 密度 /(kg/m³) $\rho_s$ | 密度 /(kg/m³) $\rho_l$ | 熔化焓 $H$ /(kJ/kg) | 比热容 /[kJ/(kg·K)] $c_s$ | 比热容 /[kJ/(kg·K)] $c_l$ | 热导率 $\lambda$/[W/(m·K)] |
|---|---|---|---|---|---|---|---|
| $H_2O$ | 0 | 97 | 1000 | 335 | 2.1 | 4.2 | 2.2 |
| NaOH | 318 | 2130 | 1780 | 160 | 2.01 | 2.09 | 0.92 |
| LiOH | 471 | 1425 | 1385 | 1080 | 3.3 | 3.9 | 1.3 |
| Al | 660 | 2560 | 2370 | 400 | 0.92 | — | 200 |
| $Na_2B_4O_7$ | 740 | 2300 | 2630 | 530 | 1.75 | 1.77 | |

## 5.5　高温热能存储系统及应用

人们对储热技术的认识及研究虽然只有几十年的历史，但它的应用十分广泛，已成为日益受到人们重视的一种新兴技术。储热技术作为缓解人类能源危机的一种重要手段，主要有以下几个方面的应用。

(1)太阳能热储存是巨大的能源宝库，具有清洁无污染、取用方便的特点，特别是在一些高山地区如我国的甘肃、青海、西藏等地，太阳辐射强度大，而其他能源短缺，故太阳能的利用就更为普遍。但到达地球表面的太阳辐射，能量密度却很低，而且受地理、昼夜和季节等规律性变化的影响以及阴晴云雨等随机因素的制约，其辐射强度也不断发生变化，具有显著的稀薄性、间断性和不稳定性。为了保持供热或供电设置的稳定不间断运行，就需要储热装置把太阳能储存起来，在太阳能不足时再释放出来，从而满足生产和生活用能连续及稳定供应的需要。几乎所有用于采暖、供应热水、生产过程用热等的太阳能装置都需要储存热能。即使在外层空间，在地球轨道上运行的航天器由于受到地球阴影的遮挡，对太阳能的接收也存在不连续、间断的特点，因此空间发电系统也需要储热系统来维持连续稳定地运行。太阳能储热技术包括低温和高温两种。水是低温太阳能储热系统普遍使用的储热介质，石蜡及无机水合盐也比较常用；高温太阳能储热系统大多使用高温熔化盐类、混合盐类、金属或合金作为储热介质。

(2)工业热能储存。目前工业热能储存采用再生式加热炉和费热储能锅炉等储能装置。采用储热技术来回收储存碱性氧气炉或电炉的烟气余热及干法熄焦中的废热，既节约了能源，又减少了空气污染及冷却、淬火过程中水的消耗量。在造纸和制浆工业中，燃烧废水料的锅炉适应负荷的能力较差，采用储热装置后，可以提高其负荷适应能力。在食品工业的洗涤、蒸煮和杀菌等过程中，负荷经常发生波动，采用储热装置后就能很好地适应这种波动。纺织工业的漂白和染色工艺过程也可利用储热装置来满足负荷波动。

在采暖系统中热能的生产随需求的变化要随时调整，因此储热系统的作用显得更加重要。借助储热装置，可以降低能量转换装置及二次能传输系统(区域热力管网)的设计功率，因为在一年中只有较短的一段时间需要最大采暖功率，在电热采暖和供应热水的过程中，可以把用电时间安排到非高峰时期，从而降低运行成本。采用储热装置后，不存在部分负荷运行情况，能量的转换效率提高。采暖锅炉通常装有启停式控制开关，需求的波动导致开关频繁动作。锅炉启停越频繁，则启停过程的能量损失越大。采用储热装置后，有效地增加了系统储热容量，在一定范围内可以满足波动负荷的要求，从而降低锅炉启停的频率，降低能量消耗。

(3) 电力调峰及电热余热储存。电力资源的短缺是人类长期面临的问题，但是电力资源的浪费却非常严重，如我国的葛洲坝水利枢纽工程，其高峰与低谷的发电输出功率之比为 220 万 kW/80 万 kW，用电低谷发不出的电能只有通过放水解决。若能把这部分能源回收，则可大大缓解能源紧张状况。储热技术仍是目前回收未并网的小水电、风力发电的一个重要手段，在电厂中采用储热装置可以经济地解决高峰负荷，填平需求低谷，以缓冲储热方式调节机组负荷更方便。采用储热装置可以节约燃料，降低电厂的初投资和燃料费用，提高机组的运行效率和改善机组的运行条件，从而提高电厂的运行效益和改善电厂的利用率，降低排气污染，改善环境状况[93]。

在太阳能电站中，当负荷降低时，利用储热装置可以把热能暂时储存起来。由于太阳能自身不可避免的非连续性，储热器的放热不仅仅是由于高峰负荷的需要，也可能由于供能的不足（日照少或为零），或兼而有之；储热器的蓄热不仅仅是由于负荷降低，也可能是由于供能过多（日照过多），或兼而有之。因此，储热不仅削峰，而且填平了低谷。

储热技术在核电站中具有更大的吸引力。采用储热技术可使反应堆运行最安全和最经济。对高峰负荷采用核电机组与储能相结合的形式可以减少单独的高峰负荷机组的需要量，同样还可以减少低效率高峰机组使用的优质燃料（轻油、煤油、天然气等）。这样核电站可按照基本负荷运行，使得燃料的温度变化降到最低限度，从而将对燃料元件的损害降到最低。采用储热技术，也使得核电站相当大的初投资得到充分利用。

### 5.5.1 余热资源

1. 概论

由于新工艺、新技术刷新设备的应用，工业生产中热能的消耗相应降低了。但是在生产过程中由煤、油、天然气等一次能源所转化出来的热能，由于设备效率或生产工艺的要求，只有一部分得到了有效利用，还有相当一部分热能在燃烧或加热之后没有被充分利用而排放到了环境中。余热就是一次能源和可燃物燃烧过程中所发出的热量在完成某一工艺过程后所剩下的热量，属于二次能源。例如，炼铁炉里铁矿石从焦炭的燃烧中吸取热量，所以有效利用的热是铁矿石等物料的升温、熔化和发生化学反应时所吸收的热量，而生成的高温炉渣和可燃的高温炉气余热一般都为四五百摄氏度甚至上千摄氏度。若这些余热不加以回收和利用，不仅浪费能源，而且对环境造成污染，如火力发电厂的热力循环过程和余热排放。其中比水蒸气量大五六十倍的冷却水将蒸气中很大一部分汽化潜热吸收后，使其变成 35℃左右的温水被排放掉。这部分余热一般占发电总热量的 50%～60%，再加上其他热损失后，发电的总热效率就只有 25%～40%。

在广泛而大量地使用常规能源的情况下，我国的平均能源利用率还不到 30%，而一些较发达的国家该值为 40%~50%。即不论在工业生产上还是在生活中，余热资源是大量存在的，中国工业余热资源分布情况见表 5.9。因此，从节能、环保、提高能源利用率的角度来看，合理回收和利用余热是十分必要的。利用余热可节约大量燃料、节省运输成本、减少大气污染、改善劳动条件、增加产量、降低成本等。20 世纪 70 年代以来，国内外研制了许多高效能的热泵热管等换热设备，原来所用的列管式、蛇管式热变换器，已经逐渐被板式、板壳式、螺旋板式、板翅式、回转式等高效换热器所代替。这些新型换热设备具有流体阻力低、单台有效换热面积大、传热效率高、体积小、质量轻等优点，为大量利用余热资源创造了条件。因此，余热资源的开发和利用是非常有前景的，只要对它给予足够的重视，就会收到很大的节能效益。

表 5.9 中国工业余热资源分布情况

| 工业部门 | 余热种类 | 余热温度/℃ | 设备举例 |
| --- | --- | --- | --- |
| 钢铁工业 | 焦炭显热 | 1050 | 炼焦炉 |
|  | 烧结矿显热 | 650 | 烧结炉 |
|  | 燃烧排气余热 | 250~300 | 热风炉 |
|  | 低温水 | 50~70 | 高炉冷却用水 |
| 铜精炼厂 | 气体余热 | 1200 | 自熔炉 |
|  | 炉渣余热 | 1200 | 自熔炉 |
| 化工工业 | 气体余热 | 200~700 | 加热炉 |
|  | 固体余热 | 1800 | 电石反应炉 |
| 工业锅炉 | 气体余热 | 150~300 | 工业锅炉 |
| 工业窑炉 | 气体余热 | 900~1500 | 玻璃窑炉 |
|  |  | 600~700 | 水泥窑(干法) 锻造加热炉 |
|  |  | 400~600 | 热处理炉 |
|  |  | 200~400 | 干燥炉、烘干炉 |
| 电力工业 | 低温水 | 30~50 | 凝汽器排水 |
|  | 气体余热 | 300~500 | 燃气轮机排气 |
| 轻工业(食品、纺织) | 气体余热 | 80~120 | 干燥机排气 |
| 交通运输 | 气体余热 | 300~400 | 蒸汽机车 内燃机车 |

2. 余热的种类

余热根据它所具有的温度可分为如下三类。

1) 高温余热

该类型余热温度高于 650℃。表 5.10 列出了部分高温域工业生产设备的排气温度。

这些数据是根据燃料的燃烧过程得到的。

**表 5.10　部分高温域工业生产设备的排气温度**　　　　　　　　（单位：℃）

| 设备名称 | 温度 | 设备名称 | 温度 |
| --- | --- | --- | --- |
| 镍精炼炉 | 1370～1650 | 铜反射炉 | 900～1090 |
| 钢精炼炉 | 930～1040 | 玻璃熔化炉 | 980～1540 |
| 锌精炼炉 | 760～1090 | 固体废物焚化炉 | 650～980 |

2) 中温余热

该类型余热温度介于 200～650℃。表 5.11 列出了相应的生产设备及中温余热温度范围。在这个温度范围内，可以考虑采用蒸汽轮机或燃气轮机将这些热能转化为机械功。

**表 5.11　中温余热温度范围**　　　　　　　　（单位：℃）

| 项目 | 温度 | 项目 | 温度 |
| --- | --- | --- | --- |
| 蒸气锅炉烟气 | 200～480 | 石油催裂化炉 | 430～650 |
| 燃气透平排气 | 370～540 | 焙炉和干燥炉 | 230～590 |
| 往复式发动机排气 | 315～590 |  |  |

3) 低温余热

该类型余热的温度低于 200℃。低温余热的来源有如下两个：一是有的余热在排放时本身的温度就是低的，如生产蒸汽的凝结水（60～90℃）。二是由于环境温度变化而产生的热量差异，如夏季高温时建筑物内积累的热量等。低温余热排放量较大的企业，大多属于轻工、化学纺织、印染、制药、食品、木材加工等行业。由于这些企业在生产和工艺装备方面的特点，它们对热能的基本需求是蒸汽压力为 0.3～0.8MPa，蒸汽温度在 130～180℃。因此，由这些设备排出来的废液或废气几乎都是低温余热资源。另外，在高、中温余热回收中，仍然会有剩余的低温余热被排放出来。

工业余热按照它产生的来源可分以下七类：高温烟气余热、高温炉渣余热、高温产品余热、冷却介质余热、可燃废气余热、化学反应余热、冷凝水余热。

(1) 高温烟气余热。

高温烟气余热来自耗用燃料的工业窑炉、内燃机、燃气轮机等，特点是产量大、连续性强，便于回收利用，由高温烟气余热带走的热量占总热量的 40%～50%。

(2) 高温炉渣余热。

该类余热来自冶金炉冶炼过程中产出的大量高温炉渣，如高炉、转炉、电炉、反射炉等，炉渣有的造渣率高达 70%，炉渣温度高达 1000℃以上，渣的含热量达 300～400kcal/kg，可带走总热量的 20%左右。

(3) 高温产品余热。

该类余热包括炼焦炉产出的焦炭、有色冶金浇筑的阳极板、化工厂黄铁矿沸腾焙烧炉产出的高温制酸烟气等，一般温度较高，利用效果较差。

(4) 冷却介质余热。

该类余热产生于各种汽化冷却装置产出的蒸汽、轧机的冷却水等，以及各种工业炉窑的水套等冷却装置排出的大量冷却水。

(5) 可燃废气余热。

产生于炼铁在高炉、炼钢顶吹转炉产出的煤气，炼油及化工厂的可燃废气，以及炼铅密闭鼓风炉等，这部分余热的特点是量大、分布广、充分利用价值高。

(6) 化学反应余热。

该类余热来源于冶金、硫酸、硝酸、化肥、化纤、油漆等工业部门的生产过程中。利用好这部分余热，有利于强化工艺、提高产量、降低成本。

(7) 冷凝水余热。

该类余热来源于各工业部门的生产过程用蒸汽。在工艺过程结束后，冷凝近乎同温同压下的饱和冷凝水、为提高蒸汽使用设备的生产效率，就必须尽快把传热效率低的冷凝水从蒸汽中排出去。然而，由于蒸汽的使用压力大于大气压力，冷凝水所具有的热量可达蒸汽全热量的 20%～30%。压力、温度越高，冷凝水具有的热量就越多，占蒸汽总热量的比例也就越大。

3. 余热的利用方式

余热的利用方式很多，一般来说有综合利用(㶲利用和焓利用的组合)、间接利用(㶲利用)和直接利用(焓利用)三种。余热的综合利用是一种余热同时做两种以上用途。例如，利用高温烟气余热同时预热入炉膛空气和煤气，或同时预热空气煤气并且还用于余热锅炉产生蒸汽发电。间接利用是用高温烟气先去加热其他介质(加水、空气等)，然后把加热的介质供各种用途使用。例如，高温烟道中安装余热锅炉，产生蒸汽用来发电，或者通过热变换器产生热水和热空气。直接利用是用高温余热来加热物料(预热入炉空气、燃料等)。例如，在余热装置中将质量为 $m$、温度为 $T_1$、定压比热容为 $c_p$ 的物体加热至温度 $T_2$，则所需的热量为

$$Q = c_p m(T_2 - T_1)$$

表 5.12 总结出了针对不同余热的利用形式选用表。在这三种利用方式中，综合利用余热的方式最好，其次是直接利用方式，最后是间接利用方式。所以，根据这个原则，

表 5.12　余热利用形式选用表

| 利用方式 | 高温余热 | 中温余热 | 低温余热 |
| --- | --- | --- | --- |
| 直接利用 | 空气预热 | 空气预热、直接热注入 | 直接热注入 |
| 间接利用 | 蒸气透平发电装置<br>斯特林发动机<br>燃气轮机 | 氟利昂透平发电装置 |  |
| 综合利用 | 热泵<br>热电联产 | 利用吸收式热泵升温、制冷 | 低温热源 |

凡能够做到综合利用的，应该首先考虑，然后再考虑直接利用方式，否则就考虑采用间接利用的方式。

1) 高温余热的回收

温度为 500~1000℃的高温余热，可被直接用来加热物体。当一台设备每小时排出的热烟量大于 5000Nm$^3$ 时，则采用余热锅炉回收余热用于发电，也可直接给生产过程供热，经济上也非常合算。例如，硫酸生产中的余热锅炉可以得到 41atm 的蒸汽；用裂化法制乙烯得到的蒸汽压力可达 150atm，对于压力高的蒸汽，必须采取梯级降压的方法才能充分利用它的热能。例如，把锅炉蒸汽先送往背压蒸汽轮机内消耗部分热量进行发电，排出的蒸汽压力保持在 3~5atm，仍可供给生产工艺设备使用[94-112]。

除了高温气体外，在许多场合也会有高温液体和高温固体产生，如从炼油厂出来的热柴油或焦油，以及焦炭厂的焦炭等。高温液体余热的利用，可以通过间接使用方式，采用热交换器对原油进行预热。回收颗粒较小的高温固体余热，近来多采用流态化处理。对于大块的高温固体，如炼焦炉产出炽热焦炭的余热，直接利用较困难。现在多使用气体热载体进行余热回收，如干法熄焦工艺，利用非燃性的惰性气体来冷却炽热的焦炭，再使吸热后的高温惰性气体流至余热锅炉，产生蒸气进行发电。一座产焦炭量为 56t/h 的焦炉，采用干法熄焦工艺回收余热可以通过附设的蒸汽轮机发出 6000kW 的电力。

2) 中温余热的回收

中温余热的回收方式基本上与高温余热回收相同。温度较高的中温余热，可以作为预热空气的热源，常用的设备有蒸汽锅炉空气预热器、高炉同流换热器、炼焦炉同流换热器及燃气轮机再热器等。温度较低的中温余热，大多数通过省煤器，用作预热锅炉给水或预热锅炉补充水的热源。

3) 低温余热的回收

低温余热资源的特点是传热效率低，排出量大，在工业企业中的分布面很广，往往比高温、中温两种余热的总和还要大得多。所以，对大量低温余热的回收利用，也就成了节约能源工作的关键问题。下面简单介绍几种低温回收的方法。

(1) 蒸汽的凝结热。

相同温度下蒸汽的和水所含的热量相差很大，对 1atm 下的 1kg 水来说，当温度为 100℃时，含热量是 420kJ；而该部分水变成 100℃的蒸汽后，它的含热量便是 2680kJ。即 1kg 蒸汽凝结后变成同温度的水便能放出大于 2100kJ 的热量来。所以在使用饱和蒸汽加热的过程中，一定要充分利用蒸汽的凝结热，必须等蒸汽变成水后才可排出，否则蒸汽还没有变成凝结水便被排放，大量的凝结热会被白白浪费掉，损失太大。所排出的低温凝结水，如果温度在 30~100℃，我们还可采取措施(如用热泵、渗入蒸汽等)来提高热水温度，然后供给生产、生活用。

(2) 蒸汽设备的余热。

在造纸、食品、制药、木材加工及印染等行业中，蒸煮设备所需要的蒸汽压力和温度都不高。为了使热能得到充分利用，首先要保证进入设备的蒸汽量、气温和气压符合工艺要求，其在设备内部要尽量全部凝结。蒸煮后的废热水可采用连续蒸煮、连续排放的方法，通过扩容减压，把排水气化成蒸汽进行直接回收，剩余的含有药液的浓缩水再经热交换器给进入系统的冷水预热，然后再将充分放热后的废水加以处理、排放掉。

(3) 烘干设备的余热。

烘干设备中排出的凝结水中含有大量的低温余热，如纺织浆纱用的烘干机、印染布匹的干燥机和造纸机的烘缸等设备，所排出的蒸汽凝结水温度一般都在 80~100℃，这些凝结水应尽可能送回锅炉循环使用。如果因为水质不好，其可以用于不受水质影响的其他工序，如给蒸煮或漂洗设备作补充水。

从上述分析可以看出，回收利用余热资源的办法很多，但其基本方法是将一种较高温度的流体余热经过各种热交换器(余热锅炉、空气预热器等)传给另一种温度较低的流体。例如，锅炉排烟中的余热即可用来给锅炉的给水或补充水加热，使水经预热后再进入锅炉，或者将进入锅炉的助燃空气加以预热。这样便降低了燃料的消耗，提高了锅炉效率，同时使运行操作更加安全。又如，一个年处理量为 $2.5 \times 10^6$ t 的炼油厂的减压装置，如果利用热油和冷油间的换热，只要把加热炉的进油温度提高 20℃，1h 就可节省热量 $2.25 \times 10^7$ kJ，将该热量折合成燃油，一年就可以节省 3500t 燃油。同时用冷油冷却热油，还节省了大量的冷却水，因此，余热回收中使用得最多、最常见的装置是不同形式和结构的热交换器，从最简单的一根金属管(管子内外分别通过不同温度的流体介质)到较复杂的余热锅炉等设备，都可以达到回收余热的目的。

4. 余热利用技术指标

1) 余热量估算

为了选择余热回收装置充分回收余热，必须知道全年可回收的余热量。不同形式的余热具有不同的余热量，计算方法如下所述。

(1) 高温烟气余热量：

$$Q_{za} = HBc_y V_y t_y \tag{5.89}$$

$$Q_{ya} = HBc_y V_y (t_y - t_p) \tag{5.90}$$

式中，$Q_{za}$ 为全年的总余热量，J；$Q_{ya}$ 为全年可回收的余热量，J；$B$ 为每小时燃料消耗量，固体或液体单位为 kg，气体单位为 m³；$c_y$ 为烟气平均定压比热容，J/(m³·℃)，加入烟气平均定压比热容如表 5.13 所示；$V_y$ 为 1kg 或 1m³ 燃料所产生的烟气量，数值由实测得到，固体或液体单位为 Nm³/kg，气体单位为 Nm³/m³；$t_y$ 为烟气温度，℃；$t_p$ 为排烟温度，℃，指不好利用的烟气温度，一般余热锅炉排烟温度为 200~250℃，干燥砖坯的排烟温度可取 40℃。

表 5.13 烟气平均定压比热容 $c_y$

| 烟气温度/℃ | 100 | 200 | 300 | 400 | 500 | 600 | 700 | 800 | 900 |
|---|---|---|---|---|---|---|---|---|---|
| $c_y$/[J/(m³·℃)] | 1368 | 1407 | 1428 | 1445 | 1147 | 1487 | 1508 | 1529 | 1546 |
| 烟气温度/℃ | 1000 | 1100 | 1200 | 1300 | 1400 | 1500 | 1600 | 1700 | 1800 |
| $c_y$/[J/(m³·℃)] | 1562 | 1579 | 1596 | 1609 | 1625 | 1634 | 1646 | 1659 | 1672 |

(2) 冷却、废水余热量：

$$Q_{zs} = G_s c_s t_y \tag{5.91}$$

$$Q_{ys} = G_s c_s (t_s - t_c) \tag{5.92}$$

式中，$Q_{zs}$ 为每小时从冷却水可回收利用的总余热量，J；$Q_{ys}$ 为每小时从冷却水可回收利用的余热量，J；$G_s$ 为每小时冷却水量，从实测得到，kg；$c_s$ 为冷却水比热容，J/(kg·℃)；$t_s$ 为冷却水温度，可从实测中得到，℃；$t_c$ 为冷水温度，一般可取 20℃。

(3) 汽化冷却水、废气余热量：

$$Q_{zq} = D_q i_q \tag{5.93}$$

$$Q_{yq} = D_q (i_q - i_s) \tag{5.94}$$

式中，$Q_{zq}$ 为每小时从汽化冷却水中可回收利用的总余热量，J；$Q_{yq}$ 为每小时从汽化冷却水中可回收利用的余热量，J；$D_q$ 为每小时汽化冷却产汽量，kg；$i_q$ 为蒸汽的热焓值，根据蒸汽温度和压力从蒸汽表查得，J/kg；$i_s$ 为温度为 $t_c$ 时冷水的焓值，J/kg。

(4) 高温产品和炉渣余热量：

$$Q_{zg} = G_g c_g t_g \tag{5.95}$$

式中，$Q_{zg}$ 为每小时高温产品的总余热量，J；$G_g$ 为每小时高温产品的数量，kg/h（固体或液体），m³/h（气体）；$c_g$ 为高温产品的平均比热容，J/(kg·℃)；$t_g$ 为高温产品的温度，℃。

$$Q_{zz} = G_z c_z t_z + G_z q_z \tag{5.96}$$

式中，$Q_{zz}$ 为每小时高温炉渣的总余热量，J；$G_z$ 为每小时高温炉渣的数量，kg；$c_z$ 为高温炉渣的平均比热容，J/(kg·℃)；$t_z$ 为高温炉渣的温度，℃；$q_z$ 为高温炉渣的熔化潜热，J/kg。

可回收利用的余热能源的计算，可根据具体情况扣去总余热量中不能回收的部分。

(5) 化学反应余热量：

$$Q_{zh} = G_h q_h \tag{5.97}$$

式中，$Q_{zh}$ 为每小时化学反应总余热量，J；$G_h$ 为每小时化工产品产量，kg；$q_h$ 为产品化学反应所放出的热量，J/kg，可从化学反应公式计算而得。

可回收利用化学反应余热能源的计算，可根据具体情况扣去总热量中不能回收的部分。例如，高温气体可以扣去 200~250℃，计算方法同前。

(6) 可燃废气余热量：

$$Q_{zk} = V_k q_k \tag{5.98}$$

式中，$Q_{zk}$ 为每小时放掉的可燃气体总余热量，J；$V_k$ 为每小时放掉的可燃气体体积，Nm³；

$q_k$ 为放掉的可燃气体的热值，J/Nm³。

2) 余热资源率

余热资源率是指被考察系统中余热资源总量占相应供给该系统的总能量的百分数，即

$$余热资源率 = \frac{余热资源总量}{系统供入的总能量} \times 100\% \tag{5.99}$$

3) 余热资源回收率

余热资源回收率是指被系统柜中已回收的余热量占余热总能的百分数，即

$$余热资源回收率 = \frac{已回收余热量}{余热总能} \times 100\% \tag{5.100}$$

4) 余热利用率

余热利用率是指已利用余热量占相应供给能量的百分数，即

$$余热利用率 = \frac{已利用余热量}{热量总供给量} \times 100\% \tag{5.101}$$

### 5.5.2 余热回收的换热设备

换热设备是使热量从一种介质传递到另一种介质以满足规定工艺要求的传热装置。换热设备作为工艺过程常用的设备，在工业生产中有着重要的地位。特别是在余热回收利用中，它是不可缺少的关键设备。借助换热设备回收余热，获得热空气、热水、蒸汽等辅助能源，并将其用于工业及生活中采暖、制冷、助燃、干燥等，从而提高热能的总利用率，降低燃料消耗和电耗，提高工业生产的经济效益。

1. 换热设备分类及应用

1) 按工作原理分类

根据余热源的温度水平、载热介质及利用目的不同，换热设备有许多不同的形式。按用途可分为加热器、冷却器、凝汽器、蒸发器和再沸器等；按工作原理不同可分为间壁式、直接接触式、蓄热式、中间载热体(热媒)式等。

(1) 间壁式换热器。

间壁式换热器是利用间壁(固体壁面)将进行热交换的冷热两种流体隔开，互不接触，热量由热流体通过间壁传递给冷流体的换热器。间壁式换热器是工业生产中应用最为广泛的换热器，其形式多种多样，如常见的管壳式换热器和板式换热器都属于间壁式换热器。

(2) 直接接触式换热器。

直接接触式换热器是利用冷、热流体直接接触，彼此混合进行换热的换热器。例如，冷却塔、气压凝汽器等，为增加两流体的接触面积，以达到充分换热的目的，在设备中常放置填料和栅板，通常采用塔状结构。直接接触式换热器具有传热效率高、单位面

积提供的换热面积大、设备结构简单、价格便宜等优点，但仅适用于工艺上允许两种流体混合的场合。

(3) 蓄热式换热器。

蓄热式换热器是借助由耐火材料构成的蓄热体，实现热流体(如烟气)和冷流体(如昨空气)之间的换热。在换热器内先通过热流体，把热量积蓄在蓄热体中，然后通过冷流体，由蓄热体把热量释放给冷流体。由于两种流体交替与蓄热体接触，不可避免会使两种流体少量混合。若两种流体不允许有混合，则不能采用蓄热式换热器。

(4) 中间载热体式换热器。

这类换热器是把两个间壁式换热器由在其中循环的载热体连接起来的换热器。载热体在高温流体换热器和低温流体换热器之间循环，在高温流体换热器中吸收热量，在低温流体换热器中把热量释放给低温流体，如热管式换热器。

2) 按结构特点分类

按热交换设备的结构特点进行分类的换热器如图 5.13 所示。余热回收过程中，进行热交换的流体包括固-气、固-液、气-气、气-液、液-液等，主要使用的换热器有管式换热器、空气预热器、螺旋板式换热器、板式换热器、板翅式操热器、热管式换热器、蓄热式换热器、余热锅炉、流化床换热器等。

管式换热器
- 蛇管式换热器
  - 沉浸式
  - 喷淋式
- 套管式换热器
- 管壳式换热器
  - 固定管板式
  - 浮头式
  - U形管式
  - 填料函式

板面式换热器
- 螺旋板式换热器
- 板式换热器
- 板翅式换热器
- 板壳式换热器

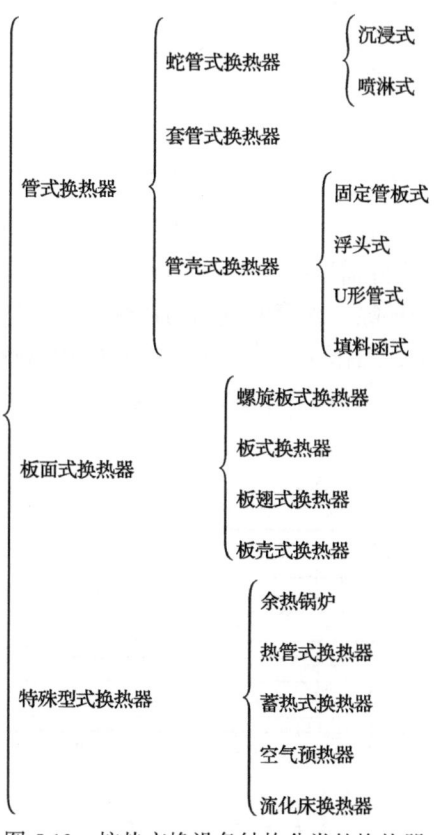

特殊型式换热器
- 余热锅炉
- 热管式换热器
- 蓄热式换热器
- 空气预热器
- 流化床换热器

图 5.13 按热交换设备结构分类的换热器

(1)管式换热器。

图 5.14(a)为沉浸式蛇管换热器,使用时将其沉浸在盛有被加热或被冷却介质的容器中,两种流体分别在管内、外进行换热,由于管外流体的配速很低,换热系数小[一般不超过 174W/(m$^2$·℃)],传热效率低,需要的换热面积大,设备显得笨重。但是它的结构简单、造价低廉、操作敏感性较小、管子可承受较大的流体介质压力,所以沉浸式蛇管换热器常用于高压流体的冷却及反应器的传热元件。

喷淋式蛇管换热器如图 5.14(b)所示,将蛇管成排固定在钢架上,被冷却的流体在管内流动,冷却水由营排上方的喷淋装置均匀淋下。与沉浸式蛇管换热器相比,喷淋式蛇管换热器的主要优点是管外流体的换热系数大,且便于检修和清洗。喷淋式蛇管换热器可用铸铁作传热面,所以广泛用于回收浓硫酸的余热。

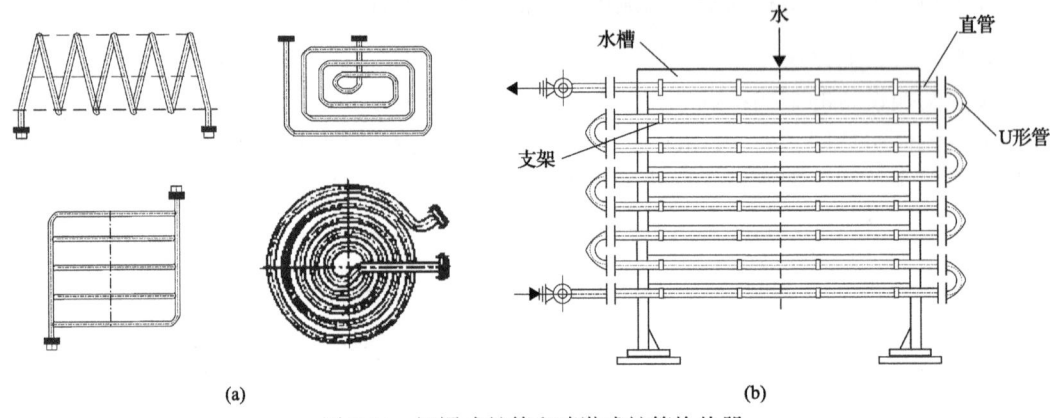

图 5-14 沉浸式蛇管和喷淋式蛇管换热器

图 5.15 为套管式换热器,它由两种直径大小不同的管子组成向心管,两端用 U 形弯管将它们连接成排,并根据实际需要排列组合形成传热单元。换热时,一种流体走内管,另一种流体走内外管之间的环隙,内管的壁面为传热面,按逆流方式进行换热。套管式换热器的优点是:结构简单,工作应用范围大,换热面积增减方便,两侧流体均可提高流速,使传热面的两侧都有较高的换热系数;缺点是单位传热面的金属消耗量大,检修、

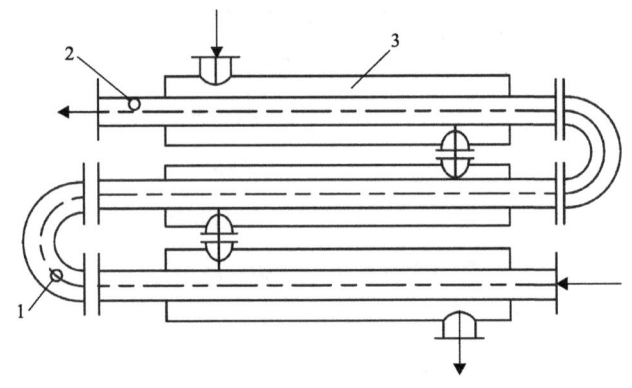

图 5.15 套管式换热器
1-肘管;2-内管;3-外管

清洗和拆卸都较麻烦，在可拆连接处容易造成泄漏。套管式换热器一般适用于高温、高压、小流量流体和需要的换热面积不大的场合。

管壳式换热器是回收中低温余热时应用最为广泛的一种换热设备。在圆筒形壳体中放置了由许多管子组成的管束，管子的两端（或一端）固定在管板上，管子的轴线与壳体的轴线平行。为了增加流体在管外空间的流速并支承管子，改善传热性能，在筒体内间隔安装多块折流板，用拉杆和定距管将其与管子组装在一起。管壳式换热器主要用于液-液之间的换热，伴随有蒸发、冷凝相变过程的换热，如油加热器、冷却器等。

(2) 板面式换热器。

这类换热器都是通过板面进行传热，由于其结构上的特点，流体能在较低的速度下达到湍流状态，从而强化了传热。板面式换热器按传热板面的结构形式可分为以下四种：螺旋板式换热器、板式换热器、板翅式换热器、板壳式换热器。

图 5.16 为螺旋板式换热器。螺旋板式换热器是由两张平行钢板卷制成的具有两个螺旋通道的螺旋体构成，并在其上安有端盖（或封板）和接管。螺旋通道的间距靠焊在钢板上的定距柱来保证。螺旋板式换热器的结构紧凑，单位体积内的换热面积为管壳式换热器的 2~3 倍，传热效率比管壳式高 50%~100%，制造简单，材料利用率高，流体单通道螺旋流动，有自冲刷作用，不易结垢，可呈全逆流流动，传热温差小，适用于液-液、气-液流体换热，对于高黏度流体的加热或冷却、含有固体颗粒的悬浮液的换热尤为适合。

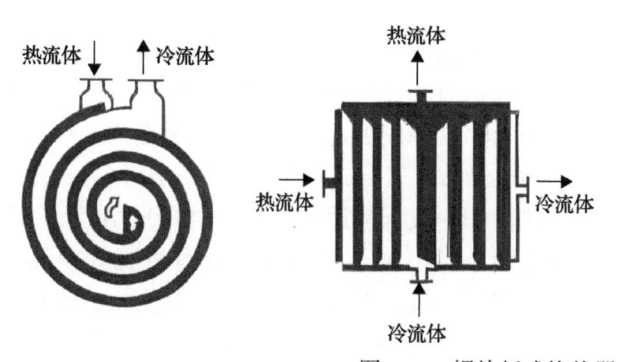

图 5.16 螺旋板式换热器

板式换热器结构如图 5.17(a) 所示，是由一组长方形的薄金属传热板片和密封垫片及应紧装置所组成，用框架夹紧组装在支架上。两相邻流体板的边缘用垫片压紧，达到密封的作用，四角由圆孔形成流体通道，冷热流体在板片的两侧流过，通过板片换热，其流动方式如图 5.17(b) 所示。板上可轧制成多种形状的波纹，可增加刚性，提高湍动程度，增加换热面积，易于液体均匀分布。板式换热器由于板片间流通的当量直径小，板形波纹使截面变化复杂，流体的扰动作用激化，在较低流失下即可达到湍流，具有较高的传热效率。同时，板式换热器还具有结构紧凑、使用灵活、清洗和维修方便等优点，所以对低压锅炉连续排污或连续蒸煮设备排放药液的余热回收非常有效，但承压能力低、流动阻力大，因此仅适用于流体排放量较小的余热回收。

(a) 板式换热器结构

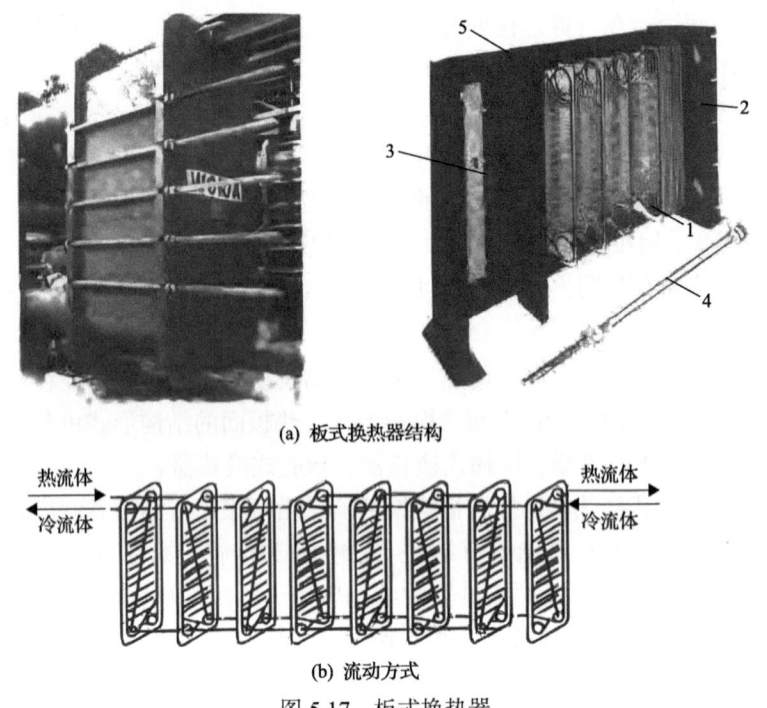

(b) 流动方式

图 5.17　板式换热器
1-板片；2-前端板；3-后端板；4-夹紧螺栓；5-支撑杆

图 5.18 为板翅式换热器的基本结构：两块平行金属板(隔板)之间放置一种波纹状的金属导热翅片，在其两侧边缘以封条密封而组成单元体。各个单元体又以不同的叠积适当排列，并用钎焊固定，成为常用的逆流或错流式板翅式换热器组装件，或称为板束，再将带有集流进出口的集流箱焊接到板束上，就构成极翅式换热器。板翅式换热器是目前世界上传热效率较高的换热设备，其换热系数比管壳式换热器大 3~10 倍。板翅式换热器结构紧凑、轻巧，单位体积内的换热面积一般都能达到 2500~4370$m^2/m^3$，几乎是管壳式换热器的十几倍到几十倍，而相同条件下换热器的质量只有管壳式换热器的 10%~65%。板翅式换热器适应性广，可用作气-气、气-液和液-液的热交换，也可用作冷凝和蒸发，同时适用于多种不同的流体在同一设备中操作，其主要缺点是结构复杂，造价高；流道小，易堵塞，不易清洗，难以检修等。

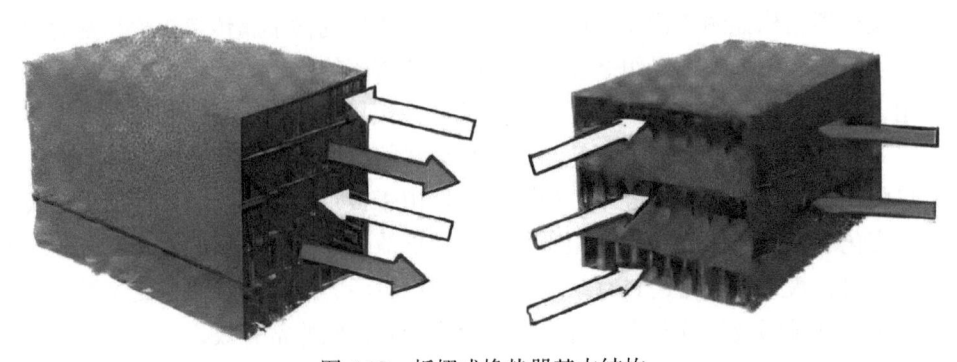

图 5.18　板翅式换热器基本结构

板壳式换热器如图 5.19 所示，主要由板束和壳体两部分组成，是介于管壳式换热器和板式换热器之间的一种换热器。板束相当于管壳式换热器的管束，每一板束元件相当于一根管子，由板束元件构成的流道称为板壳式换热器的板程，相当于管壳式换热器的管程，板束与壳体之间的流通空间则构成板壳式换热器的壳程。板壳式换热器兼有管壳式换热器和板式换热器两者的特点：结构紧凑，单位体积包含的换热面积较管壳式换热器增加 70%；传热效率高，压力降小；与板式换热器相比，由于没有使用密封垫片，它较好地解决了耐温性、抗压能力与高效率之间的矛盾，并且更容易清洗。因此，它常被用于加热、冷却、蒸发、冷凝等过程。

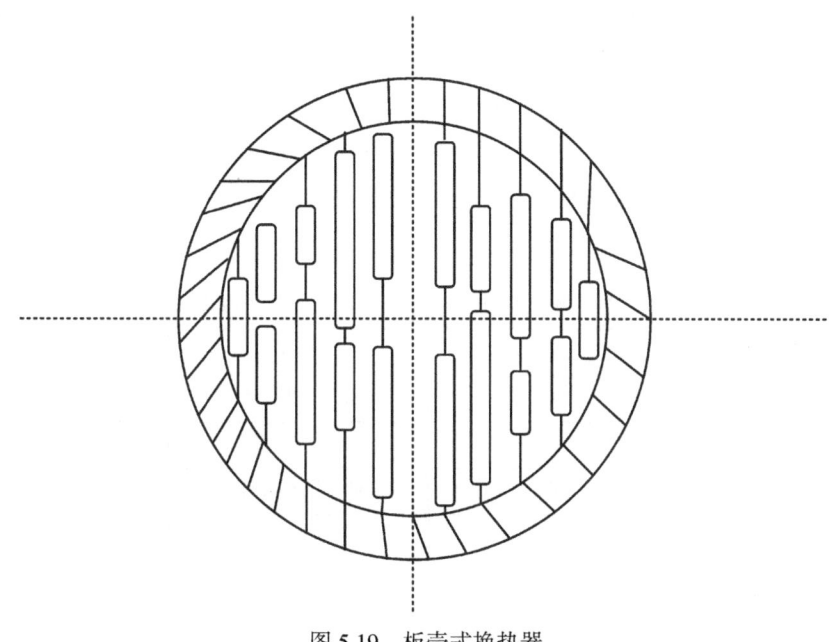

图 5.19　板壳式换热器

(3) 特殊形式换热器。

余热锅炉主要回收中温以上的烟气余热或固体显热，用来产生热水或蒸汽。固体显热的回收，多数是先通过固-气热交换后，再在余热锅炉内进行气-液热交换。需要回收工业炉高温烟气的余热，必须采用空气预热器。热管式换热器以热管作为传热元件，当热管加热段受热时，工作液体遇热沸腾，产生的蒸汽流至加热段再次沸腾。如此过程反复循环，热量则由加热段传至冷却段。由于热管传热能力强，所以热管换热器具有传热能力强、结构简单等优点，适宜中低温余热的回收。流化床换热器是将传热管埋于粒子层内，当气体通过粒子层时，粒子处于流化状态，通过粒子的不断运动及与传热壁的碰撞来促进传热。该换热器结构紧凑，适用于烟气量较小的中低温场合的余热回收。

3) 换热器应用考虑因素

换热设备有多种多样的形式，每种结构形式的换热设备都有其本身的结构特点和工作特性。为了更好地发挥换热器的效能，在选用或设计换热器时应注意流体的性质、压力、温度及允许压力降的范围，对清洗、维修的要求及材料、价格、使用寿命等因素。

流体的种类、热导率、黏度等物理性质及腐蚀性等化学性质，对换热器的结构有很大的影响。例如，在工业废气中，往往含有大量的固体颗粒等杂质，会玷污换热器表面，不仅影响换热系数，进而会降低换热器的热回收效果。因此，需要根据烟气情况，正确选择换热面的结构，决定烟气的流向等。此外，必要时还需在换热器处预先设置吹灰装置。

换热介质的压力参数对选型也有影响。最大压力的大小直接影响换热器的结构和安全性。压力过高时，应按高压条件进行换热器的设计。流体的最高温度决定了换热器的耐热性，并对换热器的材质选择、成本和寿命有重要影响。不同换热器材质允许的最高使用温度见表 5.14，在设计时应根据换热器的壁温选择合适的余热回收方式、材质和结构。例如，对于 1000℃ 的高温烟气，若利用空气预热器回收其余热，则必须选用耐高温腐蚀的材料，如陶瓷材料等。但利用余热锅炉回收余热，生产蒸汽，则较易解决材料问题。另外，在回收烟气余热时，回收的最低温度也受到限制。因为烟气中含有 $SO_3$、$H_2O$ 等成分，如果温度降至露点温度以下，它们将在换热器壁面上结露而对金属壁面产生腐蚀。因此，当实际使用温度较低时，除选用合适的材料和结构外，还应注意对换热器壁面进行定期清洗，以延长换热器的寿命。

表 5.14 不同换热器材质允许的最高使用温度

| 材料 | 最高使用温度/℃ | 材料 | 最高使用温度/℃ |
| --- | --- | --- | --- |
| 铜 | 200 | 耐热球墨铸铁 | 650～700 |
| 黄铜 | 280 | 表面渗钼碳钢 | 650～700 |
| 铜-镍合金 | 370 | 合金钢(Ni，Cr10%以上) | 800 |
| 优质碳钢 | 400～450 | 镍 | 980 |
| HT15-31 铸铁 | 550～600 | 耐热镍基合金 | 1000 |
| 耐热铸铁 | 600～650 | 陶瓷 | >1400 |

换热器的流量也是需要考虑的因素，要了解运行中两侧流体流量的变化，若低温侧流体流量太小，将会引起"空烧"而导致换热器损坏。

总之，在换热器设计和选型时，应综合考虑材料的价格、制造成本、动力消耗费和使用寿命等因素，力求使换热器在整个使用寿命内最经济地运行。

### 5.5.3 热泵

热泵是利用逆卡诺循环原理，使传蓄热工质从低温余热中吸收热量，并在温度较高处放出热量的热回收装置。热泵能将低温位热能转换成高温位热能，提高能源的有效利用率，是回收低温位余热的重要途径之一。

1. 热泵的工作原理

热泵本身不是能源，但是它具有将低位热能转换成高位热能的本领。热泵按其工作原理可划分为压缩式、吸收式两种。下面对这两种热泵的工作原理作简要介绍。

1) 压缩式热泵

图 5.20 为压缩式热泵工作原理图。热泵系统一般由压缩机、凝汽器、节流阀、蒸发器四个主要部分组成。系统中充有特定的工质，工质大都为沸点较高、可以利用其相变传递热量的液体，如 R11、R21、水、氨等。热泵工作时，来自蒸发器的工质蒸汽为压缩机所吸，蒸汽经压缩提高压力与温度后排入凝汽器。在凝汽器中由于蒸汽温度高于供热所需的温度 $T_H$，向冷却介质释放热量并降低温度而成为液体；冷凝后的高压液体经节流阀降低压力和温度，然后导入蒸发器。在蒸发器中液体低于低温热源温度 $T_L$ 而吸取热量 $q_2$ 后蒸发，再进入压缩机重复循环。如此，工质在系统中不断循环，热泵便连续工作，凝汽器出来的热水就可供取暖或生活用热水。所以热泵只需消耗少量的功，就可能得到较大的供热量。

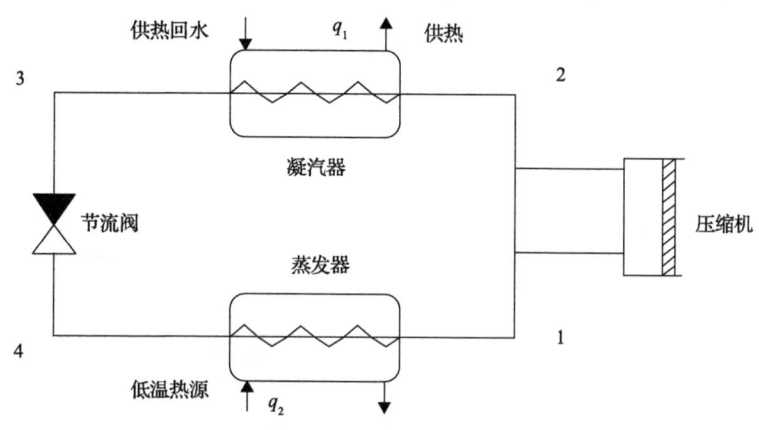

图 5.20 压缩式热泵工作原理图
1-压缩过程；2-冷凝过程；3-节流过程；4-蒸发过程

若在凝汽器中热水吸收工质的热量或用户得到的热量为 $q_1$，而低温热源在蒸发器中吸取的热量为 $q_2$，则一个循环中压缩机所需耗功 $W=q_1-q_2$。以用户得到的热量与消耗外功之比作为衡量热泵的性能指标。热泵的这个特性系数叫"制热系数" $\varphi$ 或"性能参数"COP，即

$$\varphi = \text{COP} = \frac{q_1}{W} \tag{5.102}$$

由于热泵是逆卡诺循环，最大制热系数 $\varphi_{max}$ 也可用热力学温度来表示，即

$$\varphi_{max} = \frac{q_1}{q_1 - q_2} = \frac{T_H}{T_H - T_L} > 1 \tag{5.103}$$

由此可见，低温热源的温度越高时，$\varphi_{max}$ 值越大，热泵的效率也越高，并且制热系数不会小于 1，所以热泵供热的经济性总是好的。

实际热泵循环与理论卡诺循环相比，由于在传热过程，压缩机及膨胀阀中有种不可逆损失，实际制热有效系数 $\varphi_e$ 小于理论值，即

$$\varphi_e = \eta_c \varphi_{\max} \tag{5.104}$$

式中，$\eta_c$ 为热泵有效系数，一般为 0.45～0.75，概算时可取 0.60。

由以上分析可知，热泵制热系数是表征热泵性能的一个重要特性参数。但在评价热泵性能时必须考虑一次能源转为机械或电能的效率。我国火电的发电效率约 28.7%，即发 1kW·h 电消耗 3000cal 热量，若不考虑机械传动等损失，用 1kW·h 电驱动热泵，能得到 3000cal 热量，则该热泵的最大制热系数为

$$\varphi_{\max} = \frac{3000}{860} \approx 3.488 \tag{5.105}$$

计算结果表明，当该热泵的制热系数大于 3.5 时，采用热泵技术节能才有现实意义，若考虑各项能量损失，则热泵的 $\varphi$ 值必须大于 4 才有实际价值，否则达不到节约能源的目的。当遇以水和空气为热源时，热泵的有效制热系数见表 5.15。由表 5.15 可知，在蒸发过程中采用热泵技术可得到很好的经济（节能）效益，这时的有效制热系数最大可达 25。

表 5.15 热泵的有效制热系数

| 用途 | 有效制热系数 | 用途 | 有效制热系数 |
| --- | --- | --- | --- |
| 以空气为热源的热风采暖系统 | 2.5～5.0 | 利用地下热水供应 70℃热水 | 3～7 |
| 散热器采暖 | 2.2～4 | 供应生活用热水或游泳池池水加热 | 4～8 |
| 热水供应温度为 45℃的辐射散热采暖 | 3.5～6.0 | 不易沸腾的蒸发设备 | 5～10 |
| 利用自热水供应 70℃热水 | 2.2～4.0 | 沸腾的蒸发设备 | 10～25 |

2) 吸收式热泵

吸收式热泵是以消耗一部分温度较高的高位热能为代价，从低温热源吸取热量供给热用户。它所能提供的热量大于消耗的热量，所以比直接供热有更好的效果。与压缩式热泵相比，其突出的优点在于可以直接利用各种热能来驱动，除了可以利用燃料燃烧的高势能外，还可以利用自然界中大量存在的低势能，如太阳能、地热、工业废水中的余热等。因此，对于电力供应紧张的场合，应用吸收式热泵具有更显著的节能意义。

吸收式热泵的工作原理如图 5.21 所示。其中一个溶液回路代替了压缩式热泵中的压缩机，该溶液回路由吸收器、溶液泵、发生器及溶液节流阀等部件组成。由吸收剂和工质组成的溶液装于发生器中，吸收剂对工质有强的吸收能力，且二者的沸点差相差越大越好。吸收式热泵一般采用溴化锂 LiBr-H$_2$O 溶液，其中水作为工质，溴化锂作为吸收剂，溴化锂溶解于水中构成溴化锂水溶液。吸收式热泵有两个循环：一是工质回路，即吸收式热泵工作时，由外界高温热源 $Q_G$ 对发生器中的溶液进行加热使之沸腾，这样工质便分离出来而成为高温高压的水蒸气。接着水蒸气进入凝汽器放热 $Q_{JI}$，经节流阀降压降温后，在蒸发器中从低温热源吸收热量 $Q_R$，产生的水蒸气为吸收器中的溴化锂水溶液所吸

收。二是溶液回路，即发生器的贫液（工质含量低的溶液），经溶液节流阀进入吸收器中，在低压情况下，吸收蒸发器中的低压蒸汽并向外界放出吸收热量 $Q_A$，所形成的富液（工质含量高的溶液）再由溶液泵提高压力送至发生器，在发生器中外界供给热量加热溶液，使部分工质水从溶液中分离出来，产生高压蒸汽。

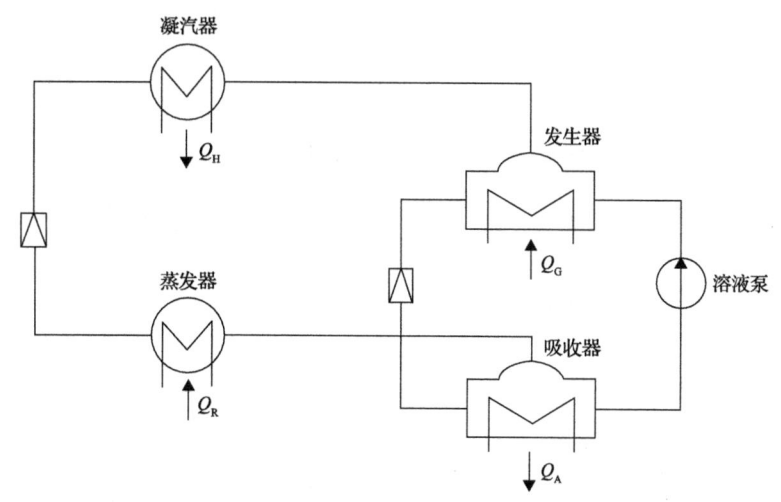

图 5.21 吸收式热泵的工作原理

衡量吸收式热泵的性能指标也叫制热系数（COP），用 $\varphi$ 表示。它是指向热用户提供的热量 $Q_1$ 与消耗的高位热能 $Q_G$ 之比，即

$$\varphi = \frac{Q_1}{Q_G} \tag{5.106}$$

吸收式热泵的理想循环由卡诺循环和逆卡诺循环组成，其理想的最大制热系数 $\varphi_{max}$ 为

$$\varphi_{max} = \frac{Q_1}{Q_G} = \frac{T_H}{T_H - T_L} \times \frac{T_G - T_L}{T_G} = \varphi_{max}\eta_c \tag{5.107}$$

式中，$\eta_c$ 为在高温热源 $T_G$ 与低温热源 $T_L$ 之间实现卡诺循环时的效率，$\eta_c=0.25\sim0.4$，所以理想的吸收式热泵的制热性能系数永远小于同温范围内压缩式热泵的制热性能系数，这是由于两类热泵的制热系数的分母项所代表的能量有质的区别。压缩式热泵消耗的全部是高级能，而吸收式热泵所消耗的热能中只有一部分是可用能。实际的吸收式热泵还存在各种不可逆损失，所以实际的制热系数还要比 $\varphi_{max}$ 小得多。

吸收式热泵又可分为两类：主要利用冷凝过程放热，且驱动热源的温度高于热泵供热温度的热泵，称为第一类吸收式热泵；而主要利用吸收过程放热，并且驱动热源温度低于热量供热温度的吸收式热泵，称为第二类吸收式热泵或升温型吸收式热泵。两种吸收式热泵的能量转换特点如图 5.22 所示。在第一类、第二类吸收式热泵中，由能量平衡关系可得

$$Q_G + Q_R = Q_A + Q_H \tag{5.108}$$

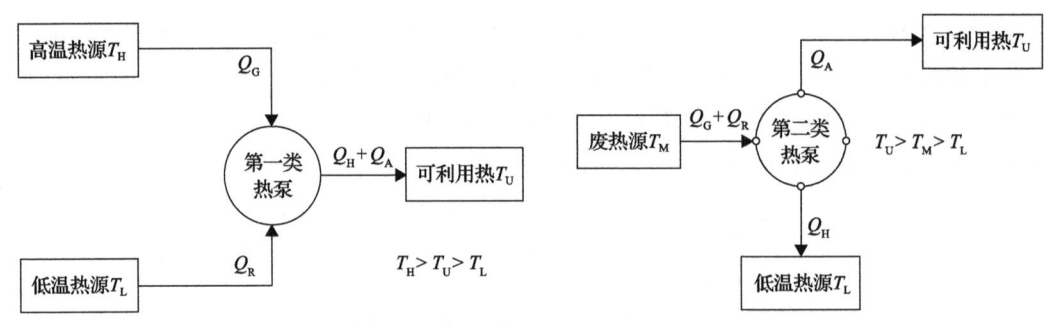

图 5.22 吸收式热泵的能量转换特点

对第一类吸收式热泵，向用户提供的热量和消耗的高位热能分别为 $Q_G+Q_R$、$Q_G$；而第二类吸收式热泵向用户提供的热量和消耗的高位热能分别为 $Q_A$、$Q_G+Q_R$。所以，利用定义式(5.103)可得第一类、第二类吸收式热泵的制热系数分别为

$$\varphi_1 = \frac{Q_1}{Q_G} = \frac{Q_G + Q_A}{Q_G} = 1 + \frac{Q_A}{Q_G} \tag{5.109}$$

$$\varphi_2 = \frac{Q_A}{Q_G + Q_R} = 1 - \frac{Q_H}{Q_G + Q_R} \tag{5.110}$$

由式(5.105)可见，第一类吸收式热泵的制热系数大于 1，它可以比由高温位热源直接供热节约能量。而第二类吸收式热泵的制热系数小于 1，但它利用低温余热作为热源，经热泵工作后，提供更高温度的热能给用户，所以它提高了热能的利用价值。

2. 热泵的应用

由于热泵热效率高，只需耗费少量的高质能(电能、机械功)就可获得较多热能，节能效果显著。据资料报道，火力直电厂供电，热泵供热比用锅炉直接供热效率提高 50%以上。因此热泵应用范围广泛，从低负荷到 1kW 的家庭设备再到数千兆瓦的工业装置均有。

### 5.5.4 余热回收中的能量存储

1. 余热回收利用系统

在如图 5.23 所示的余热回收利用系统中，工艺过程中排出的余热利用方式有两种。从余热利用系统的角度考虑时，是如图 5.23(a)所示的场合，余热回收系统的回收温度 $T_R$ 是很重要的，它对产生动力的热效率起到决定性作用。例如，压缩式热泵中，低温余热的温度越高，热泵的效率也越高。回收温度 $T_R$ 高的场合，可以高品位的电能形式进行利用；回收温度 $T_R$ 低的场合，除了以动力形式进行回收外，可采用余热锅炉、空气预热器等以热能形式有效利用的余热利用系统。

余热回收中的能量储存系统是余热回收利用系统中的辅助系统，如图 5.23(b)所示，通常设置在余热回收系统和余热利用系统之间。为什么能量储存系统也是必要的系统呢？如果按如图 5.23(a)所示的余热回收利用系统能满足工作，则从功能上来说"能量储存系

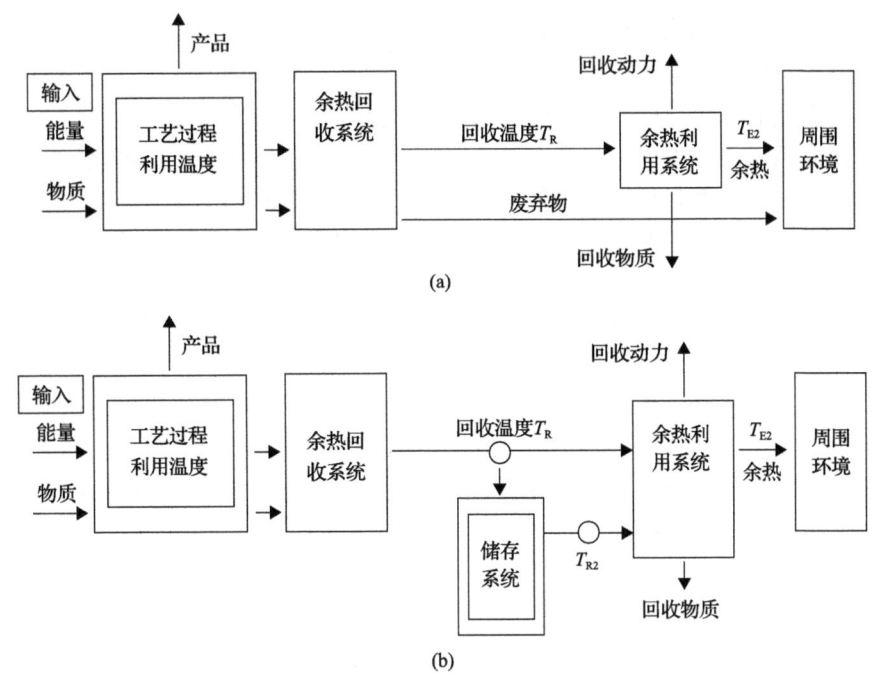

图 5.23 余热回收利用系统

统"是完全不必要的。而且，由热力学第二定律可知，能量储存系统将使余热利用系统的效率降低，即设想通过储能来提高余热利用系统的效率是不可能的。但从余热供给源的工艺过程来分析，有些生产过程产生的余热是随时间变化的，是不稳定的。而在余热利用系统中需要供给定量热量或利用系统所需负荷的变动特性；在余热回收利用系统中，可提高余热利用系统的有效性。例如，大型建筑物制冷设备的负荷，由于随周围环境条件、日照及启动负荷等变化而变化。为了使制冷设备在效率高的最大负荷下长时间运转，可设置储热系统，储热量可作为白天制冷负荷的一部分，因此制冷设备不会在部分负荷下运转。因此，在余热回收利用系统中设置储热系统时，必须注意下面几点。

(1)储热系统的目的是适应余热回收利用系统的时间变动，提高回收的总能量和利用系统的有效性。

(2)若不加储热系统的余热回收利用系统，仍能达到余热回收的目的时，则不需要设置储热系统，因为利用储能系统不可能提高余热利用系统的功率和能量平衡。

(3)当采用储热系统时，首先必须搞清余热回收和利用系统的负荷随时间的变化情况，从而决定各时刻应储存的能量和热量的温度范围。

2. 储热换热器

在陶瓷、钢铁、冶金和机械加工等行业中，存在着大量用于加热过程的各种加热炉，其中有将近半数是间歇工作的间歇式炉，由于是间断使用，这类加热炉的热能利用率通常低于30%，而锻造加热炉的热能利用率则在10%以下。为了提高工业加热过程的能源利用率，常规方法是利用预热器加热助燃空气或物料的传统余热回收技术。但这种技术仅适用于连续工作的加热过程，对于间断工作的加热过程，热能储存技术可以把间断的热源变为一个恒定的热源，能解决时间或地点上供热与用热的不匹配和不均匀性所导致的能源利用率低的问题，最大限度地利用余热，提高整个系统的热效率。

热能储存系统通常由单个或多个储热换热器构成。按储存余热的形式划分，储热换热器有显热储热换热器和相变储热换热器。显热储热换热器在工业上的应用已有很长的历史，如广泛应用于炼铁高炉、炼焦炉、玻璃熔炉中的固定式储热器，其热效率为50%~70%。图5.24为渗碳炉排气向回火炉供热系统。经过淬火或渗碳淬火后的工件需要在回火炉中进行处理，回火所需要的温度不高，一般只要120℃就可以了。渗碳炉不是连续工作的，且其排气温度为500~600℃，远远超出回火炉的需要，所以在该系统中设置了储热器。将渗碳炉的排气经冷空气稀释后，温度降至180℃，然后进入储热器，且储热器出来的是比较稳定的热源，烟气温度为130~140℃，并由自鼓风机送入回火炉中。回火炉中出来的烟气为120℃，一部分再返回储热器中。这样不仅工件能在回火炉中进行处理，而且渗碳炉排气余热也得到了充分利用。

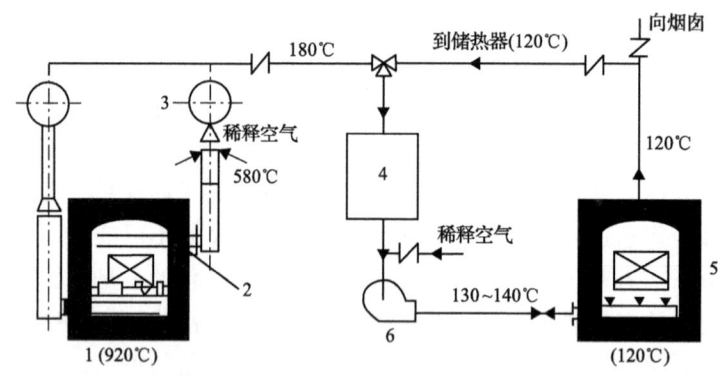

图 5.24 渗碳炉排气向回火炉供热系统
1-排气系统；2-热交换器；3-排气风机；4-气体管道系统；5-回火炉；6-温度控制系统

另一种显热储热换热器是回转式储热器。图5.25为回转式储热器的应用原理简图。换热器的本体是一个直径为2~5m的转子，转子在两个并排的管道之间缓慢转动，其中两个管道一个为冷气通道，另一个为热气通道。转子内装有金属板或多孔陶瓷材料组成的储热体。储热体既能使气流以较小的阻力通过，又要求在单位体积内有尽可能大的换热面积和储热能力。例如，图5.26为波纹形储热体，它由0.5~1.2mm的薄板压制而成，单位体积内的换热面积为300~500m$^2$。所以，当转子缓慢转动时，烟气的热量传给转子并储存起来，而当转子转到冷气通道时，转子将储存的热量传给冷空气，从而实现烟气和空气之间的换热。

回转式储热器最早用于电厂锅炉的空气预热器。随着密封技术的改进，近年来也逐渐用于对各种工业炉中低温烟气余热的回收。相变储热换热器是利用相变材料在固液两相变化过程中潜热的吸收和释放来实现余热的储存和输出的，潜热与显热相比较不仅包含更多的能量，而且潜热能量的释放是在恒定温度下进行的。因此，相变储热换热器具有蓄热量大、体积小、热惯性小和输出稳定的特点。与常规的蓄热器相比，体积可以减小30%~50%。

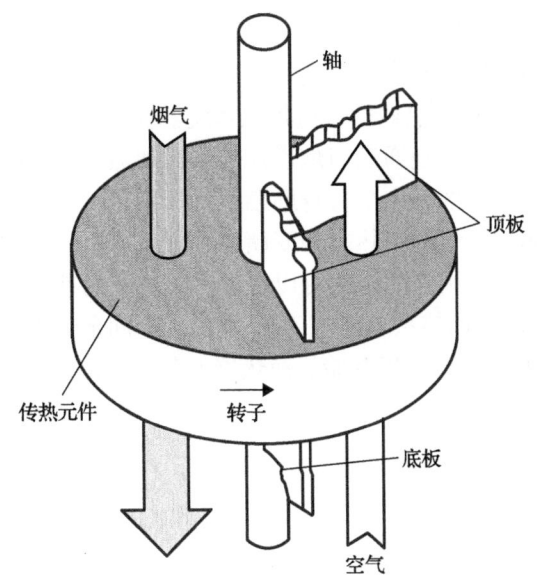

图 5.25　回转式储热器的应用原理简图

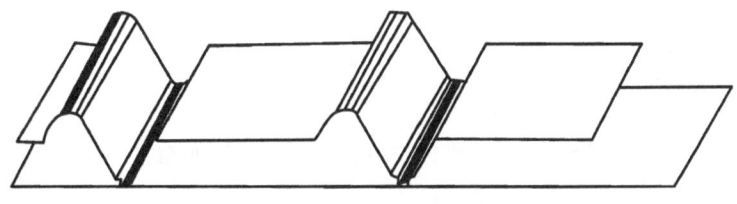

图 5.26　波纹形储热器

下面以锻造加热过程为例，说明应用相变储热在余热回收系统中的作用。在锻造生产中，锻件在加热炉中加热至 200~1250℃，经锻打后送至热处理炉在 550~600℃中退火，其一个生产周期的加热过程如图 5.27 所示。在锻造生产过程中，锻造加热炉的排烟温度通常为 800℃，而热处理炉的排烟温度也在 400℃以上，因此加热系统需要进行余热回收。传统的余热回收方法是利用空气预热器回收烟气中的余热并预热助燃空气，但加

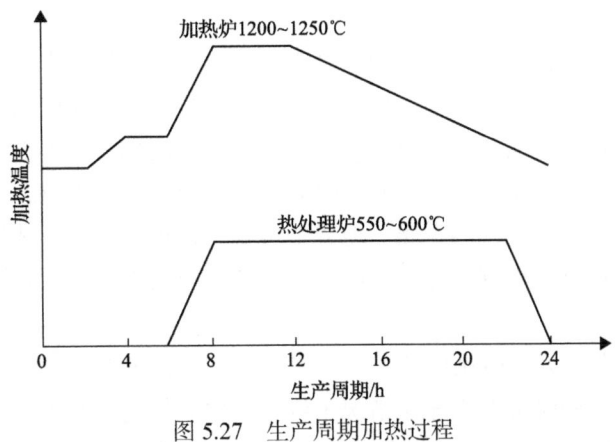

图 5.27　生产周期加热过程

热炉和热处理炉的运行不是同时进行的，所以很难完全利用余热。根据相变储热技术的特点，可以应用相变储热换热器代替空气预热器。

图 5.28 为应用相变储热换热器的锻造加热系统。在该系统中，相变储热换热器同时与加热炉和热处理炉的助燃空气通道与烟道连接。当加热炉工作时，相变储热换热器从加热炉烟气回收的热量，一部分用于自身助燃空气的预热，另一部分则储存起来，待热处理炉工作时用于炉体和空气的预热。相变储热装置还可以同时回收热处理炉的烟气余热，当热处理炉停炉时，未用完的余热可以在下一个生产周期用于加热炉的空气预热。对于生产率为 63t/h 的锻造加热系统，表 5.16 给出了不同余热回收方式时的系统热效率和能耗。从表 5.16 中可以看出，相变储热换热器的节能效果要优于常规空气换热器。

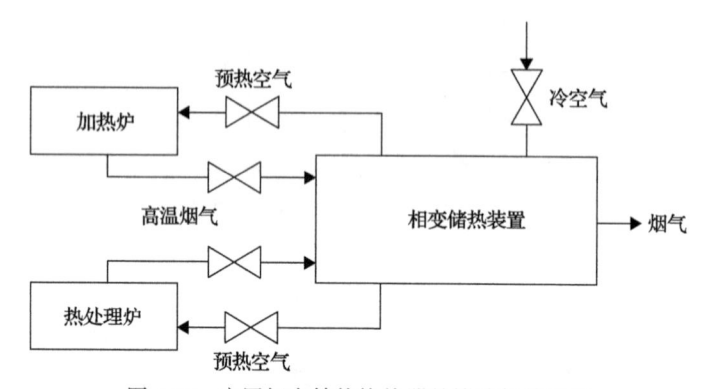

图 5.28　应用相变储热换热器的锻造加热系统

表 5.16　不同余热回收方式时的系统热效率和能耗

| 运行方式 | 热效率/% | 单耗/(tce/t) | 节油/(t/周期) |
| --- | --- | --- | --- |
| 未回收余热 | 9.62 | 123.2 | |
| 装空气预热器 | 23.25 | 100.3 | 0.74 |
| 装相变储热换热器 | 32.26 | 85.8 | 1.47 |

### 5.5.5　太阳能热存储

太阳能热发电技术在世界上各个国家都得到了重视，它的基本原理是通过集热装置把太阳能聚集起来，加热储热介质，储热介质带来的热量使水变成高温蒸汽，然后驱动蒸汽轮机发电。这种把热能转换成电能的发电方式被人们称为太阳能热发电。太阳能热发电站最好是选取在太阳光照丰富、光照时间充足的地方，如青海、宁夏，这些地方的共同之处是全年光照充足、气候干燥、地势平坦等，是很好的建厂选址。对比传统的火力发电厂，太阳能热电厂具有发电全程清洁、无污染两大优势，同时因为利用的是太阳能，可节省燃料成本。

储热技术是太阳能光热电站中的关键技术之一，该技术可调节由光强变化引起的发电功率的大幅波动，同时可在无光照情况下维持发电系统的持续性。目前，70%以上的新建太阳能电站项目和计划中均配备了储热系统[113]。根据储热机理的不同，可将储热技术分为三种类型：显热储热、潜热储热和热化学储热。显热储热是通过利用材料温度的持续变化来实现热量储存和释放，这一过程中不发生材料相变，其关键参数为材料的比热容。常见的显热储热材料有固体材料（混凝土、陶瓷、岩石、沙砾等）、液体材料（水、高温蒸汽、导热油、液态金属和熔融盐等）。显热储热是目前发展最为成熟和应用最为广泛的储热技术。

太阳能热发电过程，就是收集太阳的热量，再利用温差发电技术将热能转变成电能，或者是建立太阳能热发电站的过程。在此过程中，储热介质的利用非常关键，性能优异的储热介质可以提高热发电系统的发电效率，同时可以在管道中多次循环利用，能够满足太阳能热发电系统所需的条件[114]。

1. 太阳能电站储热形式

在太阳能光热电站中，常用的储热系统可分为单罐储热系统和双罐储热系统[115]。图 5.29 分别给出了配备不同储热系统的太阳能电站。单罐储热系统也叫斜温层储热系统，其原理是将冷、热介质储存在同一罐内，利用冷热介质间温差和密度差形成的斜温层将其隔离开。在储热或放热过程中，将冷/热流体通过泵从储热罐抽出流经换热器后注入储热罐的顶/底部。储热/放热过程的进行引起斜温层上下移动。该系统只存在一个储热罐，减少了系统的投资成本。目前，太阳能电站中应用最多的仍为双罐储热系统，该系统将冷热储热介质分别存放在两个储热罐中。储热时，冷流体被泵抽出，经系统加热后注入高温储热罐中，实现储热。当太阳光较弱或者缺乏时，高温储热罐内的流体经泵抽出，进行放热以维持系统稳定运行，最后被注入低温储热罐中，完成储热和放热的循环。太阳能热发电技术按照太阳能采集的方式可以划分为四种，分别为：①槽式太阳能热发电站；②塔式太阳能热发电站；③碟式太阳能热发电站[116, 117]；④线性菲涅耳（Fresnel）式热发电站。

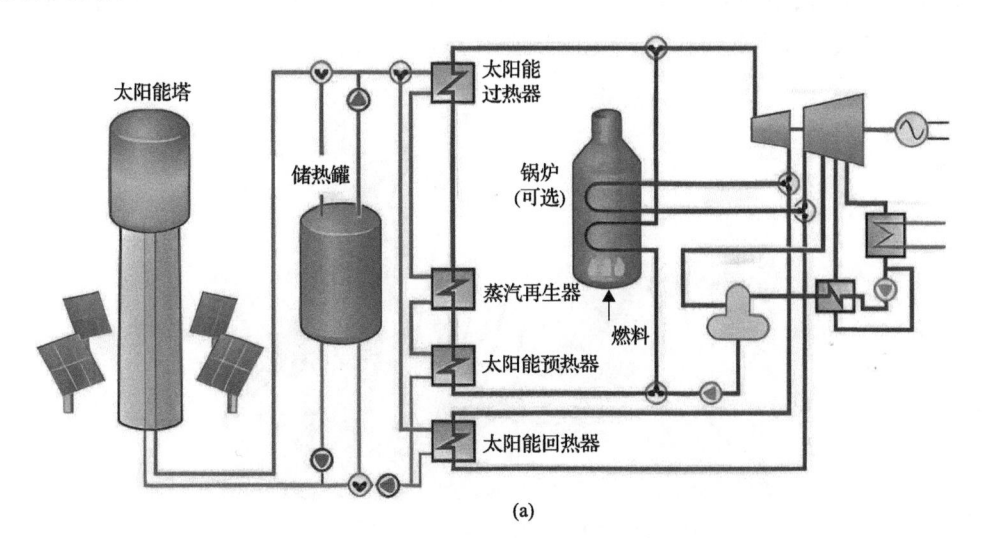

(a)

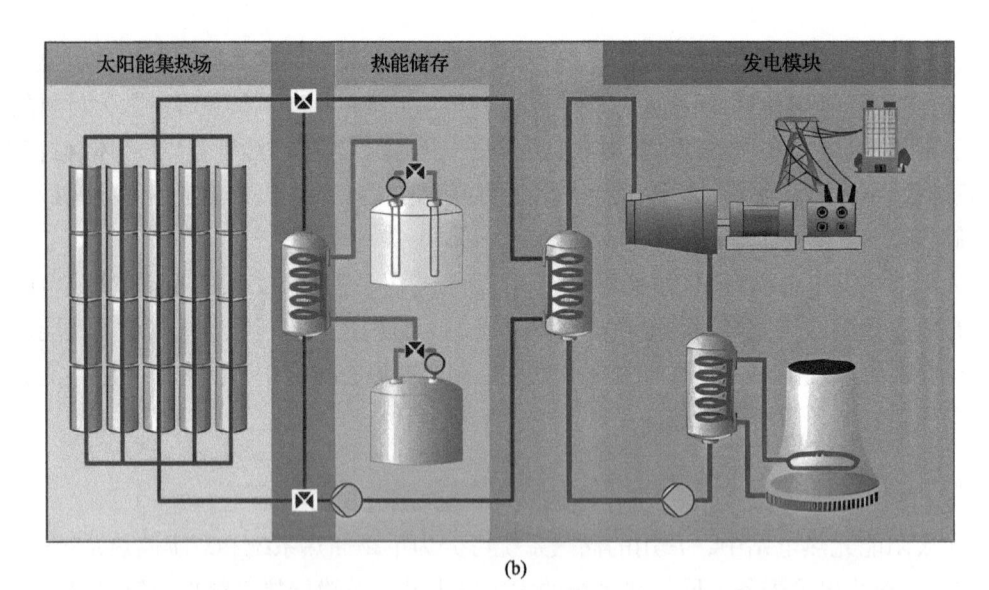

图 5.29 配备储热系统的太阳能光热电站单罐储热系统(a)和双罐储热系统(b)

### 2. 槽式太阳能热发电站

槽式太阳能热发电站[118, 119]现在已经走向了商业化，可以和传统发电相结合发电或者单独使用其发电。图 5.30 为槽式太阳能热发电站的一部分。它是由一片片凹槽连接起来的，凹槽中间有支架，支架上是管状集热器，由凹槽面反射来的太阳光收集到集热器，加热储热介质，带动发动机进行发电。一般来说，接收太阳光的采光板都是模块化的，将模块化的采光板并联或串联结合起来，合理安排。除了建设独立的槽式太阳能热发电站，还会将其与传统发电站结合建立，二者性能互补，在阴天的时候会用到传统发电，在阳光充足的时候多用槽式太阳能发电，以此来保证发电的稳定性。国外针对槽式太阳能热发电技术做了大量研究，在使用材料、运行工艺、理论研究等方面做出了许多成绩。相比而言，我国太阳能热发电技术起步较晚，当前该领域与国外仍存在一定差距。

图 5.30 槽式太阳能热发电站的一部分

### 3. 塔式太阳能热发电站

塔式太阳能热发电站采用一种集中式的发电技术，通过竖立在场地中央的高塔顶部安装的接收器来转换太阳能为电能。该发电站的设计特点是，在高塔周围的地面上分布着众多大型反射镜，即所谓的定日镜。每个定日镜都配备有独立的跟踪系统，能够精确跟随太阳的移动，将太阳光直接反射到位于塔顶的接收器上，从而加热储热介质，进而驱动发动机进行发电。

塔式太阳能热发电系统通常由四个主要部分组成：聚光子系统、集热子系统、蓄热子系统和发电子系统。与槽式和碟式热发电系统相比，塔式系统具有更强的聚光能力，可以更有效地收集热量，并且更容易产生蒸汽，因此其热动效率更高。

这种类型的发电站，如图 5.31 所示，利用多个定日镜将太阳光聚焦于集热塔上的接收器，通过吸收的高温热能加热工作流体，然后借助蒸汽循环驱动汽轮机发电。塔式太阳能热发电站不仅具备较高的热效率，还拥有优秀的能源存储能力，这使得它能够在白天充分利用太阳能，并在夜间或阴天时依然保持稳定的电力供应。

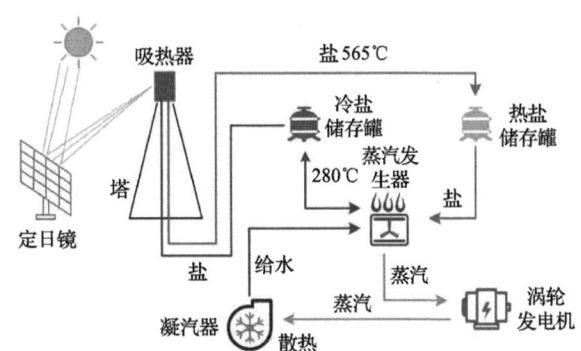

图 5.31 塔式太阳能热发电站

塔式太阳能热发电技术中传热介质开始选取的是蒸汽，因天气变化不可预料，蒸汽参数不好控制，而且在蒸汽正常工作时，由于管道散热快，蒸汽温度不高，所以后来蒸汽慢慢被弃用。20 世纪 80 年代后期，空气因为无毒、易于获取，被研究者提出并加以运用。空气的流动性强，传热效率很高，而且空气的使用温度范围广，是很好的传热介质，但是在较高温度情况下，用空气作为传热介质会造成管道内部压力大，情况严重时会造成管道破裂。

1990 年，美国在建成的太阳能热发电站的储热介质中运用了熔融盐溶液为热载体，选取了热传导性好的 $KNO_3$、$NaCl$、$NaNO_3$ 的混合物，不过因为混合熔盐的凝固点相对来说较高，达到 120～140℃，所以在运行前要对其进行预热。塔式热发电站运行过程中也显现出来一些如所选材料遭到破坏、技术不过关等问题，但是最后都得到了解决，如为了防止腐蚀，使用了新材料管道和新材料储存容器，并增加了管道镀层。随着技术发展日新月异，对太阳能热发电技术的研究不断深入，塔式太阳能热发电技术将走出示范项目范畴，走向商业化。

4. 碟式太阳能热发电站

碟式太阳能热发电站如图 5.32 所示，主要由反射镜面、能量转换装置、集热系统、储热系统及发电机组等组成。反射镜面追踪太阳光线，将太阳光反射到能量转换装置上。能量转换装置将太阳能转化成热能，随后通过发动机将热能转化为机械能，最终驱动发电机发电。碟式太阳能热发电系统因为是模块化制造，所以可以根据发电规模大小进行相互连接。相比于槽式、塔式太阳能热发电站，碟式太阳能热发电站在实际应用中规模较小，这是因为碟式太阳能热发电站发电量较小，多台联用易出现其他问题，造成成本增加。现在的碟式太阳能热发电站通常建设在偏远地区，并且是小型单独建立的，还处于试用摸索期间，离大规模应用发电还有一段距离，但是随着相关技术的发展，碟式太阳能热发电技术逐渐受到广大研究者的青睐，其还可以与其他混合燃料结合应用，值得进一步推广。

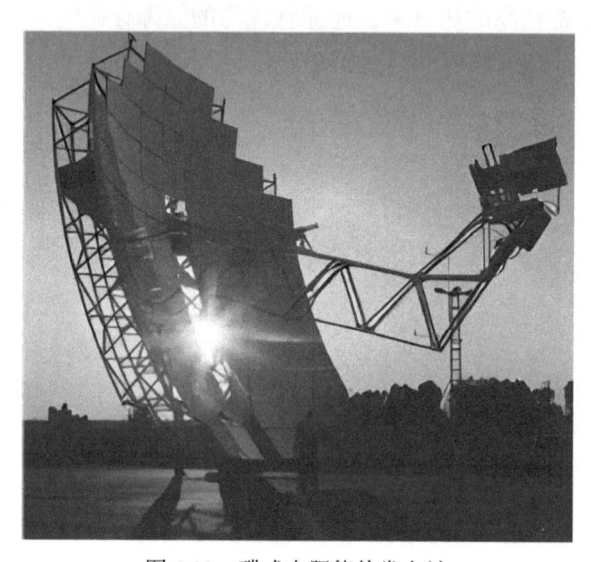

图 5.32　碟式太阳能热发电站

5. 线性菲涅耳式太阳能热发电站

菲涅耳式热发电站有别于槽式、塔式热发电站的聚焦方式，属于线聚焦式。一般由三部分组成，即聚光系统、发电系统、水循环系统，其中聚光系统有反射镜与集热器，与其他三种发电站的不同之处是线性菲涅耳式发电站中反射镜分一次反射镜和二次反射镜，其中一次反射镜是水平面状的，有别于槽式发电站的抛物面形状，二次反射镜是安装在集热管上的，可增加聚光范围。菲涅耳式热发电站的工作原理是一次反射镜反射阳光到集热器，使集热管内的工质水变成水蒸气，推动蒸汽轮机做功发电。线性菲涅耳式热发电站在生产和安装上具有很大的优势，它的结构、制造简单，所以运行成本较低，虽然目前还处于商业示范阶段，但是前景广阔，尤其是结合其他形式热发电站或者火力发电站，都有很好的兼容性。我国现在这方面的项目主要是兰州大成敦煌菲涅耳熔盐光热电站(10MW)

和华强兆阳张家口光热电站(15MW)。

6. 国内外热发电站发展实例

亚洲第一个兆瓦级太阳能热发电实验电站在我国延庆建成，使得我国在世界太阳能热发电技术领域位居第四。因为国内以前没有做过类似的项目，所以参考国外经验结合自身环境设计了符合国内情况的定日镜，其历经四代研究才定型。该实验电站里面有配套的高塔与多面定日镜，规模庞大，该电站已在 2013 年 6 月并网发电。

北京延庆塔式太阳能热发电站如图 5.33 所示，是中国首个示范性塔式太阳能热发电项目，采用了先进的太阳能集热和储能技术，旨在解决太阳能发电的间歇性和不稳定性问题。该发电站通过定日镜系统将太阳光反射到集热塔，集中太阳能并转化为热能，利用熔盐储能技术在光照不足时储存热量，确保 24h 稳定发电。热能通过蒸汽发生器转化为高压蒸汽，驱动蒸汽轮机发电。生成的电力通过电网输送到用户。该项目不仅为延庆及周边地区提供了清洁能源，还为我国太阳能热发电技术的商业化应用提供了宝贵经验，推动了绿色能源的发展和能源转型目标的实现。

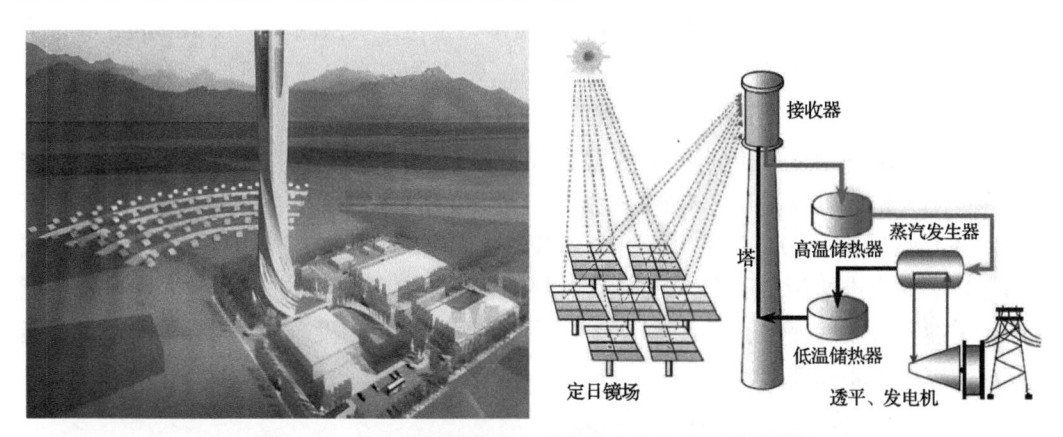

图 5.33　北京延庆的塔式太阳能热发电站实物及原理图

因为安得拉邦面临电网故障和电力供应不稳等主要问题，所以印度新再生能源部打算在安得拉邦的阿嫩达布尔(Anantapur)筹建世界上最大的太阳能风能混合电站项目，如图 5.34 所示。

这一项目装机容量达到 160MW，其中太阳能装机容量达到 75%。为了使该电站在夜间或风速下降的情况下正常运行，该项目还将包括一个储能装置。项目总占地面积超过 100acre[①]，总投资大约为 1.55 亿美元，世界银行已经为该项目提供了融资支持，帮助印度实现其可再生能源和碳减排目标。这个项目将作为试点项目进行开发推广，旨在创建一个可以完全避免电网故障的模型。类似的混合项目已经在牙买加和中国进行了试用和测试，但就规模而言，这是当前世界上最大的。位于美国内华达州的托诺帕(Tonopah)将建成全美首个具有商业规模的太阳能发电塔设施群，它是由约一万面定日镜组成，取

---

① 1acre=0.404856hm$^2$。

图 5.34　印度安得拉邦太阳能风能混合电站

名叫 Crescent Dunes 太阳能发电厂，这个项目是由 Solar Reserve 公司研发，于 2018 年开始进行工程建设，该项目于 2020 年 12 月正式开始投入使用，并进入商业运营阶段。

Crescent Dunes 太阳能发电厂如图 5.35 所示，是位于美国内华达州 Tonopah 的首个商业规模的塔式太阳能发电项目，由 Solar Reserve 公司开发。该项目由约 10000 面定日镜组成，通过聚焦太阳光到塔顶的接收器，产生高温热能。与传统的太阳能光伏发电不同，Crescent Dunes 配备了创新的熔盐储能系统，能够在没有阳光时储存并释放热能，确保夜间或阴天依然可以发电。该项目的装机容量为 110MW，预计能够为大约 75000 户家庭提供电力。Crescent Dunes 是美国首个具备商业规模的太阳能热发电塔项目，采用塔式太阳能技术和先进的储能系统，有效解决了传统太阳能发电的间歇性问题，为可再生能源的稳定性和持续性提供了有力支持。该项目于 2020 年正式投产，标志着美国在太阳能热发电领域的重要突破。

图 5.35　Crescent Dunes 太阳能发电厂

西班牙在 2017 年一年内，光热发电量达到了其他形式发电总和的 2.2%，创下历史新高。太阳能的利用,一方面大大降低了对火力发电的依赖,另一方面,不但降低了发电成本,而且对国家整体规划大有益处。在2017年的光热项目中,政府政策优惠后,电价为6美分/(kW·h),完全可以与传统发电电价竞争。

## 5.6 高温热能存储的发展机遇与挑战

### 5.6.1 高温热能存储的发展机遇

能源的稳定供应是长期可持续发展的必要基础,是国民经济发展的战略需求。核能发电上网因为安全因素在电网调峰方面存在局限性。以风能、太阳能为主的新能源系统,因为能源间歇性供应方面存在较大的先天局限性。热能储能因为其具备大规模的蓄热储能能力,有望解决能源(尤其是新能源)在时空及强度上的供需不匹配,实现削峰填谷和多能互补综合能源利用,对促进节能减排,达成"双碳"目标具有十分重要的意义。

热能存储相比抽水蓄能、压缩空气储能等现有储能技术,除了具有抽水蓄能和压缩空气储能成本较低、寿命长和规模大的优点外,还具有占地面积小、不受地理条件限制、可建在城市内部等优势。随着全球核电、风电、光伏装机容量的逐年增长,核能调峰和综合利用,以及大规模可再生能源并网储能的需求巨大,高温热能存储的应用前景广阔,具有以下几方面的意义。

1. 有助于推进核能综合利用

核能是一种清洁能源,与常规能源相比,核电本身不排放 $SO_2$、$NO_x$ 和烟尘,也不排放形成温室效应的 $CO_2$ 等气体。核能是一种高效能源,与煤电厂相比,一座30万kW的核电站,每年只需换料14t,其运输量是相同规模煤电厂的十万分之一。目前,核能主要用于发电而且不参与调峰,只有少数反应堆应用于区域供热、海水淡化,国际上正在探索核能高温制氢,以及高温工艺热在稠油热采、煤液化、冶金等领域应用的非电综合利用,其潜在应用市场的开发将在很大程度上影响核能发展。随着技术的发展,尤其是第四代核反应堆系统的技术逐渐成熟和应用,核能有望超脱出仅仅提供电力的角色,通过非电应用如核能制氢、高温工艺热、区域供热、海水淡化等各种工业应用,超高温(≥700℃)熔盐蓄热储能将极大地扩大核能的应用范围,显著降低核能的利用价格。

2. 有助于推进太阳能热发电产业技术进步

熔盐作为重要的传热和储热介质,在太阳能热发电领域起到了重要的作用。配置熔盐蓄热储能的太阳能热发电系统与光伏、风电相比更具有竞争性的优势。直接利用熔盐吸热、传热、储热是降低光热发电 CSP 的重要途径,熔盐塔式技术已经开始用大规模实例来证明这一点,熔盐槽式和熔盐菲涅耳技术仍在实验示范阶段,如果其技术相对成熟后能得到一些商业化应用的尝试,可能帮助打开线聚焦光热发电技术的 CSP 下跌之门。然而,虽然储热技术的应用时间已经很长,但光热发电领域利用熔盐作为传蓄热储能介质的经验还十分有限，随着熔盐技术的发展及其在光热发电领域的规模商业化应用，在未来将可以看到更多配置熔盐传蓄热系统的光热电站投入运行。

目前，国家政策大力支持熔盐蓄热储能，相关政策也反映出监管层对于通过发展熔盐蓄热储能解决现有新能源发展难题、促进清洁能源发展这一思路的认可。未来，随着可再生能源发电成本的快速下降，熔盐蓄热储能有望在我国推进"清洁能源战略"过程中扮演举足轻重的地位。因此，太阳能热发电与熔盐储能结合的建设符合国家新能源发展政策，有助于提升国内熔盐蓄热储能的技术水平，同时也有助于加快新兴的太阳能热发电技术的进步和产业发展。

3. 有助于实现可再生能源平稳可靠

光热、光伏、风电等新能源是未来能源发展的重要方向，具备广阔的市场空间。2016年9月，国家能源局发布《关于建设太阳能热发电示范项目的通知》，共20个项目入选国内首批光热发电示范项目名单，总装机容量1349MW，分别分布在青海、甘肃等地区。截至2024年底，我国建成光热发电累计装机容量838.2MW，在全球占比提升至10.6%。目前我国在建光热发电项目34个，总装机容量3300MW；规划光热发电项目37个，总装机容量约4800MW。

2017年9月22日，国家能源局、国家发展和改革委员会等五部委联合发布《关于促进储能技术与产业发展的指导意见》，提出了在推进储能技术装备研发示范方面，集中攻关一批具有关键核心意义的储能技术和材料；试验示范一批具有产业化潜力的储能技术和装备；在推进储能提升可再生能源利用水平应用示范方面，支持在可再生能源消纳问题突出的地区开展可再生能源储电、储热、制氢等多种形式能源存储与输出利用。

发展储热技术，可解决我国大范围弃风、弃光问题，大力促进我国可再生能源大规模、可持续性发展。同时推动相关技术的产业化，提升可再生能源储能在发电领域的占比，满足国家能源结构变革和"双碳"目标的重大需求。

### 5.6.2 高温热能存储发展面临的挑战

能量的消耗、转换与利用伴随着人类社会的各种生产及生活活动而存在。随着社会的持续发展，世界范围内的能源危机与环境污染问题对能源的高效合理利用及存储技术提出了更高要求。热能是最常见及最重要的能量形式，深入分析目前热能的主要来源及利用和存储方式及特点，促进热能的合理及高效利用对当代社会的可持续发展至关重要。

1. 显热存储面临的挑战

固态显热材料常用的无机显热材料，虽然价格便宜，但存在比热低、导热差、储热容量小、储热系统体积大等问题；固态显热材料在高温下由于热应力、热膨胀而破碎，给固态显热材料的大规模储热应用带来了极大挑战；另外在充放热过程中固态显热材料由于热胀冷缩向下沉积，也会在加热循环时给容器带来极大的应力，这也是固态显热材料所面临的挑战。

液态高温储热材料主要是熔融盐。熔融盐作为液态显热材料虽然已经应用到多个热能存储系统。然而，熔融盐仍存在熔点高、导热性能差[120]、热容量小[121]、腐蚀[122]及上限使用温度较低等缺点，制约了其在热能存储领域的进一步应用。例如，熔点高使得熔融盐易凝固，为保证系统安全运行，防止管道堵塞，需在系统中添加额外的辅助加热设备，增加了运行成本；上限温度低则对发电系统的存储能力和效率带来了极大的影响；导热性能差直接影响了系统的运行效率，而低热容量使得所需熔融盐的量增加，储热系统的规模增大，从而增加了运行的难度和成本。熔融盐具有强腐蚀性，尤其是在更高使用温度下，熔融盐的净化与腐蚀控制也是熔融盐显热应用所面临的挑战。因此，开展新型熔点更低、使用上限更高、腐蚀性更小的熔融盐材料的开发成为其在热能存储系统中应用的关键。

### 2. 潜热存储面临的挑战

利用潜热的相变储能具有储能密度高、装置紧凑、充/放热温度近似恒定、易于控制等特点。应用相变储能时，由于在固态时没有对流，热导率一般又都比较低，而体积又是变化的，所以无论是充能时把热量传给储能介质还是在放能时从储能介质中把热量放出，都不像显热储存那么容易，在材料选择和换热器设计方面存在难点。传热性能的强化是相变储能面临的主要挑战。通常强化变形材料传热性能的方法包括：①材料复合。通过与纳米材料、泡沫碳、泡沫金属等形成复合材料来强化传热。②材料封装。将相变材料封装在高导热的材料中，制成相变材料的球或胶囊，从而提高相变材料的传热能力，但容易存在相变球破裂等问题。③管壳式换热器。将相变材料填充在换热器的壳程，换热管为换热流体，在相变材料放热过程中，换热管外壁不断增厚的固态相变材料使其与传热流体间的换热热阻不断增大。为了提高传热效率，可采用翅片管等扩展换热表面，或在相变材料内渗入强化传热的材料，如金属片、网格等。但目前强化传热的规律和机理仍有待进一步研究。相变传热过程涉及固-液两相材料的变化，且固-液两相界面随储放热过程不断变化，储放热时相变材料传热过程复杂，相变过程高效精确的模拟也是相变材料面临的另一个挑战。

### 3. 热化学储热面临的挑战

热化学储热则是通过可逆的化学反应实现热能与化学能的相互转换从而达到能量存储和释放的目的，存在能量密度大、储存时间长和便于传输等优点，同时也存在化学工艺复杂、反应条件苛刻、成本高和循环稳定性差等问题。这一系列问题是热化学储热面临的挑战。如何获得如煅烧条件、颗粒粒径等工艺因素与热化学储热转化率和循环稳定性之间的关系规律对于化学储热十分重要。如何减少流态化储热循环中的颗粒破碎和磨损，保持热化学储热材料的热性能、热循环稳定性是热化学存储需要考虑的关键问题。通过复合形成复合热化学储热材料是目前改善储热性能和循环稳定性的主要研究方向。

综上所述，三种主要的储热方式各有优缺点。显热储热材料常见，原理简单，技术成熟度高，运行方式简单，成本低廉，使用寿命长，热传导率高，但其储热量小且放热时不恒温，限制了其未来的应用前景。潜热储热具有单位体积储热密度大、吸放热过程温度稳定、温度范围窄等优点，但工作温度低、热损失大、泄漏腐蚀问题较为严重。化学反应蓄热的能量储存密度极高、便于热能的长期存储，然而其安全系数较低，目前技术还不成熟。可见发展一种理想的储热技术还比较困难，在实际的应用中结合不同的热能特点，合理选择储热技术至关重要。在当前的"双碳"目标驱动下，未来针对能源的差异化发展，储热技术有望在清洁供热、火电调峰、清洁能源消纳等方面迎来较大的发展空间和机遇。未来可以从以下几个方面考虑促进热能的合理高效利用，真正实现能源的高效绿色可持续利用，推动社会的可持续发展。

（1）发掘新型绿色可持续发展的热能资源，结合各种热能的特点，采用不同的能源转换及存储技术，实现能源的高效绿色利用。着重发展太阳能、地热、海水热能等资源的利用技术，逐步减少化石能源及核能的利用，落实"以经济社会发展全面绿色转型为引领，以能源绿色低碳发展为关键，坚持走生态优先、绿色低碳的发展道路"的目标。

（2）储热技术可以解决可再生能源间歇性和不稳定的问题及能量转换与利用的过程中的时空供求不匹配之间的矛盾，对热能的高效及合理利用至关重要。显热储热技术应用广泛、安全性高、成本低，但是储热密度低、工作过程温度变化大。潜热储热相变焓大，但稳定性差、成本较高。热化学储热技术储能密度最大，适合大规模储热，但是安全性差、经济性差。可见几种常见的储热技术都各有优缺点，结合不同的热能特点，合理选择储热技术，发展新的储热体系是该领域需要持续研究的方向。

（3）通过转换成热能环节被利用的能量占利用总能量的90%以上，深入分析能量转换形式及特点，合理利用热能对当代社会的可持续发展至关重要。通常，热能转化为其他形式能量的转化效率低于50%左右，大部分能量以废热的形式被浪费。针对低品位热能的回收利用，如设计多级能源利用系统，或发展高性能热能到电能的直接转换技术，提高整体能源利用效率，是目前主要的研究方向之一。

## 参 考 文 献

[1] Li C, Li Q, Li Y, et al. Heat transfer of composite phase change material modules containing a eutectic carbonate salt for medium and high temperature thermal energy storage applications[J]. Applied Energy, 2019, 238: 1074-1083.

[2] 贾科华. 2015年发电设备利用小时创38年新低[J/OL]. 中国能源报. (2016-02-01)[2024-03-01]. https://paper.people.com.cn/ zgnyb/html/2016-02/01/content_1652445.htm.

[3] Magro D, Savino F, Meneghetti S, et al. Coupling waste heat extraction by phase change materials with superheated steam generation in the steel industry[J]. Energy, 2017, 137: 1107-1118.

[4] Fernandes D, Pitié F, Cáceres G, et al. Thermal energy storage: "How previous findings determine current research priorities"[J]. Energy, 2012, 39(1): 246-257.

[5] Ge Z, Li Y, Li D, et al. Thermal energy storage: Challenges and the role of particle technology[J]. Particuology, 2014, 15(4): 2-8.

[6] Chen H, Cong N, Yang W, et al. Progress in electrical energy storage system: A critical review[J]. Progress in Natural Science, 2009, 19(3): 291-312.

[7] Kuravi S, Trahan J, Goswami Y, et al. Thermal energy storage technologies and systems for concentrating solar power plants[J]. Progress in Energy and Combustion Science, 2013, 39(4): 285-319.

[8] Mohan G, Venkataraman B, Coventry J. Sensible energy storage options for concentrating solar power plants operating above 600℃[J]. Renewable and Sustainable Energy Reviews, 2019, 107: 319-337.

[9] 李拴魁, 林原, 潘锋. 热能存储及转化技术进展与展望[J]. 储能科学与技术, 2022, 11(5): 1551-1562.

[10] Zinkle S J, Was G S. Materials challenges in nuclear energy[J]. Acta Materialia, 2013, 61(3): 735-758.

[11] Koning A J, Rochman D. Towards sustainable nuclear energy: Putting nuclear physics to work[J]. Annals of Nuclear Energy, 2008, 35(11): 2024-2030.

[12] Menyah K, Wolde-Rufael Y. $CO_2$ emissions, nuclear energy, renewable energy and economic growth in the US[J]. Energy Policy, 2010, 38(6): 2911-2915.

[13] 蔺文静, 刘志明, 王婉丽, 等. 中国地热资源及其潜力评估[J]. 中国地质, 2013, 40(1): 312-321.

[14] 张金华, 魏伟. 我国的地热资源分布特征及其利用[J]. 中国国土资源经济, 2011, 24(8): 23-24, 28, 54.

[15] 胡连营. 地源热泵技术讲座(一)地源热泵技术及其发展概况[J]. 可再生能源, 2008, 26(1): 115-117.

[16] 朱守义. 地热供暖优势分析[J]. 科技致富向导, 2011(9): 184.

[17] Jouhara H, Khordehgah N, Almahmoud S, et al. Waste heat recovery technologies and applications[J]. Thermal Science and Engineering Progress, 2018, 6: 268-289.

[18] Forman C, Muritala I K, Pardemann R, et al. Estimating the global waste heat potential[J]. Renewable and Sustainable Energy Reviews, 2016, 57: 1568-1579.

[19] Jouhara H, Olabi A G. Editorial: Industrial waste heat recovery[J]. Energy, 2018, 160: 1-2.

[20] Hung T C, Shai T Y, Wang S K. A review of organic Rankine cycles (ORCs) for the recovery of low-grade waste heat[J]. Energy, 1997, 22(7): 661-667.

[21] 左远志, 丁静, 杨晓西. 蓄热技术在聚焦式太阳能热发电系统中的应用现状[J]. 化工进展, 2006(9): 995-1000.

[22] Pardo P, Deydier A, Anxionnaz, et al. A review on high temperature therrnochemical heat energy storage[J]. Renewable & Sustainable Energy Reviews, 2014, 32: 591-610.

[23] Oró E, de Gracia A, Castell A, et al. Review on phase change materials (PCMs) for cold thermal energy storage applications[J]. Applied Energy, 2012, 99: 513-533.

[24] Kearney D, Kelly B, Herrmann U, et al. Engineering aspects of a molten salt heat transfer fluid in a trough solar field[J]. Energy, 2004, 29(5-6): 861-870.

[25] Fernandez A G, Ushak S, Galleguillos H, et al. Development of new molten salts with $LiNO_3$ and $Ca(NO_3)_2$ for energy storage in CSP plants[J]. Applied Energy, 2014, 119: 131-140.

[26] Rodriguez I, Perez-Segarra C D, Lehmkuhl O, et al. Modular object. Oriented methodology for the resolution of molten salt storage tanks for CSP plants[J]. Applied Energy, 2013, 109(SI): 402-414.

[27] Tian Y, Zhao C Y. A review of solar collectors and thermal energy storage in solar thermal applications[J]. Applied Energy, 2013, 104: 538-553.

[28] Nithyanandam K, Pitchumani R. Design of a latent thermal energy storage system with embedded heat pipes[J]. Applied Energy, 2014, 126: 266-280.

[29] Linares J I, Montes M J, Cantizano A, et al. A novel supercritical $CO_2$ recompression Brayton power cycle for power tower concentrating solar plants[J]. Applied Energy, 2020, 263: 114644.

[30] Mahlia T M I, Saktisandan T J, Jannifar A, et al. A review of available methods and development on energy storage: technology update[J]. Renewable & Sustainable Energy Reviews, 2014, 33: 532-545.

[31] 刑玉民, 崔海亭, 袁修干. 高温熔盐相变储热系统数值模拟[J]. 北京航空航天大学学报, 2002, 28(3): 295-295.

[32] 林怡辉. 有机—无机纳米复合相变储热材料的研究[D]. 广州: 华南理工大学, 2001.

[33] 黄志高. 储能原理与技术[M]. 北京: 中国水利水电出版社, 2018.

[34] Hasnain S M. Review on sustainable thermal energy storage technologies, part I: Heat storage materials and techniques[J]. Energy Conversion and Management, 1998, 39(11): 1127-1138.

[35] Bauer T, Pfleger N, Breidenbach N, et al. Material aspects of Solar Salt for sensible heat storage[J]. Applied Energy, 2013, 111: 1114-1119.

[36] Dincer I, Dost S, Li X G. Performance analyses of sensible heat storage systems for thermal applications[J]. International Journal of Energy Research, 1997, 21(12): 1157-1171.

[37] Fernandez A I, Martínez M, Segarra M, et al. Selection of materials with potential in sensible thermal energy storage[J]. Solar Energy Materials and Solar Cells, 2010, 94(10): 1723-1729.

[38] Luzzi A, Lovegrove K, Filippi E, et al. Techno-economic analysis of a 10MWe solar thermal power plant using ammonia based energy storage[J]. Solar Energy, 1999, 66(2): 91-101.

[39] 吴娟, 龙新峰. 太阳能热化学储能研究进展[J]. 化工进展, 2014, 33(12): 3238-3245.

[40] Acem Z, Lopez J, Palomo Del Barrio E P. $KNO_3/NaNO_3$-Graphite materials for thermal energy storage at high temperature: Part I. Elaboration methods and thermal properties[J]. Applied Thermal Engineering, 2010, 30(13): 1580-1585.

[41] Li G. Sensible heat thermal storage energy and exergy performance evaluations[J]. Renewable and Sustainable Energy Reviews, 2016, 53: 897-923.

[42] Wu G, Zeng M, Peng L L, et al. China's new energy development: Status, constraints and reforms[J]. Renewable and Sustainable Energy Reviews, 2016, 53: 885-896.

[43] Carmona R, Rosa F, Jacobs H, et al. Evaluation of advanced sodium receiver losses during operation of the IEA/SSPS central receiver system[J]. Journal of Solar Energy Engineering, 1989, 111(1): 24-31.

[44] 谢佩. 氯化物熔盐传热储热材料设计制备及性能研究[D]. 广州: 华南理工大学, 2020.

[45] Vignarooban K, Xu X, Arvay A, et al. Heat transfer fluids for concentrating solar power systems–A review[J]. Applied Energy, 2015, 146: 383-396.

[46] Shin D, Banerjee D. Enhancement of specific heat capacity of high-temperature silica-nanofluids synthesized in alkali chloride salt eutectics for solar thermal-energy storage applications[J]. International Journal of Heat and Mass Transfer, 2011, 54(5/6): 1064-1070.

[47] Pacheco J E, Showalter S K, Kolb W J. Development of a molten-salt thermocline thermal storage system for parabolic trough plants[J]. Journal of Solar Energy Engineering, 2002, 124(2): 153-159.

[48] Farid M M, Khudhair A M, Razack S A K, et al. A review on phase change energy storage: Materials and applications[J]. Energy Conversion and Management, 2004, 45(9/10): 1597-1615.

[49] Thirugnanam C, Karthikeyan S, Kalaimurugan K. Study of phase change materials and its application in solar cooker[J]. Materials Today: Proceedings, 2020, 33: 2890-2896.

[50] Zhou Y C, Wu S Q, Ma Y, et al. Recent advances in organic/composite phase change materials for energy storage[J]. ES Energy & Environment, 2020, 9: 28-40.

[51] Khare S, DellAmico M, Knight C, et al. Selection of materials for high temperature latent heat energy storage[J]. Solar Energy Materials and Solar Cells, 2012, 107: 20-27.

[52] Kemick R G, Sparrow E M. Heat transfer coefficients for melding about a vertical cylinder with or without subcooling and for open or closed containment[J]. Heat Mass Transfer, 1981(24): 1699-1708.

[53] 郭茶秀, 魏新利. 热能存储技术与应用[M]. 北京: 化学工业出版社, 2005: 81-83.

[54] 赵倩, 王俊勃, 宋字宽, 等. 熔融盐高储热材料的研究进展[J]. 无机盐工业, 2014, 46(11): 5-8.

[55] 廖文俊, 丁柳柳. 熔融盐蓄热技术及其在太阳热发电中的应用[J]. 装备机械, 2013, 3: 12.

[56] Roget F, Favotto C, Rogez J. Study of the $KNO_3$-$LiNO_3$ and $KNO_3$-$NaNO_3$-$LiNO_3$ eutectics as phase change materials for thermal storage in a low-temperature solar power plant[J]. Solar Energy, 2013, 95(5): 155-169.

[57] Wang T, Mantha D, Reddy R G. Thermodynamic properties of $LiNO_3$-$NaNO_3$-$KNO_3$-$2KNO_3 \cdot Mg(NO_3)_2$ system[J]. Thermochimica Acta, 2013, 551: 92-98.

[58] 于建国, 宋兴福, 潘惠琴. $LiNO_3$-$KNO_3$-$NaNO_2$-$NaNO_3$ 混合熔盐及制备法: CN, 00111406 [P]. 2000-08-23.

[59] 邹立清. 四元混合硝酸盐及氯盐的优选与腐蚀性研究[D]. 广州: 广东工业大学, 2013.

[60] Raade J W, Padowitz D. Development of molten salt heat transfer fluid with low melting point and high thermal stability[J]. Journal of Solar Energy Engineering, 2011, 133(3): 91-96.

[61] 胡宝华, 丁静, 魏小兰, 等. 高温熔盐的热物性测试及热稳定性分析[J]. 无机盐工业, 2010, 42(1): 22-24.

[62] 宋明, 魏小兰, 彭强, 等. 新型三元氯化物熔盐材料的设计及热稳定性研究[J]. 工程热物理学报, 2015(2): 393-396.

[63] 邓小红, 李凤, 邹立清, 等. 四元氯盐的制备及其腐蚀性[J]. 材料科学与工程学报, 2014, 32(4): 587-591.

[64] 孙李平. 太阳能高温熔盐优选及腐蚀特性实验研究[D]. 北京: 北京工业大学, 2007.

[65] 杜威. 碳酸盐—氟盐高温熔盐的性能研究[D]. 沈阳: 东北大学, 2013.

[66] Wang T, Mantha D, Reddy R G. Novel high thermal stability LiF-Na$_2$CO$_3$-K$_2$CO$_3$ eutectic ternary system for thermal energy storage applications[J]. Solar Energy Materials & Solar Cells, 2015, 140: 366-375.

[67] 廖敏, 丁静, 魏小兰, 等. 高温碳酸熔盐的制备及传热蓄热性质[J]. 无机盐工业, 2008, 40(10): 15-17.

[68] 任楠, 王涛, 吴玉庭, 等. 混合碳酸盐的DSC测量与比热容分析[J]. 化工学报, 2011(S1): 197-202.

[69] 桑丽霞, 蔡萌, 任楠. 混合碳酸盐的改良配制及其热物性分析[J]. 工程热物理学报, 2015, 3: 615-618.

[70] Trunin A S. Designing and Investigations of Salt Systems for Solar Energy Utilization. Utilization of Sun and Other Radiation Sources in Materials Research[M]. Kiev: Naukova Dumka, 1983: 228-238.

[71] Suleiman B M, Gustavsson M, Karawacki E, et al. Thermal properties of lithium sulphate[J]. Journal of Physics D Applied Physics, 1997, 30(30): 2553-2560.

[72] Gheribi A E, Torres J A, Chartrand P. Recommended values for the thermal conductivity of molten salts between the melting and boiling points[J]. Solar Energy Materials & Solar Cells, 2014, 126(7): 11-25.

[73] 李爱菊. 无机盐/陶瓷基复合储能材料制备、性能及其熔化传热过程的研究[D]. 广州: 广东工业大学, 2005.

[74] 黄金. 融盐自发浸渗过程与微米级多孔陶瓷基复合相变储能材料研究[D]. 广州: 广东工业大学, 2005.

[75] 王华, 王胜林. 高性能复合相变蓄热材料的制备与蓄热燃烧技术[M]. 北京: 冶金工业出版社, 2006: 44-52.

[76] Sabharwall P, Patterson M, Utgikar V, et al. NGNP process heat utilization: Liquid metal phase change heat exchanger[C]// Proceedings of 4th International Topical Meeting on High Temperature Reactor Technology, Washington DC, 2008: 725-732.

[77] 邢丽婧. 铝基合金相变储热材料热物性及储热特性研究[D]. 北京: 华北电力大学(北京).

[78] Birehenall C E, Rieclunan A F. Heat storage in eutectic alloys[J]. Metallurgical and Materials Transactions A, 1980, 11(8): 1415-1420.

[79] Bulychev V V, Chelnokov V S, Slastilova S V. Al-Si alloy base heat accumulators with phase transition[J]. Izv Vyssh Uchebn Chemaya Metall, 1996(7): 64-67.

[80] Gasanaliev A M, Gamataeva B Y. Heat-accumulating properties of melts[J]. Russian Chemical Reviews, 2000, 69(2): 179-186.

[81] Kenisarin M M. High-temperature phase change materials for thermal energy storage[J]. Renewable and Sustainable Energy Reviews, 2010, 14(3): 955-970.

[82] Liu M, Saman W, Bruno F. Review on storage materials and thermal performance enhancement techniques for high temperature phase change thermal storage systems[J]. Renewable and Sustainable Energy Reviews, 2012, 16(4): 2118-2132.

[83] 邹向, 仝兆丰, 赵锡伟. 铝硅合金用作相变储热材料的研究[J]. 新能源, 1996, 18(8): 1-3.

[84] 黄志光, 肖思农, 吴广忠. 金属相变储热材料的量热研究[J]. 工程热物理学报, 1991, 12(1): 46-49.

[85] 黄志光, 梅绍华, 吴广忠. 金属相变热能储存技术的展望[J]. 新能源, 1999, 4(11): 1-5.

[86] 张仁元. 相变材料与相变储能技术[M]. 北京: 科学出版社, 2009: 130-181.

[87] 刘靖, 王馨, 曾大本, 等. 高温相变材料Al-Si合金选择及其与金属容器相容性实验研究[J]. 太阳能学报, 2006, 1: 36-40.

[88] 程晓敏, 董静, 吴兴文, 等. Al-Si-Cu-Mg-Zn合金的高温相变储热性能研究[J]. 金属热处理, 2010, 3: 13-16.

[89] 程晓敏, 何高, 吴兴文. 铝基合金储热材料在太阳能热发电中的应用及研究进展[J]. 材料导报, 2010, 17: 139-143.

[90] 孙建强, 张仁元, 钟润萍. Al-34%Mg-6%Zn合金储热性能和液态腐蚀性实验研究[J]. 腐蚀与防护, 2006, 4: 163-167.

[91] 张国才, 徐哲, 陈运法, 等. 金属基相变材料的研究进展及应用[J]. 储能科学与技术, 2012, 1(1): 74-81.

[92] Jitheesh E V, Joseph M, Sajith V. Comparison of metal oxide and composite phase change material based nanofluids as coolants in mini channel heat sink[J]. International Communications in Heat and Mass Transfer, 2021, 127: 105541.

[93] Sarbu I, Sebarchievici C. A comprehensive review of thermal energy storage[J]. Sustainability, 2018, 10(1): 191.

[94] Peng X Y, Bajaj I, Yao M, et al. Solid-gas thermochemical energy storage strategies for concentrating solar power: Optimization and system analysis[J]. Energy Conversion and Management, 2021, 245: 114636.

[95] Criado Y A, Alonso M, Abanades J C, et al. Conceptual process design of a CaO/Ca(OH)$_2$ thermochemical energy storage system using fluidized bed reactors[J]. Applied Thermal Engineering, 2014, 73(1): 1087-1094.

[96] Schaube F, Koch L, Woemer A, et al. A thermodynamic and kinetic study of the de-and rehydration of Ca(OH)$_2$ at high H$_2$O partial pressures for thermo-chemical heat storage[J]. Thermochimica Acta, 2012, 538: 9-20.

[97] Sakellariou K G, Karagiannakis G, Criado Y A, et al. Calcium oxide based materials for thermochemical heat storage in concentrated solar power plants[J]. Solar Energy, 2015, 122: 215-230.

[98] Gil A, Medrano M, Martorell I, et al. State of the art on high temperature thermal energy storage for power generation. Part l-Concepts, materials and modellization[J]. Renewable & Sustainable Energy Reviews, 2010, 14(1): 31-55.

[99] Ogura H, Yamamoto T, Kage H, et al. Effects of heat exchange condition on hot air production by a chemical heat pump dryer using CaO/H$_2$O/Ca(OH)$_2$ Reaction[J]. Chemical Engineering Journal, 2002, 86: 3-10.

[100] Azpiazu M N, Morquillas J M, Vazquez A. Heat recovery from a thermal energy storage based on the Ca(OH)$_2$/CaO cycle[J]. Applied Thermal Engineering, 2003, 23(6): 733-741.

[101] Schaube F, Kohzer A, Schuetz J, et al. De-and rehydration of Ca(OH)$_2$ in a reactor with direct heat transfer for thermo-chemical heat storage[J]. Chemical Engineering Research & Design, 2013, 91(5): 856-864.

[102] Criado Y A, Alonso M, Abanades J C. Kinetics of the CaO/Ca(OH)$_2$ hydration/dehydration reaction for thermochemical energy storage applications[J]. Industrial & Engineering Chemistry Research, 2014, 53(32): 12594-12601.

[103] Linder M, Rosskopf C, Schmidt M, et al. Thermochemical energy storage in kW-scale based on CaO/Ca(OH)$_2$[J]. Energy Procedia, 2014, 49: 888-897.

[104] Criado Y A, Alonso M, Abanades J C. Enhancement of a CaO/Ca(OH)$_2$ based material for thermochemical energy storage[J]. Solar Energy, 2016, 135: 800-809.

[105] Rosskopf C, Affierbach S, Schmidt M, et al. Investigations of nano coated calcium hydroxide cycled in a thermochemical heat storage[J]. Energy Conversion and Management, 2015, 97: 94-102.

[106] Murthy M S, Raghavendrachar P, Sriram S V. Thermal decomposition of doped calcium hydroxide for chemical energy storage[J]. Solar Energy, 1986, 36(1): 53-62.

[107] 石田, 陈健, 段伦博, 等. 溶液燃烧合成法制备自活化钙铜复合CO$_2$吸收剂的性能[J]. 化工进展, 2018, 37(8): 3086-3091.

[108] 孙荣岳, 叶江明, 陈凌海, 等. Cl含量对钙基吸收剂微观结构以及动力学性能的影响[J]. 化工进展, 2018, 37(9): 3629-3634.

[109] Wentworth W E, Chen E. Simple thermal-decomposition reactions for storage of solar thermal-energy[J]. Solar Energy, 1976, 18(3): 205-214.

[110] Tsoukpoe K E, Liu H, Le Pierres N, et al. A review on long-term sorption solar energy storage[J]. Renewable & Sustainable Energy Reviews, 2009, 13(9): 2385-2396.

[111] Alovisio A, Chacartegui R, Ortiz C, et al. Optimizing the CSP-calcium looping integration for thermochemical energy storage[J]. Energy Conversion and Management, 2017, 136: 85-98.

[112] Kyaw K, Kanamori M, Matsuda H, et al. Study of carbonation reactions of Ca-Mg oxides for high temperature energy storage and heat transformation[J]. Journal of Chemical Engineering of Japan, 1996, 29(1): 112-118.

[113] Pelay U, Luo L, Fan Y, et al. Thermal energy storage systems for concentrated solar power plants[J]. Renewable and Sustainable Energy Reviews, 2017, 79: 82-100.

[114] 高博, 卢卫青, 罗亚桥, 等. 光伏与光热发电发展前景对比分析[J]. 电源技术, 2017, 41(7): 1104-1106.

[115] 郭苏, 杨勇, 李荣, 等. 太阳能热发电储热系统综述[J]. 太阳能, 2015(12): 46-49, 42.

[116] 张传强, 洪慧, 金红光. 聚光式太阳能热发电技术发展状况[J]. 热力发电, 2010, 39(12): 5-9.

[117] 崔海亭, 杨锋. 蓄热技术及其应用[M]. 北京: 化学工业出版社, 2004: 157-165.

[118] 黄湘, 王志峰, 李艳红. 太阳能热发电技术[M]. 北京: 中国电力出版社, 2013: 78-100.

[119] 罗智慧, 龙新峰. 槽式太阳能热发电技术研究现状与发展[J]. 电力设备, 2006, 7(11): 29-32.

[120] Zhao C Y, Wu Z G. Heat transfer enhancement of high temperature thermal energy storage using metal foams and expanded graphite[J]. Solar Energy Materials and Solar Cells, 2011, 95(2): 636-643.

[121] Dudda B, Shin D. Effect of nanoparticle dispersion on specific heat capacity of a binary nitrate salt eutectic for concentrated solar power applications[J]. International Journal of Thermal Sciences, 2013, 69: 37-42.

[122] Guillot S, Faik A, Rakhmatullin A, et al. Corrosion effects between molten salts and thermal storage material for concentrated solar power plants[J]. Applied Energy, 2012, 94: 174-181.